すごい物理学講義

La realtà
non è come ci appare

カルロ・ロヴェッリ 著
Carlo Rovelli
竹内薫 監訳
栗原俊秀 訳

河出書房新社

すごい物理学講義――目　次

すごい物理学講義

はじめに——海辺を歩きながら

わたしたちは、自分自身にとらわれすぎている。わたしたちは、自分たちの歴史を学び、自分たちの心理を学び、自分たちの哲学を学び、自分たちの神々を学ぶ。わたしたちの知の多くは、人間それ自体のまわりをめぐっている。あたかも自分たちこそが、宇宙でもっとも重要な存在であるかのように。わたしが物理学に惹《ひ》かれるわけは、たぶん物理学が窓を開け、遠くを見るように促してくれるからである。物理学に触れていると、家のなかにさわやかな風が吹きこんでくるような気分になる。

窓の向こうに見える景色は、わたしたちを驚かせずにはいない。人間はこれまでに、宇宙についてじつに多くのことを学んできた。何世紀もの歳月をかけて、わたしたち人間は自分たちの過ちの多くを認識してきた。わたしたちは、地球は平らであると信じていた。地球は不動であり、世界の中心に位置していると信じていた。宇宙は小さく、いつまでも姿を変えないと信じていた。人間とは特殊な種であり、ほかの動物たちとのあいだに類縁関係は存在しないと信じていた。一方でわたしたちは、クオークや、ブラックホールや、光の粒子や、空間の波が存在することを学んできた。自分たちの身体のあらゆる細胞のうちに、途方もない分子構造が存在することを学んできた。人類とは小さな子供のようなものである。この子供は成長するにつれ、世界は自分の部屋や遊び場だけから成り立っているわけではないことを発見する。むしろ世界は広大であり、発見すべき事柄や認識すべき観念に満ちあふれている。こうして子供は、慣れ親しんだ環境の外へ踏み出していく。宇宙には終わりがなく、その形は多様であり、わたしたちは今もなお、宇宙の新しい側面を発見しつづけている。世界について多くを学べば学ぶほど、わたしたちはその多様性や、美しさや、簡明さに驚かずにいられない。

しかしまた、多くを発見すればするほど、すでに理解したことよりも、まだ知らないことの方が多いという事実に思い至る。望遠鏡の性能が向上するたび、予測もしていなかった不思議な天体が姿を現す。物質の細部まで分け入っていくにつれ、その深遠な構造があらわになる。今日のわたしたちはビッグバンという、全銀河が生まれるきっかけとなった一四〇億年前の大爆発の全容さえ理解しつつある。さらにはビッグバンの先にあるものを視界に捉えようとしている。そして空間がたわんでいることを知っている。その空間に、振動する量子の粒が織り込まれていることをすでに予見している。

世界を形づくる初歩的な文法に習熟するため、わたしたちは現在も学びつづけている。二十世紀の物理学がもたらした成果を結びつければ、物質とエネルギーについて、空間と時間について、学校で教わった内容とはひどく異なる考え方へ導かれていくだろう。わたしたちが目撃するのは、時間も空間も存在しない世界である。量子的な事象の氾濫《はんらん》が、この世界を生み出している。量子の「場」は、ある事象と別の事象のあいだで情報を交換しながら、空間や、時間や、物質や光を描写する。現実とは、粒状の事象の網の目にほかならない。各事象を結びつける力学は、確率論に支配される。ある事象と別の事象のあいだでは、空間も、時間も、物質も、エネルギーも、確率の雲のなかに溶けこんでしまう。

基礎物理学の一分野である量子重力理論が、この新奇な世界の実態を徐々に明らかにしつつある。目下の課題は、一般相対性理論と量子力学という、二十世紀の物理学が成し遂げた二つの偉大な発見を利用して、世界についてすでにわたしたちが理解している事柄に、一貫性をもたせることにある。この本は、量子重力理論と、その研究から垣間見える奇妙な世界に捧げられている。

本書では、今も進行中の研究の内実を、臨場感をもってお伝えしていく。わたしたちが学びつつあることや知っていること、そして事物の本質について理解しはじめたことが、この本の中で語られる。最初の章は、遠い起源の描写から始まる。鍵となる考え方が、古代ですでに示されている。今日の科学が世界をいかに捉えているのか整理するうえで、先人たちの思索をひもとくことはとても有益である。その後、二十世紀の二つの偉大な発見、つまりアインシュタインの一般相対性理論と量子力学について、両者がもつ物理的な意味合いに焦点を当てながら描写していく。その次に語られるのは、量子重力理論の研究が明るみに出しつつある世界のイメージである。わたしはその際、自然がわたしたちに提供してくれた最新の兆候を、宇宙の標準模型の裏づけとして重視するつもりである。最新の兆候とは、人工衛星プランクによる観測（二〇一三年）と、CERNの観測（二〇一三年）を指している（多くの科学者の期待にもかかわらず、CERNは超対称性粒子を捕捉しなかった）。最後にわたしは、空間の粒状構造、微小なスケールにおける時間の消失、ビッグバンの物理学、ブラックホールの熱の起源といったテーマについて、自身の考えを披露する。さらには、物理的な考え方にもとづく「情報」の役割についても、今後の見通しを検討していく。

『国家』の第七巻でプラトンが語っている有名な神話では、人間たちは暗い洞窟の奥底に縛りつけられている。背後で燃える炎が眼前に映し出す影だけを、人びとは見つめている。その影を現実と思いこんでいるのである。そのなかの一人が束縛を逃れ、洞窟の外に出て、太陽の光と広大な世界を発見する。最初は目がくらみ、混乱する。この人物の瞳は、そうした光に慣れていないから。けれども、ついに目の前の光景を視界に収めると、自分が見た事柄について伝えるために、仲間のもとに戻っていく。仲間たちは、この人物の言うことをなかなか信用しない。わたしたちの誰しもが、洞窟の奥底にいて、自分の無知や偏見に縛りつけられている。わたしたちのか弱い感覚が、自分たちに影を見せている。より遠くを見ようとすると、往々にしてわたしたちは混乱する。遠くを見ることに、慣れていないから。それでも、わたしたちは遠くを見ようと試みる。それが科学である。科学的思考は世界を探索し、描きなおす。そうして、わたしたちが抱く世界のイメージを少しずつ刷新していく。世界についてより的確に考える方法を、科学はわたしたちに教えてくれる。科学とは、思考の在り方を絶えず探求していく営みにほかならない。わたしたちがあらかじめ抱いていた考えは、科学によって揺さぶられる。科学が秘める力は、現実の新たな領域や、より適切な世界のイメージをあらわにする。この冒険は、これまでに積み重ねられてきた知識全体に基礎を置いている。一方で、変化こそが科学という冒険の核心である。より遠くを眺めることが、この変化を引き起こす。世界には果てがなく、その色合いはさまざまに変化する。人間は、世界を見に行きたいと願う。わたしたちは、世界の神秘や美のなかに浸かっている。そして丘を越えた先には、未踏の領域が広がっている。わたしたちは、不確かさのなかに浸かっている。あやふやな知覚にしがみつき、自分たちが知らないことの巨大な深淵のなかで宙ぶらりんになっている。しかしそうした不確かさは、わたしたちの生から価値を奪うよりむしろ、生をより貴重なものへと変えてくれる。

わたしがこの本を書いたのは、驚きと感嘆に満ちたこの冒険について語るためである。わたしは本書の執筆中、物理のことはなにも知らず、けれども好奇心の旺盛な読者のことを考えていた。今日のわたしたちは、世界の基本的な構造についてなにを理解し、なにを理解していないのか。わたしたちはどのような問題に直面しているのか。そうしたことに興味を抱いている人たちこそ、わたしが念頭に置いている読者である。このような視点から見えてくる現実の、息を呑むほど美しい眺望を、本書を通して伝えていきたい。

わたしはこの本を書いているあいだ、物理学の道をともに歩み、今では世界中に散り散りになっている同僚たちや、この道を歩もうと望んでいる、科学に情熱を燃やす若者たちのことも考えていた。相対性理論と量子力学という二つの光に照らされた、物理的な世界の成り立ちのおおよその眺めを、わたしは本書のなかで素描している。そしてまた、二つの光はいかにして両立するのか、自身の考えを提示している。本書はたんに、最先端の物理学を、一般読者へ普及させることだけを目的としているわけではない。研究の現場では時として、専門用語の抽象性が、全体のありようを見えにくくすることがある。そうした状況を克服し、一貫性のある視点を打ち立てることもまた、本書の目的である。科学は実験、仮説、方程式、計算、そして長い議論から成り立っている。しかしこれらは音楽家にとっての楽器（ストゥルメンティ）と同様、あくまでも道具（ストゥルメンティ）にすぎない。音楽にとって重要なのは、実際に奏でられる旋律やリズムである。それと同じく、科学にとって重要なのは、科学的な見方がもたらす世界像である。地球は太陽のまわりを回っているという発見の意義を理解するのに、コペルニクスの複雑な計算を解きなおす必要はない。地球上のあらゆる生物種が、同一の始祖から枝分かれした存在であるという発見の重要性を理解するのに、ダーウィンの書物の複雑な論証をたどりなおす必要はない。科学とは、少しずつ広がっていく視点から世界を読む営みである。

本書でわたしは、今日の研究が示している世界の新しいイメージを、議論の本質や論理的な結びつきに光を当てながら、自分が理解しているとおりに語っていく。わたしの言葉は、同僚や友人に語りかけるような調子で書かれている。話し相手はきっと、こんなふうに聞いてくる。「なあ、きみ。物事の本当の姿は、いったいどんなふうだと思う？」ゆっくりと夕闇に染まっていく夏空の下、二人で海辺を歩きながら。

第1部　起源

最初の舞台は、二十六世紀前のミレトスである。なぜ、量子重力理論に関する書物が、それほど遠い昔の出来事や、人びとや、考え方の描写から始まるのか。わたしは読者に、空間の量子へたどりつこうと焦ってほしくはない。むしろ起源から出発することで、現代につながる考え方をより容易に理解できるようになる。後世になってから、世界を理解するうえで役に立つことが分かった考え方の多くは、二十世紀以上も前の時代に芽生えている。誕生の経過を手短にたどり直せば、わたしたちはそうした考え方を深く、適切に捉えられる。結果として、その後の歩みは平坦で快適なものになるだろう。

しかし、話はそれだけにとどまらない。世界を理解するために、古代の人びとが設定した問題のいくつかは、今なお未解決のまま残されている。空間の構造をめぐる最新の考え方の一部は、古代に提示された概念や疑問を参照している。わたしはこれから、古代の思索について語っていく。するとただちに、量子重力理論の基礎を理解するための鍵となる根本問題が俎上《そじょう》に載せられるだろう。こうしてわたしたちは、量子重力理論について学びながら、二つの考え方を区別できるようになる。一つは、たとえ馴染みが薄かろうとも、科学的思考の起源にまでさかのぼることができる古い考え方であり、もう一方が、根本的に新しい側面をもつ考え方である。これから見ていくように、古代の科学者の思索が提示した問題と、アインシュタインと量子重力理論によって発見された解答のあいだには、とても強い結びつきがある。

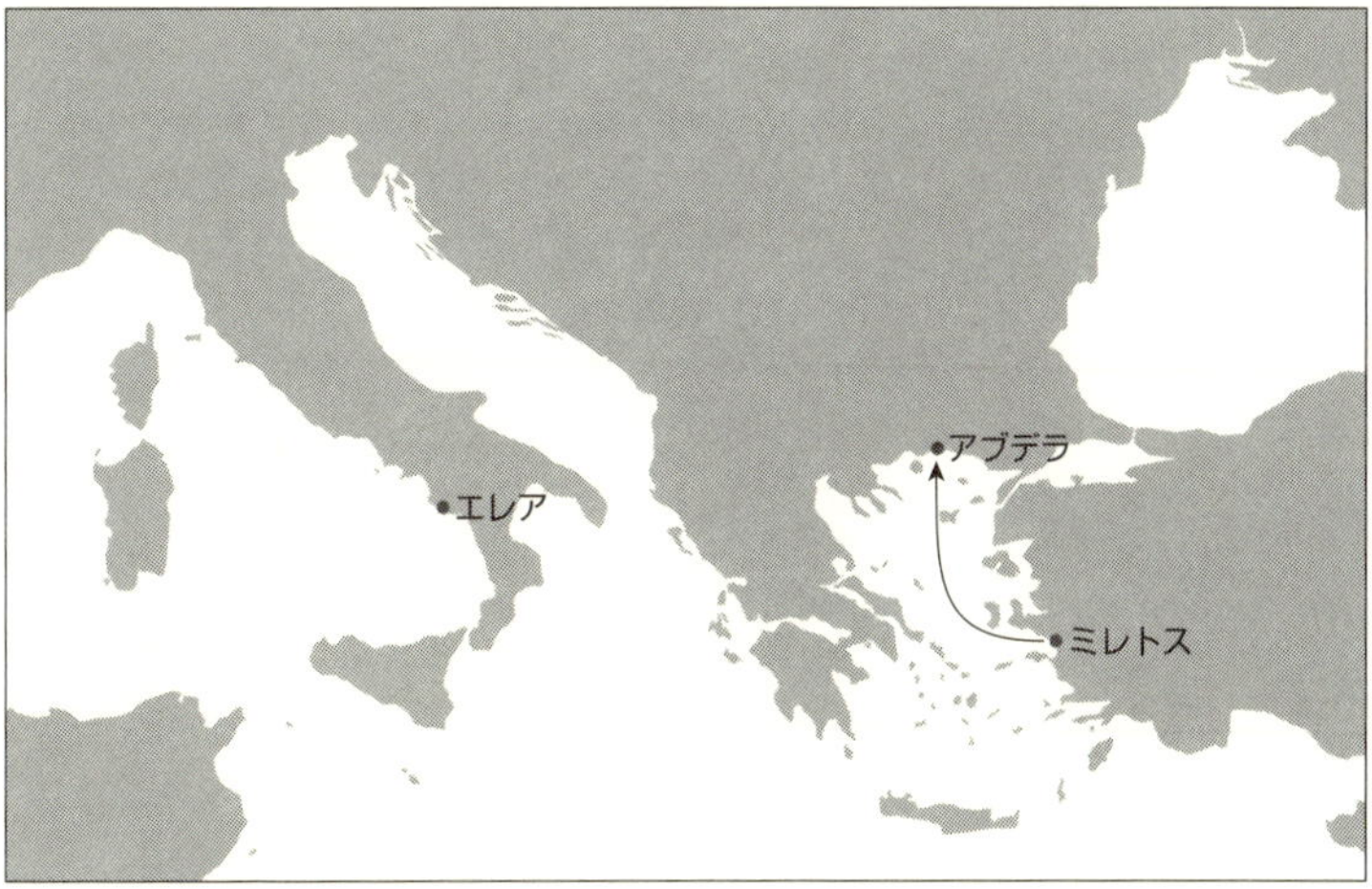

図1－1　「原子学派」の創設者ミレトスのレウキッポスがたどった航路（紀元前 450 年頃）。

第1章　粒——古代ギリシアの偉大な発見

伝承によれば、紀元前四五〇年、ひとりの男がミレトスで船に乗り、海を渡ってアブデラを目指した（図1－1）。それは、知の歴史の根幹にかかわる旅であった。

おそらくこの人物は、ミレトスの政治的動乱から逃れてきたのだろう。ミレトスでは当時、貴族階級が暴力的なやり方で、権力の座に返り咲いたところだった。ミレトスは、豊かに栄えるギリシアの一都市であり、アテネとスパルタが黄金時代を迎える以前は、ギリシア世界の中心地であった。この都市は交易の要衝であり、およそ一〇〇もの植民都市を従え、紅海からエジプトまでの各地に貿易港を持っていた。メソポタミアからキャラバンが、地中海の全域から貿易船がやってくるミレトスには、さまざまな思想が流通していた。

紀元前六世紀、人類にとってきわめて重大な思想上の革命が、ミレトスで成し遂げられた。問いを提示し、その答えを追求する方法を、ある思想家の一団が刷新させたのである。なかでも、もっとも重要な功績を残したのが、アナクシマンドロスという哲学者だった。

歴史上つねに、または少なくとも、今日まで伝わる文字資料が残されるようになってからずっと、人間は問いを発しつづけてきた。世界はどのように生まれたのか。世界はなにからできているのか。世界の秩序はいかにして保たれているのか。自然現象が生じる原因はどこにあるのか。数千年にわたり、互いに似かよった答えばかりが提示されてきた。それはつまり、精霊や、神々や、想像上または神話上の動物や、そのほか似たようなものをめぐる錯綜した物語を根拠とする解答である。石板に刻まれた楔形《くさびがた》文字、古代中国の文書、ピラミッドのなかの象形《しょうけい》文字、スー族の神話、古代インドの最古の文字資料、聖書、アフリカの部族の伝承、オーストラリアの先住民に伝わる物語……それらすべては、色とりどりではあるが、つまりは退屈な解説にほかならない。こうした物語には、羽を生やした蛇やら、巨大な雌牛やら、親切な神やら、怒りっぽく気難しい神やらが登場する。こうした生物や神々が、深淵に息を吹きかけたり、「光あれ」と言ったり、石の卵から出てきたりすることで、世界が創造されるのである。

ところが、紀元前六世紀はじめのミレトスで、タレス、その弟子アナクシマンドロス、ヘカタイオス、そして彼らが形成する学派のメンバーたちによって、答えを追求する別の方法が編み出される。それはつまり、神話や精霊を引き合いに出すのではなく、事物の性質それ自体のうちに答えを追求する方法である。この途方もない思考の革命が、新しい知の様式を打ち立て、科学的思考の夜明けを到来させることになった。

観察と理性を適切な方法で用いること。未知の事柄にたいする答えを、空想や、信仰や、太古の神話のなかに求めるのを避けること。そしてとりわけ、批判的な思考を正しく用いること。そうすればわたしたちは、世界にたいする自らの視点を絶えず修正できる。ありふれた眼差しには映らない現実の諸側面を発見できる。これまで知らなかったことを学習できる。こうした点をミレトス人は理解していた。

なかでも重要だったのは、新たな思考様式の発見だろう。もはや弟子は、師の思索を尊重したり共有したりするよう強要されない。師の思索に立脚しつつも、弟子はときにそれを否定し、批判し、より優れていると思えるものを築くことができる。このように、ある学派への同意と反発のあいだで揺れながら第三の道を探ることは、哲学的思考や科学的思考が目覚ましい発展を遂げるのに不可欠の要素だった。わたしたちは、過去の知を吸収する一方で、それを批判することもできる。知への批判は、知を改良しようという試みでもある。ミレトス人がそのことに気づいて以来、人間の知識は目もくらむほどの勢いで増大していった。ヘカタイオスの歴史書は、批判的な思考の核心を衝く輝かしい言葉から始まる。そこには、自らもまた過ちを犯すかもしれないという自覚が含まれている。「わたしはここに、自分にとって正しいと思えることを書いていく。というのも、ギリシア人の物語は、矛盾や当てにならない記述に満ちているようにわたしには思えるから」。

伝説によれば、ヘラクレスはギリシアのマタパン岬から冥界に下ったという。ヘカタイオスはマタパン岬を訪れ、そのどこにも、地下の通路や冥界への入り口が存在しないことを確認した。そして、伝説は虚偽であると判断したのである。ヘカタイオスの姿勢は、新時代の始まりを告げている。

知識にたいするこうした新しいアプローチは、迅速で鮮烈な効果をもたらした。アナクシマンドロスはほんの数年のうちに、世界にたいする認識を次々と深めていった。地球は空に浮いており、地球の下側にも空が広がっている。雨水は大地から蒸発した水に由来する。地上に存在する物質の多様性は、唯一の単純な構成成分の発現として理解すべきである（彼はその構成成分を「アペイロン」、つまり、「限界をもたないもの」と名づけた）。動物や植物は、環境の変化に対応するように進化する。人間は、ほかの動物が進化した末に生まれたに違いない。こうして彼は少しずつ、今なおわたしたちが共有している、世界を理解するための基本原理を築いていった。

ミレトスは、黎明期のギリシア文明が、メソポタミアやエジプトの古代文明と出会う場所に位置していた。この都市の人びとは、古代文明の知に養われつつ、いかにもギリシア人らしく、政治的に自由かつ不安定な状況の下で暮らしていた。そこには皇帝の宮殿も、特権階級の聖職者も存在せず、個々の市民が広場に出て、自分たちの未来について語り合っていた。ミレトスは歴史上、市民が自分たちの法律について集団で討議したはじめての土地であり、市民会議が招集されたはじめての土地であった。この会議は「パンイオニウム」と呼ばれる聖域で開催され、イオニア同盟の代表者たちがそこに集まった。さらにミレトスは、この世の不可解な出来事を説明できるのは神々だけであるという考え方に、はじめて疑義が呈された土地でもあった。人びとは議論を重ねることにより、共同体にとってより良い決断に到達できる。議論を重ねることにより、世界を理解できるようになる。これが、ミレトス人の残した巨大な遺産である。ミレトスは哲学の、自然科学の、地理学や歴史学の揺籃《ようらん》の地であった。地中海の、西欧の、そして近代の科学や哲学の伝統全体が、紀元前六世紀のミレトス人の思索のうちに根を張っているといっても過言ではない。[1]

この輝かしきミレトスは、それからほどなくして痛ましい最期を迎える。ペルシア皇帝の進出を受け、帝国への反乱を起こすが失敗し、ミレトスは徹底的に破壊された。紀元前四九四年の出来事だった。反乱が鎮圧された後、ミレトス市民の大多数は奴隷の身となった。詩人のフリュニコスは、『ミレトスの陥落』と題された悲劇をアテネで発表している。この作品はアテネ市民の心を深く揺さぶった。あまりに強い苦しみを観客のあいだに引き起こしたため、再演が禁じられたほどだった。しかし二〇年後、ギリシア人はペルシアの脅威を退け、ミレトスは見事に甦った。人口はふたたび増大し、交易と思想の中心地として都市は栄え、ミレトス人の思考と精神が広くギリシアに普及していく。

この章の冒頭で触れた人物もまた、こうした精神に影響を受けていたに違いない。伝承によれば、この男性は紀元前四五〇年、ミレトスからアブデラへ船で渡っている。男の名はレウキッポス。彼の人生について分かっていることは少ない。[2] レウキッポスは、『大宇宙系』という書物を著わしたとされる。アブデラに到着した後、彼は科学と哲学の学派を創立する。まもなくこのグループに、あらゆる時代の思想に甚大な影響を及ぼすことになる、ひとりの若い弟子が加入する。この弟子が、デモクリトスである（図1－2）。

図1－2　アブデラのデモクリトス。

両者の思想は明確には区別できない。二人の著書はいずれも散逸しているからである。レウキッポスは師であり、デモクリトスは偉大な弟子だった。知のあらゆる分野について数十もの書物を著したデモクリトスは、実際にそれらを読んだ古代の人びとから深く尊敬されていた。当時の知識層のあいだでも、彼は偉人と見なされていた。セネカはデモクリトスを、「あらゆる古代人のなかで、もっとも鋭敏な知性を備えた人物」と評している。[3]また、キケローはこう問いかけている。「いったい誰を、あのデモクリトスと比較できようか？　天賦の知性のみならず、魂もまた偉大であったあのデモクリトスと」[4]。古代の原子論という大伽藍《だいがらん》を築いたのが、まさしくこのデモクリトスである。

　では、レウキッポスとデモクリトスはなにを発見したのか？　ミレトス人はすでに、世界の成り立ちは理性を通して把握できると悟っていた。自然現象の多様性は、なんらかの単純な事象に還元できるはずである。ミレトス人は、その「単純な何か」を理解しようと努めていた。そうして着想されたのが、万物を作り出す基本的な物質が存在するという考え方である。ミレトスのアナクシメネスは、この基本的な物質が圧縮されたり薄められたりすることで、世界を構成するさまざまな成分に姿を変えるのだと想像した。これは物理学の萌芽である。初歩的であり、粗削りではあるが、正しい方向へ進んでいる。世界に秘められた秩序を明るみに出すには、着想が、偉大な着想が、遠大な展望が必要なのである。レウキッポスとデモクリトスは、この着想を備えていた。

　デモクリトスの偉大な着想から生まれた体系は、きわめて単純明快である。宇宙全体は、終わりのないからっぽの空間から構成され、そのなかを無数の原子が行き交っている。宇宙に存在するのは、それだけである。空間は無限であり、高低の区別はなく、中心も周縁も存在しない。形のほかに、原子はいかなる性質ももたない。重さも、色も、味わいも、原子とは無縁である。「甘さという感覚があり、苦さという感覚がある。暑さという感覚、寒さという感覚、そして、色彩をめぐる感覚がある。しかし実際には、原子と空間だけが存在する」[5]。

原子とは、現実を形づくる基本的な粒子である。原子はそれ以上分割されず、万物は原子から構成される。原子は空間のなかを自由に動きまわり、互いに衝突したり、結合したり、押し合ったり、引き合ったりする。互いに類似する原子は、引きつけ合ってひとつになろうとする。

これが世界の構造である。これが現実である。そのほかのものはすべて、原子の運動や結合から偶然に生じた副産物でしかない。世界を形づくるあらゆる物質の無限の多様性は、原子の組み合わせから生み出される。

原子と原子が結びつくとき、微視的なスケールではなにが起こっているのか。ここで重要なのは、原子の形、全体の構造における原子の配置、そして原子の結びつき方だけである。二十数個のアルファベットがさまざまに組み合わさり、悲劇や喜劇、滑稽譚《こっけいたん》や壮大な叙事詩が作り出されるのと同じように、基本的な原子がさまざまに結びつくことで、限りない多様性を備えた世界が生まれる。この比喩は、デモクリトス本人によるものである。[6]

この途方もない原子の舞踊には、いかなる目的も意図もない。わたしたちは、自然界に存在するほかの事物と同様に、終わりなき原子の舞踊の帰結である。それはまた、偶然による結びつきの結果とも言い換えられる。自然は種々の形態と構造を試しつづける。人間も動物も、果てしない時の流れのなかで、自然の気まぐれな選択によって発生した存在である。わたしたちの生は原子の組み合わせであり、わたしたちの思考は微小な原子に由来している。わたしたちの夢は原子が生み出したものであり、わたしたちの希望や感情は、原子の組み合わせによって構成された言語のなかに書きこまれている。わたしたちが見ている光とは原子であり、わたしたちの視界に映る像は原子によってもたらされる。海も、町も、星も、原子からできている……信じられないほど単純で、信じられないほど強力な、透徹きわまりない洞察だった。デモクリトスが描いた展望は、やがて文明の礎《いしずえ》となる。

こうした世界観を基礎にしながら、デモクリトスは数十巻におよぶ著作をとおして、物理学、哲学、倫理学、政治学、宇宙論といった分野について論じた。言語の性質、信仰、人間社会の誕生など、デモクリトスが取り組んだ主題は多岐にわたる(『小宇宙系』という著作の出だしは、じつに印象的である。いわく、「わたしはこの書物のなかで、あらゆる事物について論じる」)。これらの著書はすべて散逸している。そこからデモクリトスの思想を知るには、別の古代作家たちによる参照、引用、報告に頼るしかない。[7] そこから浮かび上がる思想とは、妥協のない人間主義、合理主義、物質主義である。[8] デモクリトスは、自然科学者の明晰さをもって、自然界の事象に幅広い関心を抱いていた。その理性は、神話的な思考のあらゆる残りかすを一掃した。同時に彼は、人間の本質にたいしても深い関心を抱き、倫理的な生という概念に真摯《しんし》に向き合っていた。デモクリトスの思想は、十八世紀に花開く啓蒙主義の最良の部分を、二千年も前に先取りしている。節度と分別を保ちつつ、理性に信頼を置き、情念に惑わされることなく魂の平穏に達することが、デモクリトスの思い描く倫理的な理想である。

プラトンとアリストテレスはデモクリトスについてよく知っており、彼の思想に異議を申し立てた。デモクリトスとは相容れないこの二人の思想が、それからの何世紀にもわたって、知の発展を阻害しつづけることになる。プラトンとアリストテレスは、デモクリトスの自然科学的な説明を退け、目的論的な見方から世界を理解しようとした。つまり、あらゆる事象の背景には、なんらかの目的があるという考え方である。それは後に、自然を理解するにはきわめて実効性に欠ける考え方であったことが明らかになる。プラトンとアリストテレスは、善悪の観点から世界を理解しようとしたために、人間に関係する問題とそうでない問題を混同してしまったのである。

アリストテレスは、デモクリトスの思想を詳しく、深い敬意をもって紹介している。一方で、プラトンはデモクリトスをまったく引用していない。とはいえ、今日の研究者の考えによれば、これはあくまで選択の問題であり、プラトンがデモクリトスを知らなかったということではない。デモクリトス的な思想にたいする批判は、プラトンの著作のなかに数多く認められる。その一例が、「物理学者」にたいするプラトンの批判である。『パイドン』の一節で、プラトンはソクラテスの口を借りて、すべての「物理学者」を論難している。この記述は、後世に長く影響をとどめた。ソクラテスはこう嘆く。「物理学者」が大地は丸いと説明したとき、彼はその主張に反発した。ソクラテスは、丸いことが大地にとって、どのような意味で「善」であるのかを知りたかった。というのも、大地が本当に丸いのなら、その丸さは大地の善にとって有益であるはずだから。プラトンが描くソクラテスは、はじめ物理学に熱中していたものの、やがて失望を覚えるようになったという。

わたしはてっきり、大地が平らか丸いかを説明されたあとで、なぜその形でなければならないのか、理由を説明してもらえるものとばかり思っていました。最善の原則から出発し、その形をとることが大地にとって最善なのだと、わたしにも分かるように証明することによって。つまり、仮に大地が世界の中心に位置しているなら、中心にあることが大地にとって善であると、わたしに分からせてくれるだろうと期待していたのです。[9]

進むべき道を完全に誤っている、あの偉大なるプラトンが！

物はどこまでも分けられるのか？

リチャード・ファインマンは、二十世紀後半におけるもっとも偉大な物理学者であり、たいへん素晴らしい物理学の教科書を著している。その出だしには、次のような一節がある。

なんらかの天変地異が発生し、あらゆる科学的知見が壊滅の危機に瀕したとする。そのなかで、たった一文だけを未来の世代に伝えられるとしたら、もっとも少ない語数でもっとも多くの情報を伝えるために、いかなる表現を選ぶべきか？　わたしなら、「万物は原子からなる」という仮説を選ぶと思う。少しばかりの想像力と思考を働かせるだけで、わたしたちはこの一文から、世界に関する莫大な情報を読みとることができる。[10]

デモクリトスは、近代物理学の力を借りるまでもなく、すべては原子からできているという着想にたどりついた。いったい彼は、どのような道筋をたどったのか？

デモクリトスの議論は観察にもとづいていた。たとえば、彼は想像力を（正しく）働かせ、車輪が磨滅したり干した衣服が乾いたりするのは、きわめて微小な木や水の粒子がゆっくり失われていくためだと推測した。さらに、デモクリトスの議論には、哲学的な性格を帯びたものもある。ここで、そうした議論について詳しく検討してみたい。デモクリトスの思考の力は、量子重力理論の骨格まで到達している。

デモクリトスは物質を、切れ目なく滑らかに持続するものとしては捉えていなかった。そのような存在は、彼の抱く観念と嚙《か》み合わないところがある。わたしたちがデモクリトスの議論を知ることができるのは、アリストテレスがそれを引用しているからである。[11] デモクリトスは次のように言う。物質は無限に分割できる、つまり、無限回にわたって砕くことができると、想像してみてほしい。物質のかけらを際限なく砕きつづける自分の姿を、想像してみてほしい。すると、いったいなにが残るのだろうか？

残るのは、わずかなりとも寸法を備えた粒子だろうか？　いいや、それはない。なぜなら、寸法を備えているかぎり、物質の欠片はいまだ、無限に砕かれたとはいえないからである。したがって、最後に残るのは広がりのない「点」のみだと推測される。では、今度は「点」から出発して、物質の欠片を再構成すべく試みてみよう。寸法をもたない点を二つ重ねたところで、寸法のあるものは得られない。三つ重ねようが、四つ重ねようが同じことである。点をいくつ重ねても、点それ自体に広がりがないのだから、寸法はけっして形成されない。ゆえに、広がりのない点から物質が構成されているとは考えられない。点を無限に重ねたとしても、大きさのあるものはけっして得られないから。こうして、デモクリトスは次のように結論づける。物質の欠片は何であれ、個別の、それ以上は分割できない、「有限の」個数の小片から構成される。そして、それぞれの小片には、それ以上は小さく分けようがないという意味で、「有限の」寸法がある。その小片が、原子である。

この明晰な論証法は、デモクリトスよりも前の時代に先例がある。その発祥地は、南イタリアのチレント地域に位置する、今日ではヴェーリアと呼ばれている小都市である。紀元前五世紀には、この都市はエレアと呼ばれ、ギリシアの植民都市として栄えていた。哲学者のパルメニデスは、この都市で生を送った。パルメニデスは、ミレトス流の理性主義を忠実に（おそらくはやや過剰なほどに）受け継いだ人物だった。理性はわたしたちに、目に映る姿とは異なる現実を見せてくれることがある。ミレトスで生まれたこの偉大な考えを、パルメニデスは血肉としていた。真理へといたる澄んだ理性の道を彼は進んだ。そしてついには、目に映るあらゆるものは幻想であると見なすにいたった。パルメニデスは、後の世で「自然科学」と呼ばれるようになる領域から次第に遠ざかり、形而上学へとつづく道を切り開いていく。

その弟子であるゼノンもまた、師と同じくエレアの出身だった。目に映るものの信頼性を否定するという、師の徹底的な理性主義を支えとして、ゼノンは緻密な議論を展開した。彼の議論のなかには、「ゼノンのパラドクス」として名高い、一連の逆説が含まれている。ゼノンのパラドクスは、運動について広く共有されている考え方がいかに不合理であるかを論証することで、目に映るあらゆる現象は見せかけであると示そうとしたものである。[12]

ゼノンのパラドクスのもっとも有名な例は、寓話のような形式を採っている。亀とアキレウスが駆けくらべをすることになり、亀は一〇メートルのハンディキャップをもらって出発した。果たしてアキレウスは亀に追いつけるだろうか? ゼノンは厳密な論理に従い、アキレウスは亀に追いつけないと結論づけた。ゼノンの論証は次のようになる。アキレウスは亀に追いつくより前に、一〇メートルの距離を走破しなければならない。そして、そのためにはいくらかの時間を要するはずである。そのあいだに、亀も数十センチは前に進んでいるだろう。この数十センチの差を埋めるのに、アキレウスは少しばかりの時間を必要とする。ところがそのあいだに、亀はまたも前進している。こうして、同じことが無限に繰り返される。したがって、アキレウスが亀に追いつくためには、「無限の」個数の時間が必要になる。そして、ゼノンの議論によるならば、「無限の個数の時間」は「無限の時間」と同義である。こうして結論が導かれる。厳密な論理に従うのであれば、アキレウスは亀に追いつくのに無限の時間を費やさなければならない。つまり、わたしたちはけっして、アキレウスが亀に追いつくところを目撃できない。しかし、実際にわたしたちが目にしているアキレウスは、自らの望むままにあらゆる亀に追いつき、追いこしている。以上の論証から、わたしたちが見ている世界は不合理であり、幻想であるという結論が導き出される。

本当のところをいってしまえば、ゼノンの主張には納得できない。では、彼はどこで間違えたのか?

考えられる解答は次のようになる。ゼノンが誤ったのは、「無限の個数の事物」を合計すれば「無限の事物」が得られると推論したためである。一本のロープを思い浮かべてみてほしい。これを半分に切り、また半分に切り、さらに半分に切り、同じ作業を際限なく続けてみよう。最終的には、どんどんと短くなっていくロープの切れ端が数限りなくできあがる。ところが、すべての切れ端をつなぎ合わせても、その長さは有限である。なぜならどれだけ細かく切ったところで、つなぎ合わせれば元々の長さと同じになるはずだから。「無限の個数の時間」を合計しても、「無限の時間」が得られるとは限らない。英雄アキレウスは、次第に長さの短くなる、無限の個数の道のりを越えなければならない。とはいえ、それぞれの道のりを走破するのに必要な時間は有限であり、アキレウスは結局のところ、有限な時間のうちに亀を追いこしてみせるだろう[13]。

これで、見かけ上のパラドクスは解けたように思える。ここでは、「連続」という考え方が解決策として利用されている。つまり、どこまでも好きなだけ切り分けられる極小の時間が存在するが、それらを無限に足し合わせても有限な時間しか得られないという考え方である。この可能性に最初に気づいたのがアリストテレスであり、やがて近代の数学が、この解答を細部まで洗練させる。

けれどもこれは「現実の」世界において、本当に正しい解答といえるだろうか？　本当に、好きなだけ小さく切り分けられるロープが存在するのだろうか？　わたしたちは本当に、「どこまでも好きなだけ大きな」回数、ロープを切り刻むことができるのだろうか？　本当に、限りなく小さな時間が存在するのだろうか？　本当に、限りなく小さな空間が存在するのだろうか？　これこそ、量子重力理論が考えなければならない問題である。

古代の伝承によれば、レウキッポスはゼノンと面識があり、ゼノンに師事していたという。それが事実なら、レウキッポスはゼノンのややこしい議論のことも知っていたはずである。しかし、レウキッポスはゼノンの提示した難問を解決するため、先に紹介した解決策とは異なる道を探り当てた。レウキッポスの考えはこうである。おそらく、どこまでも好きなだけ小さくできるものなど存在しない。つまり、分割できる寸法には下限がある。

宇宙は粒状であり、滑らかに持続しているわけではない。先に触れた、アリストテレスが引用しているデモクリトスの議論にあるとおり、限りなく小さな点は、けっして寸法を構成できない。「有限な」長さの物体が、「有限な」個数だけ集まって、ロープの寸法が作り出される。ロープを無限に分割することはできない。物質は滑らかに持続しているのではなく、有限な寸法をもつ個々の原子により形づくられている。

正誤の判定が難しい抽象的な議論ではあるが、結論からいうならば、今日のわたしたちが知っているとおり、この考え方は大いに的を射たものだった。実際、物質は原子の構造を備えている。一つの水滴を二つに分ければ、わたしたちは二つの水滴を得る。それぞれの水滴はまた分割できるし、そうして得られた水滴をさらに分割することもできる。しかし、この作業は永遠には続けられない。どこかの時点で、わたしたちは一個の水分子を得る。これで分割は終わりである。一個の水分子よりも小さな水滴は存在しない。

今日のわたしたちは、どうやってそれを知るのだろう？　兆候は、何世紀にもわたり積み重ねられてきた。多くは化学の分野に由来するものである。化学物質はわずかな種類の元素から構成され、元素の総数にもとづく重量比によって性質が決定される。化学者たちは、原子の固定的な組み合わせによって分子が構成され、その分子が物質を形づくっているという考え方を組み立ててきた。たとえば、H_2Oと表現される水には、水素と酸素が二対一の割合で含まれている。

とはいえ、これらはあくまで兆候である。二十世紀のはじめにおいてもなお、科学者や哲学者の多くは、原子論を愚劣な謬説《びゅうせつ》と見なしていた。そのなかの一人が、哲学者としても物理学者としても優れた功績を残したエルンスト・マッハである（空間に関するマッハの着想は、アインシュタインにとってきわめて重要な意味をもっていた）。ウィーンの帝国科学アカデミーで物理学者ボルツマンが講演した際、マッハは最後にこう宣言している。「原子が存在するなど、わたしは信じない！」これは、一八九七年の出来事である。多くの科学者が、マッハと同意見だった。原子とは、化学反応の法則を説明するため化学者により便宜的に導入された、架空の概念であると見なされていた。二個の水素原子と一個の酸素原子から構成される水分子が「本当に」存在するなどという説は、そう簡単に受け入れられるものではなかった。原子は目に見えないではないか。科学者たちはそう主張した。わたしたちは、けっして原子を見ることはできないだろう。そもそも、仮に原子が存在するなら、それはどの程度の大きさなのか？　科学者たちはそう問いかけた。もちろんデモクリトスは、原子の寸法を測定できないまま生涯を終えた……。

物質は原子から構成されているという、いわゆる「原子仮説」の決定的な証拠は、一九〇五年になってようやくもたらされた。レウキッポスとデモクリトスの原子仮説を証明したのは、気難しく落ち着きのない二五歳の青年だった。大学で物理学を修めたものの、研究職に就くことはかなわず、ベルンの特許庁に勤めながら先行きの見えない生活を送っていた。本書の各章で、この若者についてはたっぷり言及することになる。とくに、当時におけるもっとも権威ある物理学雑誌『アナーレン・デア・フィジーク』に宛てて、青年が一九〇五年に投稿した三本の論文は、この先の議論にとって重要な意味をもつ。

図1－3　アルベルト・アインシュタイン。

原子が存在する決定的な証拠は、一本目の投稿論文に記されている。青年はこの論文のなかで原子の寸法を計算し、二十三世紀前にレウキッポスとデモクリトスによって提示された問題に決着をつけてみせた。

この二五歳の青年とは、お察しのとおり、アルベルト・アインシュタインである（図1－3）。

彼はいかにして原子仮説を立証したのか？　着想は、信じられないほど単純である。アインシュタインの鋭敏な頭脳と、（けっして易しくはない）計算をするための数学の知識さえあれば、デモクリトスより後の時代の誰であれ、かならずたどり着けたはずの着想である。彼はこう考えた。空気や液体のなかに浮かんでいる、埃や花粉の粒子といった微小な物体を注意深く観察すると、それらが振動しているのが分かる。微小な物体はこの振動に押されて、当て所もなくジグザグに進み、はじめの位置から少しずつ遠ざかりながら、運に任せてゆっくりと移動していく。流体のなかの微小な物体が示すこうしたジグザグの動きは、十九世紀にこの運動を丁寧に描写した生物学者ロバート・ブラウンにちなんで、「ブラウン運動」と呼ばれている。図1－4は、ブラウン運動をとおして物体が描く典型的な軌道を図示している。まるで、微小な物体が一方から他方へと、わけもなく蹴り飛ばされているかのように見える。そして、じつをいえば、蹴り飛ばされている「かのように見える」わけではない。ここでは、実際にそのとおりのことが起こっている。空気中の個々の分子は、あるときは左から、あるときは右から粒子にぶつかり、こうして粒子は振動する。

　肝心なのはここからである。空気中にはきわめて多くの分子が存在している。したがって、「平均の値を取った場合」、粒子に左からぶつかる分子と、右からぶつかる分子の数は等しくなるはずである。仮に、空気中の分子が無限に小さく、そうした分子が無限に多く存在しているのであれば、右からの衝突と左からの衝突の効果が各瞬間において正確に釣り合うため、粒子が動くことはないだろう。それにたいして、有限な寸法を備えた分子が、無限ではなく有限な数だけ存在するのであれば、当然ながら「ゆらぎ」が生じる（これはキーワードである）。つまり、どの瞬間においても、衝突の均衡が正確に保たれることはない。それはただ、「平均の値を取った場合」のみ、たがいに釣り合っていると見なすことができる。

　ここで、分子の数が相当に少なく、その寸法が充分に大きい場合を想像してみよう。このような状況では、粒子は明らかに、あるときは右から、あるときは左から、一回きりの衝突を時たま受けるだけである。したがって、粒子はあちらからこちらへと、運動場を駆けまわる子供たちに蹴り飛ばされるボールのように、有意な仕方で運動するだろう。事実、分子が小さければ小さいほど、短い時間間隔で衝突の均衡が保たれるようになり、粒子の動きは小さくなる。

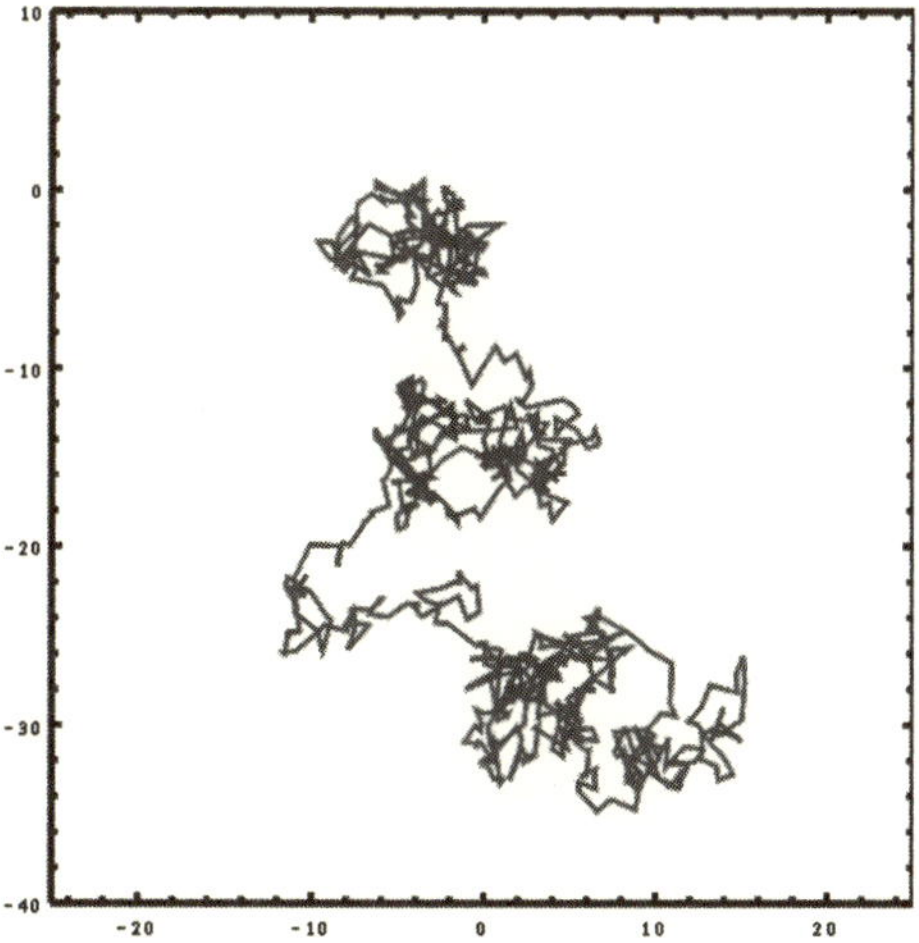

図1－4　ブラウン運動の典型的な軌道。

したがって、少しばかり数学の知識を拝借すれば、目で見て観察できる粒子の動きの総体から、分子の寸法を導き出せる。アインシュタインはこの作業を、二五歳のときにやってのけた。流体に漂う粒子を観察し、それらの「ドリフト」、つまり漂流の程度を計測することで、原子の寸法を計算した。これこそ、デモクリトスが思い描いた、物質を構成する基本的な粒子である。二三〇〇年の時を経て、デモクリトスの直観は正しかったことが証明された。物質は、粒からできている。

事物の本質——世界は原子からできている

崇高なるルクレティウスの詩句は、
地上のすべてが滅びるまで生きつづけるだろう。
オウィディウス『恋の歌』[14]

わたしはよく自問する。デモクリトスの全著作の散逸は、古代文明の崩壊のあとに起こった、人類の知をめぐるもっとも大きな悲劇ではないだろうか。巻末の注に掲載したデモクリトスの著作タイトルの一覧に、ぜひ目を通してみてほしい[15]。古代の科学の広大な思想が失われたことを想像すれば、慨嘆せずにいる方が難しいだろう。

残念ながら、わたしたちに残されたのはアリストテレスばかりである。西欧の思想はアリストテレスを基礎にして再建された。そこにデモクリトスの居場所はない。おそらく、デモクリトスの著作がすべて残り、アリストテレスの著作がすべて散逸した方が、わたしたちの文明はより良い知の歴史を築けただろう。

一神教の思想が猛威を振るった数百年間に、デモクリトスの合理的かつ唯物的な自然主義は完全に忘却された。三九〇－三九一年、テオドシウス帝は勅令を発し、キリスト教が帝国の唯一の国教であることが明確になった。その後、古代の思想を考究する学派は次々と閉鎖され、キリスト教思想と相容れない文書はことごとく破棄された。プラトンとアリストテレスは、異教徒とはいえ魂の不死を信じていたため、場合によっては教会からも容認された。デモクリトスはそうはいかなかった。

しかし、災禍を逃れ、わたしたちの時代まで残った文章も存在する。それはわたしたちに、古代の原子論や、古代の科学精神の輪郭を伝えている。その文章とは、ローマの詩人ルクレティウスによる輝かしき詩作品『事物の本質について（De rerum natura）』である。

ルクレティウスは、デモクリトスの弟子の弟子に当たるエピクロスの哲学を信奉していた。エピクロスは、科学よりはむしろ倫理をめぐる問題に関心を抱いており、その思想にデモクリトスほどの深みはない。彼は時おり、デモクリトスの原子論を、表面的な仕方でパラフレーズしている。とはいえ、自然にたいするエピクロスの見方は、偉大なデモクリトスから受け継いだものと見て差し支えない。エピクロスの思想、つまりデモクリトスの原子論を、ルクレティウスは詩句のなかで展開している。こうして、暗黒の数世紀に生じた知的災厄から、かの深遠な思想の一部が救い出された。

ルクレティウスは原子を、海を、自然を、空を歌った。哲学的な問い、科学的な観念、明晰な議論を、美しい詩節のなかに表現した。

わたしはこれから、自然がいかなる力をもって、太陽の運行や月の漂泊を司っているか説明しよう。空と大地のあいだに伸びる自らの行路を、太陽や月が自らの意思で移動しているなどと考えないで済むように。または、太陽や月が、なんらかの神慮によって回転しているなどと考えないで済むように［……］[16]。

原子論に立脚する広大な世界観を、驚嘆の感情が満たしている。この感情のなかにこそ、ルクレティウスの詩の美しさがある。人間を形づくる物質は、星や海を形づくる物質と変わらない。そのことを知ったときに生まれる、事物の単一性にたいする深い驚きが、ルクレティウスの詩を彩っている。

わたしたちの誰しもが、天の種子から生まれてきた。誰しもが、同じ父親をもっている。わたしたちの母なる大地は、澄んだ雨粒を身に受けて、光り輝く果実や、繁茂する木々や、人間や、あらゆる世代の野生の獣を、活力に満ちた土から生み出した。そして、それらすべてを養うために、大地はわたしたちに食物を与えた。おかげでわたしたちは、甘美な生活を送り、子孫を残すことができる［……］[17]。

光に満ちた静謐《せいひつ》さと晴朗さが、詩のなかに息づいている。わたしたちに困難な事柄を要求したり罰を与えたりする、気まぐれな神々など存在しない。そのことを理解しているから、詩人は平静な心もちを保っていられる。この作品は、美の女神ウェヌスに捧げられた見事な詩句とともに幕を開ける。ウェヌスとは、自然の創造力の輝かしきシンボルである。作品の冒頭からすでに、喜びの感情が柔らかく波打っている。

女神よ、あなたの前では風も逃げ出す。あなたが姿を現わせば、雲も空から退散する。あなたのために、大地は甘美な花を咲かそうと励む。あなたのために、海の水面は笑みを浮かべる。そして空は照り輝き、あまねく光を行き渡らせる。[18]

そしてまた、ルクレティウスの詩のなかには、地上の生を受け入れようとする揺るぎない意志がある。あなたがたには見えないだろうか？　抑えきれない叫びをあげて、自然はわたしたちに二つのものだけを求めている。一つ目は、苦しみを免れた肉体であり、二つ目は、喜びの感情を享受する傍らで、苦悩と恐怖からは自由な魂である。[19]ルクレティウスは、避けがたき死をも晴れやかに受け入れる。あらゆる悪を消し去る死にたいし、恐怖を抱く道理はない。ルクレティウスにとって信仰とは無知の同義語であり、理性とは闇を照らす光である。

数世紀にわたり忘れ去られていたルクレティウスの文章は、一四一七年一月に、人文主義者ポッジョ・ブラッチョリーニによって、ドイツの修道院の図書室で発見された。ポッジョは多くの教皇の書記官を務めた人物であり、偉大な収集家フランチェスコ・ペトラルカの例に倣い、古代の書物の発掘に情熱を注いでいた。ポッジョによるクインティリアヌスの発見は、ヨーロッパ全土の法学研究の流れを変え、ウィトルウィウスの建築論の発見は、建造物の設計手法を変革した。だが、ポッジョの最大の功績は、ルクレティウスを発見したことである。ポッジョが見つけた書物自体はすでに失われてしまったものの、彼の友人ニッコロ・ニッコリの手になる写しが、現在もフィレンツェのラウレンツィアーナ図書館に保管されている。「ラウレンツィアーノ写本35.30」として知られる手稿である。

ポッジョがルクレティウスの書物をふたたびヨーロッパにもたらしたとき、すでに新奇な知を受け入れる土壌は整っていた。早くもダンテの時代において、きわめて斬新な響きをもつ言葉が聞かれるようになっていた。

　　あなたは瞳で、わたしの心を刺し貫き
わたしの頭を、眠りから呼び覚ます。
苦しみに満ちたわたしの生を見てください、

わたしに吐息をつかせつつ、アモルが打ち砕くわたしの生を。[20]

『事物の本質について』の発見は、ルネサンス期のイタリア、そしてヨーロッパに甚大な影響を与えた。[21]その残響は、直接的または間接的に、ガリレオ、[22]ケプラー、[23]ベーコン、マキアヴェッリら、さまざまな書き手の言葉のうちに留まっている。ポッジョのおよそ一世紀後を生きたシェイクスピアも、原子をめぐる愉快な描写を残している。

マキューシオ――ああ！　そういうことか、分かったぞ、マブの女王がきみに会いにきたんだな。彼女は妖精の産婆で、町役人の人差し指で光る瑪瑙《めのう》のように小さいんだ。ちっぽけな原子の一団に引かれて、横になって眠っている人間の鼻先にやってくるのさ。[24]

モンテーニュは『エセー』のなかで、一〇〇ヶ所以上もルクレティウスを引用している。さらに、ルクレティウスの直接的な影響は、ニュートン、ドルトン、スピノザ、ダーウィン、そしてアインシュタインにまで及んでいる。アインシュタインは、流体のなかを浮遊する微小粒子のブラウン運動を根拠に、原子の存在を証明した。ルクレティウスも、これとまったく同じ考え方を披露している。次に引用するのは、『事物の本質について』の一節である。ここで詩人は、原子論を支持する根拠（彼はそれを「明白な証拠」と呼ぶ）を提示している。

［……］わたしたちの眼の前に、明白な証拠がある。小さな穴から暗い部屋のなかに射しこむ太陽の光を、注意深く観察してみよう。すると、光の線に沿って、きわめて小さな物体が運動したり衝突したりする様子が見てとれるだろう。これらの物体はたがいにぶつかり合い、絶えず近づいたり遠ざかったりしている。このことから、原子が空間のなかでどのように運動するか推定できる［……］。

> 注意してほしい。あなたは今、太陽光線のなかで浮遊し衝突する微粒子を見ている。この光景は、わたしたちには知覚できない目に見えない物質が、微粒子の運動の原因であることを示している。事実、微粒子は頻繁に進路を変えたり後退したりする。あるときはここに、あるときはそこに、あるときは上に、あるときは下に、微粒子はあらゆる方向へ進もうとする。
>
> 　このようなことが起こるのは、原子が自律的に運動するからである。小さな物体は原子に衝突し、この衝突が小さな物体の運動を決定づける［……］。こうして、光線のなかで動いているところをわたしたちが見ている事物の運動が、原子から生み出される。それは、原子との衝突のほかには明確な原因をもたない、奇妙な運動である。[25]

おそらくはじめはデモクリトスによって着想され、のちにルクレティウスによって紹介された「明白な証拠」を、アインシュタインが復活させた。それは数学の言語に翻訳されることで確固たる証拠となり、原子の寸法を計算することさえ可能にした。

　カトリック教会は、ルクレティウスの思想が広まるのを、なんとかして押しとどめようとした。一五一六年十二月にフィレンツェで開かれた教会会議では、教育機関でルクレティウスの著作を読むことが禁じられた。さらに、一五五一年のトリエント公会議にて、ルクレティウスの著作をキリスト教世界から追放することが決まった。しかし、もはや手遅れだった。中世のキリスト教原理主義によって一掃された世界の見方全体が、ふたたびヨーロッパの前に現われた。ヨーロッパはそのときすでに、目を開いて物を見る準備を済ませていた。ヨーロッパにもたらされたのは、ルクレティウスの自然主義、合理主義、無神論、物質主義だけにとどまらない。世界の美しさにたいする晴朗な思索だけにとどまらない。それよりはるかに重要なものが、ルクレティウスによってもたらされた。それは、現実について考えるための、複雑でありながら整然とした思考の構造であり、何世紀ものあいだ支配的だった中世の思考法とは根本的に異なる、新しい思考の形態である[26]。

ダンテの美しい言葉によって歌われた中世の宇宙は、精神的かつ階層的な構造をもつと解釈されていた。それは、当時のヨーロッパ社会の階層構造を反映している。宇宙は球状の構造をもち、その中心に地球がある。地球と宇宙のあいだには確固たる区別があり、あらゆる自然現象は目的論や隠喩によって説明される。神や死への畏《おそ》れが強調される一方で、自然にたいする関心は希薄である。物質に先立つ形相が世界の構造を決定し、過去や、啓示や、伝統だけが、知の源泉として認められる……。

ルクレティウスが歌うデモクリトスの世界には、これらすべてが存在しない。そこに神々への畏れはない。世界は目的も原因も持たない。宇宙は階層構造を備えているわけではなく、地球と天空のあいだに確固たる境界はない。そこには、自然への深い愛と、自然への晴れやかな没入がある。わたしたちもまた、自然と分かちがたく結びついているという認識がある。男も、女も、動物も、植物も、雲も、この驚嘆すべき全体を形づくるモザイクの欠片のひとつであり、そこに上下の階層はないという認識がある。そこには、普遍を志向する強靭な感情がある。デモクリトスの輝かしい言葉のうちに、その兆しが認められる。「あらゆる大地は知へと開かれている。なぜなら、徳を備えた魂にとっては、この宇宙全体が祖国であるから[27]」。

そこには、単純な言葉で世界を語れるようにしようという渇望がある。自然の秘密を探索し、理解できるようにしよう。わたしたちの先達が知っていたより、さらに多くを知ることができるようにしよう。そこには、やがてガリレオ、ケプラー、ニュートンらの思想の土台となる、傑出した概念構造がある。それはつまり、空間における自由で直線的な運動という考え方、元素とその相互作用が世界を構成しているという考え方、世界の容れ物としての空間という考え方である。

そこには、事物の分割には限りがあるという、単純な発想がある。世界は粒からできている。わたしたちの指のあいだに、無限は存在していない。この、原子仮説の基礎となる考え方は、量子力学の発展にともない、より強力な形で回帰してくる。そして今日、それは量子重力理論の根本原理として、さらに強力な姿を顕現させつつある。

ルネサンス期の自然主義に端を発する思考のモザイクにはじめて輪郭を与えたのは、ひとりの英国人だった。この人物はデモクリトスの偉大な視点を、途方もなく堅固に鍛え、近代の思考の中心に置きなおした。彼は、これまでの歴史を通じてもっとも偉大な科学者であり、次章の最初の主人公である。

第2章　古典——ニュートンとファラデー

アイザックと小さな月——宇宙を支配する重力

前章を読み終えて、読者はこう思ったかもしれない。「どうやらこの著者は、科学的思考の発展にとって、プラトンとアリストテレスは負の要因でしかなかったと言いたいようだな」。もし、読者にそのような感想を抱かせてしまったのなら、ここでただちにその印象を修正しておきたい。自然にまつわるアリストテレスの著書（たとえば植物学や動物学に関係するもの）は、自然界にたいするきわめて注意深い観察にもとづく、優れた科学的作品である。概念の明晰さ、自然の多様性への着目、そして、偉大な哲学者としての驚異的な知性と幅広い思索は、何世紀にもわたりその価値を失うことはなかった。現代のわたしたちが知るかぎり、最初の体系的な（そして偉大な）物理学は、アリストテレスによって創始された。それは、出来が悪いどころか、むしろじつに良質な物理学だった。

アリストテレスがその内容を記したのは、ほかでもない、『物理』と題された著作である。物理に関する著作だから、このタイトルが選ばれたのではない。そうではなく、「物理」という学問分野の名称自体が、アリストテレスの著作タイトルに由来しているのである。アリストテレスにとって、物理は次のように機能する。なによりもまず、大地と空を区別しなければならない。空では、すべてが水晶のような物質からできており、それらが周期的かつ永続的に、大地の周りを回っている。大地は、同一の中心を共有する複数の球体の中心に位置し、大地もまた球形である。地上では、力による運動と自然運動を区別しなければならない。力による運動は圧力（押す力）に由来し、その圧力が尽きたときに運動も止まる。自然運動は鉛直方向に発生する。上と下のどちらに動くかは、物質ごとに異なる。あらゆる物質は、自身にとっての「自然な場所」、つまり、つねにそこへと戻っていく水平面をもっている。土はいちばん低いところに、水は土の上に、空気は水の上に、火は空気の上に、それぞれの「自然な場所」をもっている。石をもち上げ、そのあと手を離したら、石は自然運動によって下に向かって落ちていく。これは、石が自分の水平面へ戻ろうとした結果である。一方で、水中の気泡や空気のなかの炎は、やはり自然な場所を目指して、上に向かって昇っていく。

　現代人がよくやるように、この物理学を笑ったり、無下にしたりすべきではない。なぜなら、これはたいへん優れた物理学だから。アリストテレスの物理学は、流体のなかの物体や、重力と摩擦を受けている物体の運動を、適切かつ正確に描写している。実際のところ、わたしたちの日常の経験においては、あらゆる物体がアリストテレスの説明のとおりに運動する。これは間違った物理学だとよくいわれるが、そうした指摘こそが間違っている。[1] アリストテレスの物理学は、間違っているのではなく、おおまかなだけである。しかし、一般相対性理論と比較するなら、ニュートン物理学もまたおおまかなものである。そしておそらく、今日のわたしたちが知っているすべての事柄も、まだわたしたちが知らない事柄と比較すれば、おおまかであるに相違ない。アリストテレスの物理学は、いくぶんか大づかみであり、計量的な性格に乏しい（彼の物理学には計算が含まれていない）。それでも、合理的で一貫性のある彼の議論は、量ではなく質の面で、正確な予想を実現している。地上の運動を理解するモデルとして、何世紀にもわたり受け継がれてきた背景には、それなりの理由がある。

ただし、後の科学の発展にとってより重要な役割を果たしたのは、おそらくプラトンの方である。プラトンは、ピタゴラスの偉大な直観とピタゴラス主義の重要性を理解していた。つまり彼は、ミレトス人を乗り越えるために、数学の力を活用したのである。ピタゴラスは、ミレトスからほど近いサモス島の生まれだった。イアンブリコスやポルフュリオスなど、古代の伝記作家の言葉によれば、若きピタゴラスは老アナクシマンドロスの弟子だったという（やはり、すべてはミレトスから生まれたというわけである）。ピタゴラスは長いあいだ旅をした。エジプトやバビロンを漂泊した末に、南イタリアのクロトン（現在のクロトーネ）に居を定めたとされている。彼はその地で、宗教、政治、科学について考究する学園を設立した。クロトンの政治に大きな影響を与えたこの学園は、世界全体に途方もない遺産を残した。その遺産とは、数学の理論的重要性の発見である。ピタゴラスが口にしたとされる言葉に、次のようなものがある。「形態と思考を支配するのは数である」[2]。

プラトンは、ピタゴラス主義に含まれる神秘主義的な要素を余分かつ無用なものとして削ぎ落し、そこから有用なメッセージだけを抽出した。世界を理解し描写するのに適した言語とは、数学である。この洞察はきわめて重要な意味をもっていた。西洋の科学が成功を収めた主たる要因は、まさしくこの洞察のうちにある。伝承によれば、プラトンは自身が主宰するアカデメイアの扉に、次のような言葉を彫らせていたという。「幾何学を知らざる者、入るべからず」。

こうした信念に突き動かされ、プラトンは決定的な問いを発した。この問いを出発点として、長い回り道を経た末に、近代の科学が生まれた。プラトンは、数学を学ぶ弟子たちに向かって、空に浮かぶ天体が従っている数学的な法則を見つけられるかと問いかけた。天空に輝く金星、火星、木星は、ほかの星々のあいだを、いささか行き当たりばったりに、前後へふらふらと移動しているように見える。惑星の運動を描写し予測できるような数学は、はたして見つかるのだろうか？

師の提示した課題に最初に取り組んだのは、アカデメイアに所属するエウドクソスだった。その研究は以後の数世紀、アリスタルコスやヒッパルコスら偉大な天文学者に引き継がれ、古代世界の天文学はきわめて高い科学的水準へ発展していく。現代のわたしたちは、古代の天文学が達成した華々しい成果について、一冊の本をとおして知ることができる。その本とは、プトレマイオスの『アルマゲスト』である。プトレマイオスは、先に名を挙げた人びとよりもずっと後の時代、紀元二世紀にアレクサンドリアで生を送った天文学者である。その時代、アレクサンドリアは古代ローマ帝国の版図《はんと》にあり、すでに科学は衰亡の一途をたどっていた。古代の科学は、ヘレニズム時代の終焉により壊滅的な打撃を受け、帝国のキリスト教化によって息の根を止められた。

プトレマイオスの著作は傑出した科学書である。そこには、空に浮かぶ惑星の一見したところ不規則な動きを予見するための、厳密で複雑な数学的天文学の体系が記されている。観察行為における人間の視力の限界を考慮するなら、その予測の精度は驚異的な正確さを誇っていた。プトレマイオスの著作は、ピタゴラスの洞察が正しかったことの証しである。数学は、世界を描写し、未来を予見するための手段になる。数式を正しく運用すれば、うわべは規則性を欠いている惑星の運動を予見できる。プトレマイオスは、ギリシアの天文学者が数世紀にわたり積み重ねてきた研究をまとめ、緻密な計算方法を導き出した。それから二千年が過ぎた今日でさえ、多少の学習を積みさえすれば、プトレマイオスの数式をもとに「未来の」空における惑星（たとえば火星）の位置を計算できる。数学を用いれば、かかる魔法のごとき行為が可能になる。このような認識が、近代科学の基礎になっている。そして、その基礎の多くの部分は、プラトンとピタゴラスによって築かれたものである。

古代の科学が崩壊した後、地中海には誰ひとり、プトレマイオスを理解できる人間はいなくなった。それればかりか、ユークリッド（エウクレイデス）の『原本』のような、破滅を免れたごく少数の優れた科学書もまた、押しなべて忘却の淵に沈められた。ギリシアの知は、商業と文化の両面で多くの交流があったインドへと流れ着いた。古代の科学書はインドで学ばれ、その価値を理解されるようになる。古代の知を保護する術を心得ていたペルシアやアラブの教養ある科学者の手によって、やがてこの知はインドから西洋へ回帰してくる。とはいえ、天文学は千年以上の長きにわたって、これといった進歩は遂げなかった。

ポッジョ・ブラッチョリーニがルクレティウスの手稿を発掘していたのとほぼ同時期、ポーランド出身のとある青年もまた、イタリアに満ちわたる人文主義の熱気と、古代の文書にたいする熱狂に酔いしれていた。まずはボローニャで、次いでパドヴァで学んだこの青年は、署名にはラテン語名を使用していた。ニコラウス・コペルニクス。若きコペルニクスはプトレマイオスの『アルマゲスト』を読みふけり、その内容に夢中になった。青年はじきに、天文学に生涯を捧げ、偉大なるプトレマイオスのあとに続こうと決心する。

時はすでに熟していた。プトレマイオスより千年以上後の時代を生きたコペルニクスは、インドやアラブやペルシアの天文学者が何世代を費やしても成し遂げられなかった跳躍を成功させた。彼はたんに、プトレマイオスの体系を学び、適用し、磨き上げただけではない。それを子細に、土台から修正する勇気をもって、偉大なる先達の天文学を徹底的に改良したのである。コペルニクスは、プトレマイオスの

『アルマゲスト』に検討を加えた末に、その修正版ともいうべき書物を著した。そこで彼は、地球の周りを回転する天体を描くかわりに、太陽を中心とする宇宙を描いた。コペルニクスの宇宙では、地球はほかの惑星といっしょに、太陽の周りを回っている。

宇宙をこのように捉えることで、より正確な計算が可能になる。コペルニクスはそう考えた。実のところ、コペルニクスの数式は、プトレマイオスの数式と比較して少しも有効に機能しなかった。むしろ、総合的に判断するなら、彼の計算は先達のそれよりも不出来だった。それでも、着想については正しかった。コペルニクスの体系をより良く機能させるためには、次の世代のヨハネス・ケプラーを待つ必要があった。ケプラーの時代には、天体の位置をめぐって、最新の機器による正確な観測結果がもたらされていた。根気と忍耐、そして狂気にも近いほどの情熱をもって、ケプラーはそうした情報を読み解いていった。その結果、さして新しくもない単純な数学的法則が、太陽の周りをめぐる惑星の運動を適切に記述していることが判明した。ケプラーの計算は、古代の天文学の数式から得られる答えよりもはるかに正確だった。時代は十七世紀初頭。千年以上も経ってようやく、アレクサンドリアを超える成果が生まれた。

凍える北方でケプラーが天体の運動を計算しているあいだ、イタリアではガリレオ・ガリレイとともに、新たな科学が産声をあげつつあった。ガリレオは活力に満ち、頑固で、論争好きで、深い教養と知性を備え、湧き出る創意に全身を浸しているようなイタリア人だった。オランダで新しく発明された望遠鏡という文明の利器を使って、ガリレオは人類の歴史を変える行動におよんだ。その先端を、空に向けたのである。

彼の目に映ったのは、人類が想像したこともないような光景だった。土星を取りまく環、月の表面の山々、金星の形状、木星の周りの衛星……こうした観察のひとつひとつが、コペルニクスの着想にさらなる説得力を与えた。科学の機器が、近くしか見えない人間の目を開こうとしていた。こうして、それまで人類が想像していたより、はるかに多様で広大な世界の姿があらわになる。

ガリレオは、コペルニクスの体系の正しさを確信し、地球もまた、火星や木星と同じような惑星であるに違いないと考えた。ガリレオの着想の偉大な点は、コペルニクスの成し遂げた宇宙像の転回から演《えん》繹《えき》して、理論的な結論を引き出したところにある。天体の運動は正確な数学的法則に従っている。地球もまた惑星のひとつであり、宇宙の一部に属している。こうした考えがもし正しいなら、地球上でも同じように、物体の運動を厳密に司る数学的な法則が存在するはずである。

自然は数学によって理解できるというプラトンとピタゴラスの認識を、ガリレオは共有していた。自然の奥底に潜む合理性に信頼を置き、ガリレオは地球上で物体がどのように運動するか研究することを決めた。ガリレオが選んだ研究対象は、自由運動をする物体、つまり、落下する物体である。なんらかの数学的法則が存在することを確信していたガリレオは、その法則を見つけるために試験を重ねた。ガリレオは、人類の歴史上はじめて「実験」を行った人物である。実験的科学はガリレオとともに始まる。実験の内容は単純である。まずは、物体を自由に落下させる。つまり、アリストテレスが言う「自由運動」に従事させる。それから、落下速度の正確な測定を試みる。それだけである。

得られたのは、瞠目《どうもく》すべき結果だった。物体は、それまで信じられていたように、一定の速度で落下しているのではなかった。落下の過程で、物体の速度は規則的に増加していた。一定なのは速度ではなく加速度、つまり、速度が変わる速さだったのである。しかも、この加速度はすべての物体にとって等しかった。ガリレオはその値を測定し、それが「一秒ごとに9.8m毎秒増加する」ことを発見した。落下する物体の速度は、一秒ごとに9.8ｍ毎秒だけ増加していく。読者には、この数字を頭に入れておいてほしい。これは、地上の物体について発見された最初の数学的法則である。落下する物体が従事する法則は、以下のように表わされる（$x(t)=\frac{1}{2}at^2$）。ガリレオ以前は、天体の運動に関する数学的法則しか発見されていなかった。したがって、数学的な完全さとは、宇宙にのみ属す性質だと捉えられていた。

しかし、もっとも重要な成果がまだ次に控えている。それを達成したのは、かの偉大なる英国人アイザック・ニュートンである。ニュートンは、ガリレオとケプラーの観察結果を子細に研究し、それらを組み合わせることで、隠されたダイヤモンドを発掘した。ここでは、ニュートン自身が語ったとおり、「小さな月」というアイデアを使って彼の議論を見ていくことにしよう。「小さな月」の比喩は、ニュートンの大著『自然哲学の数学的諸原理』（通称『プリンキピア』）のなかに登場する。これは、あらゆる近代科学の礎となる書物である。

ニュートンは次のように書いている。地球の周りにも、木星と同じように、たくさんの衛星が浮かんでいると想像してみよう。つまり、本物の月のほかにも、別の月が存在していると想像するのである。とりわけ、地球のすぐそば、実際に山の頂きよりほんの少し高いところで、ほとんど地球に触れそうになりながら回っている「小さな月」という存在を仮定してみよう。この小さな月は、どれくらいの速度で動くのだろうか？　すでにケプラーは、天体の公転周期と軌道半径のあいだに成り立つ法則を発見していた。[3] 月の公転周期と軌道半径は分かっている（周期はもちろん一ヶ月であり、軌道半径は古代の天文学者ヒッパルコスが算出していた）。したがって、単純な比例式を使うだけで、小さな月の公転周期を計算できる。比例式の答えによれば、周期は一時間三〇分だった。小さな月は、一時間半で地球を一回転することになる。

ところで、円形に回転する物体はまっすぐには進まない。こうした物体は、速度の向きを絶えず変化させている。そして、速度の変化とはすべて、加速度のことにほかならない。小さな月は、自分が動いている円の軌道の中心に向かって加速度をもっている。この加速度は、軌道半径と速度が分かっていれば簡単に計算できる（$a=\frac{v^2}{r}$）。では、その値を計算してみよう。ニュートンはこの簡単な計算を実行した。そうして得られた結果は……「一秒ごとに9.8 m毎秒増加する」であった！　ガリレオが計測した、地面に落下する物体の加速度と、まさしく同じ値である！

これは偶然の一致だろうか？　そんなはずはないとニュートンは考えた。下方への9.8 m/s^2の加速度という「効果」が等しいのであれば、それを引き起こす「原因」は同じであるに違いない。軌道を回る小さな月と、地面に向かって落下する物体は、同じ原因を共有している。

今日のわたしたちは、物体が落下する原因を「重力」と呼んでいる。地球のすぐそばの小さな月を回転させているのも、それと同じ重力である。この重力がなければ、小さな月は地球を離れ、まっすぐに進んでいくだろう。ならば、本物の月もまた、重力に引きつけられて地球の周りを回っているのだ！　木星の衛星は木星の中心に引きつけられ、太陽の周りの惑星は太陽の中心に引きつけられて回っているのだ！　もしこの「引きつける力」が存在しなければ、空に浮かぶそれぞれの天体はまっすぐに飛んでいくだろう。そうであるなら、宇宙とは物体がまっすぐに進む巨大な空間であると考えられる。そこでは、各物体が「力」によっておたがいを引きつけ合っている。そして、あらゆる物体がほかのあらゆる物体を引きつける、重力という普遍的な力が存在する……。

莫大な広がりをもった展望が開かれた。古代の天文学の滅亡から千年後、突如として、空と大地の区別が消えてしまった。アリストテレスが主張したような、事物にとっての「自然な水平面」は存在しない。世界の中心は存在しない。自由になった物体は、自らの「自然な場所」を目指すのではなく、ただひたすら直進をつづける。

ニュートンは、想像上の小さな月について単純な計算を行うことで、重力がどのように働くのかを明らかにし、それを数式の形で表現した（$F=G\frac{M_1M_2}{r^2}$）。この数式に含まれているGという文字は、今日では「ニュートン定数」と呼ばれている（Gは「重力」を意味する〈gravity〉の頭文字）。地球でも宇宙でも、重力は変わりなく作用することをニュートンは理解していた。重力は、地球では事物を落下させ、宇宙では惑星や衛星をそれぞれの軌道につなぎとめる。そこに働いているのは、同じ力である。

アリストテレス哲学にもとづく世界観は、根底からくつがえされた。中世をとおして、知識階級はアリストテレスの枠組みをとおして世界を認識していた。たとえば、ダンテの宇宙を思い浮かべてみてほしい。アリストテレスが考えるのと同じように、地球は丸く、宇宙の中心に位置しており、いくつもの球体に取り巻かれていた。今や、そのような世界は却下された。宇宙とは、無数の星が散らばる限りなく広大な空間であり、そこには中心も周縁も存在しない。物体は、ほかの物体が生み出す力を受けて進路を別方向へ逸《そ》らされた場合を除き、宇宙のなかをつねにまっすぐに移動していく。同時代の慣習的な表現を用いているとはいえ、ニュートンは明らかに、古代の原子論を参照している。

> わたしは次のように考えている。おそらく神は起源において、密であり、重みがあり、堅固であり、貫通や浸透を受けつけない移動可能な物体を形成し、そうした物体に寸法や、形態や、性質や、空間にたいする比率を与えたのだろう……。[4]

ニュートン力学の世界は単純であり、それは図2－1と図2－2のように要約できる。ここにおいて、デモクリトスの世界が回帰してくる。世界は巨大で一様な空間からできており、その空間では、微小な粒子が相互に作用をおよぼしながら、永遠に運動をつづけている。これで終わりである。それは、レオパルディによって歌われた世界でもある。

［……］その先に広がる
限りない空間、わたしは
想像する、人智を超えた静寂と、
どこまでも深い平穏を［……］

しかし今や、デモクリトスの時代よりもはるかに広大な展望が開けていた。というのも、ニュートンはたんに、世界を秩序立てて見ようとしただけではなかったから。彼は、ピタゴラスの遺産である数学と、アレクサンドリアの天文学が築き上げた数学的物理学の偉大な伝統を組み合わせて、デモクリトスに端を発する世界のイメージを読み解こうとした。ニュートンの世界とは、数学の言葉で語りなおされたデモクリトスの世界である。

新しい物理学が古代の科学に多くの面で支えられていることを、ニュートンは率直に認めていた。たとえば、『プリンキピア』の第三巻「世界の体系について」の冒頭において、ニュートンは正当にも、コペルニクスの革命の基礎をなす着想が、すでに古代において得られていたことを指摘している。「高い場所では星々は移動せずその場に留まっており、地球は太陽のまわりを回っている。こうした見解は、古代の哲学者たちが抱いていたものである」。ちなみに、古代の世界で誰が何を主張していたかという点については、ニュートンの認識はいくぶんあやふやである。あるときは適切に、またあるときは不適切に、フィロラオス、サモスのアリスタルコス、アナクシマンドロス、プラトン、アナクサゴラス、デモクリトス、さらには（今日のわたしたちの目からすれば突飛なことに）、「ローマ人の王にして、深い学

図2－1　世界は何からできているのか？

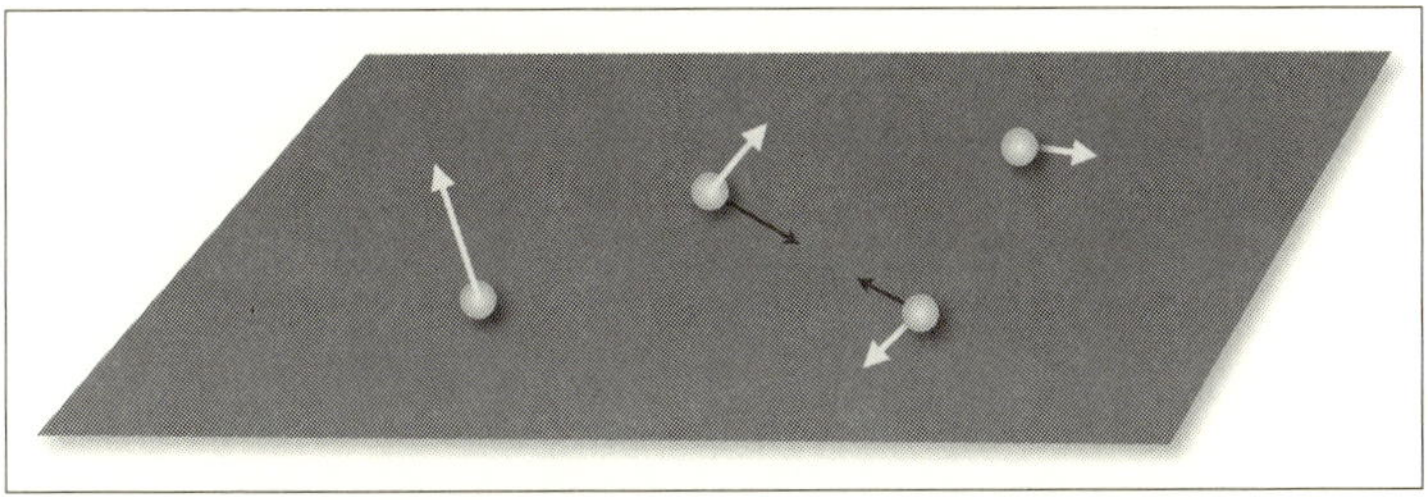

図2－2　ニュートンが思い描いた世界。力によってたがいを引き合う粒子が、時間の流れのなかで、空間の内部を動きまわっている。

識を備えたヌマ・ポンピリウス」らの言葉を、ニュートンは引用している。

ニュートンが構築した新たな知的枠組みは、どんな期待をも上回る計り知れない力を発揮した。十九世紀から現代にいたるまでのあらゆる技術は、きわめて多くの面でニュートンの数式に基礎を置いている。わたしたちは、ニュートンの時代から三世紀後を生きている。それにもかかわらず、わたしたちは今日もなお、橋や、列車や、高層ビルや、モーターや、油圧装置を作るとき、ニュートン方程式をもとにした理論を参照している。飛行機を飛ばしたり、天気を予報したり、観測する前から惑星の存在を予想したり、火星に宇宙船を送ったりできるのも、ニュートン方程式のおかげである。ニュートンの小さな月を経ないことには、現代文明は生まれようがなかった。

新しく広大な世界観、ヴォルテールやカントの啓蒙主義に引き継がれる思考法、未来を予測するための具体的な手段が、ニュートンによってもたらされた。それは、あらゆる分野の科学のモデルとなり、参照項となった。これらすべてが、ニュートンによる思考の大革命によって引き起こされたことであり、わたしたち現代人は今もその恩恵を受けながら暮らしている。

人類はどうやら、現実を理解するための鍵にたどり着いたようである。世界とは限りなく巨大な空間にほかならず、その空間では微小な粒子が、力によって互いを引きつけ合いながら、時間の経過とともに移動していく。すべてはこの図式に還元できそうである。わたしたちは、この運動を司る正確な方程式を知っている。そして、この方程式の有効性は誰の目にも明らかである。十九世紀になっても、ニュートンにたいしては次のような評価が与えられていた。ニュートンは人類の歴史上、もっとも知的で、もっとも先見の明のある人物のひとりであり、しかも同時に、もっとも幸運な人物のひとりでもあった。なぜなら、世界を支配する基本的法則の体系はひとつしか存在せず、彼はそれを発見する幸運に恵まれたのだから。

どうやら、すべてが明らかになったようである。

しかし、本当に「すべて」だろうか？

マイケル――場と光――電磁気力の発見

ニュートンにはよく分かっていた。自分の方程式は、自然界に存在する「すべての」力を描写しているわけではない。重力のほかにも、物体を押したり引いたりする力がある。物体が動くのは、落下するときだけではない。「ほかの」力を理解すること。これが、ニュートンによって予見され、しかし未解決のまま残された最初の問題である。わたしたちの周りで作用しているほかの力の実態は、十九世紀になってはじめて明らかにされた。そして、この力の解明は、二つの大きな驚きをもたらすことになった。

自然界で観察されるほとんどすべての現象は、重力を除けば、「たったひとつの」力により支配され

図2−3　マイケル・ファラデーとジェイムズ・クラーク・マクスウェル。

ている。これが第一の驚きである。今日のわたしたちは、その力を「電磁気力」と呼んでいる。固体を形成できるように物質をひとつにまとめたり、分子のなかの原子や原子のなかの電子の結合を保ったりしているのはこの力である。化学反応を、つまり生命現象を作用させているのはこの力である。脳内のニューロンに作用し、外界からの知覚情報を伝達しているのはこの力である。物体が平面の上を滑っているとき、その動きを止める摩擦力を作り出すのはこの力である。パラシュートによる落下の勢いを抑えるのも、電気モーターや内燃機関を回転させるのも、ランプを点灯させるのも、ラジオから音が聞こえるようにするのも、すべてこの力である。

　電磁気力の働きを解明するには、ニュートンの世界に大がかりな修正を施さなければならなかった。これが、この本の内容にとってきわめて重大な意味をもつ、第二の驚きである。この修正は現代物理学が生まれる契機となった。そして、本書の続きを読み進めるにあたっては、この修正によって得られた概念をしっかりと理解することがきわめて重要になる。それは、「場」という概念である。

電磁気力がどのように作用するかを明らかにしたのは、またしても英国人であった。それは、マイケル・ファラデーとジェイムズ・クラーク・マクスウェルの二人である。科学の歴史を振り返ってみても、これほど対照的なペアはそう見つからないだろう（図2－3）。

ロンドンの貧しい家庭に生まれたマイケル・ファラデーは、正式な教育を受ける機会に恵まれなかった。まだ若いうちに製本業者で働きはじめ、やがて科学系の研究所に勤めるようになる。彼はそこで頭角を現し、周囲の信頼を勝ち取っていく。そしてついには、類まれなる洞察力を備えた、十九世紀におけるもっとも非凡な実験者となる。数学の知識をもたなかった彼は、ほとんど方程式を用いることなく、驚くほど見事な物理学書を著わした。ファラデーは心の目によって物理を見つめ、心の目によって世界を創造した。一方で、スコットランドの裕福な貴族階級に出自をもつジェイムズ・クラーク・マクスウェルは、十九世紀のもっとも偉大な数学者のひとりだった。社会的な出自ばかりか、身につけた知の様式についても乗り越えがたい距離がある二人は、たがいの仕事の価値を認め合い、形の異なる二つの天賦の才を結びつけ、現代物理学へといたる道を切り開いた。

十八世紀のはじめ、電気と磁気に関する科学者たちの知識は、曲芸師の披露する手品の内容と大差なかった。紙の切れ端を引きつけるガラスの棒であるとか、たがいを引きつけたり斥けたりする磁石であるとか、その程度のことしか知られていなかった。十八、十九世紀を通じて、電気と磁気をめぐる研究はゆっくりと進展していく。ファラデーが働いていたロンドンの研究所には、コイル、針、磁石、金属板、小ぶりな鉄の骨組みなどがふんだんに用意されていた。ファラデーはこれらの道具を使って、電気や磁気を帯びた物体がどのように引きつけ合ったり斥け合ったりするのかを探求した。ニュートンの精

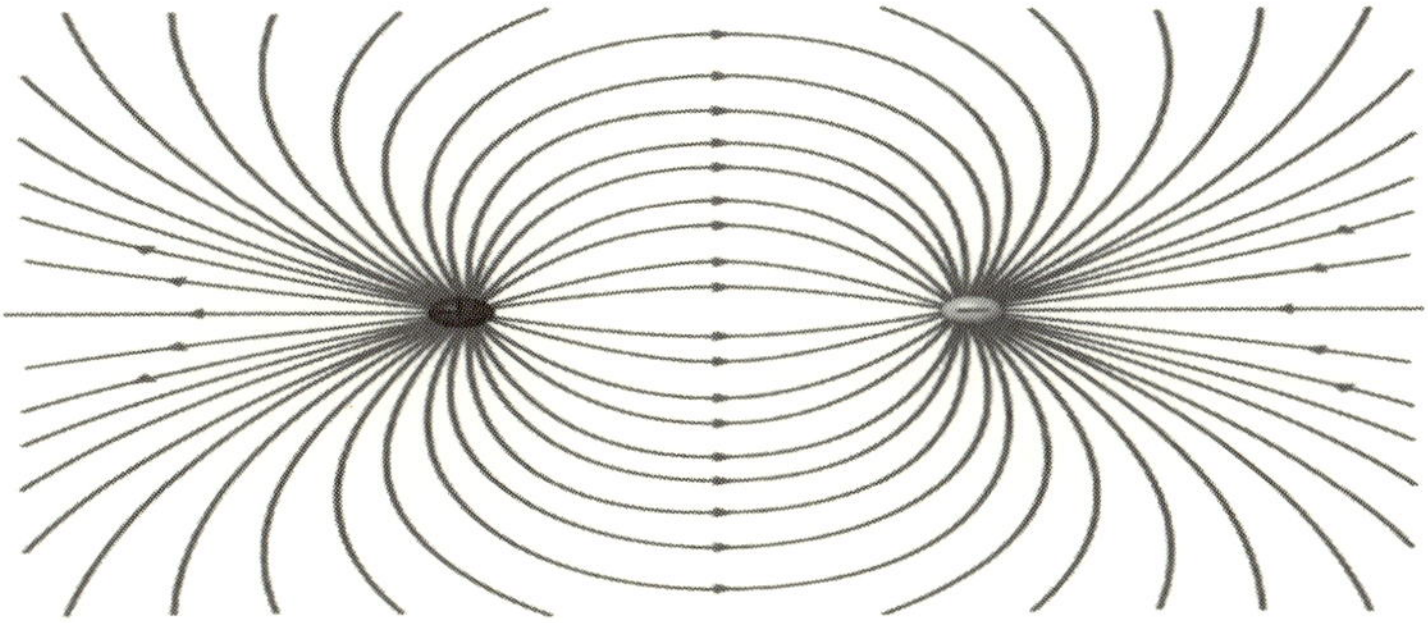

図2-4　空間を満たしている「場」と、電荷を帯びた2つの物体。場は、電荷を帯びた物体と相互作用を与え合っている。2つの物体のあいだに働く力は、場の「力線」をとおして「運ばれる」。

神を受け継ぐすべての科学者の例に漏れず、ファラデーもまた、電気を帯びた物体同士や、磁気を帯びた物体同士に働く力が、いかなる性質をもっているのかを見極めようとした。研究所の道具を使って試行錯誤を繰り返し、現代物理学の土台となる洞察へ少しずつ近づいていった。ファラデーは、なにか新しいものを「見た」のである。

ファラデーは直観的に理解した。ニュートンのように、離れている物体と物体のあいだに「直接に」力が作用していると考える必要はない。そうではなく、空間のいたるところに何らかの「実体」が存在しており、その実体が、電気や磁気を帯びた物体から影響を受け、また同時に、電気や磁気を帯びた物体に影響を与えていると考えるべきである。ファラデーによってその存在が看破されたこの「実体」は、今日では「場」と呼ばれている。

では、「場」とはいったい何だろうか？　ファラデーはそれを、きわめて細い（限りなく、果てしなく細い）線の束のようなものとしてイメージした。そうした線の束が、空間を満たしている。目に見えない巨大な蜘蛛《くも》の巣が、わたしたちの周囲に張り巡らされているようなものである。彼はそれを「力線」と呼んだ。というのも、この線はなにがしかの方法によって「力を運んでいる」からである。こちらに引いたり、向こうへ引かれたりするロープのようなこの線が、電気の力や磁気の力をあたりに運んでいる（図2－4）。

電気を帯びた物体（たとえばこすったガラスの棒）は、自身の周りに広がる電気の場（電場）や磁気の場（磁場）をゆがめる。それと同時に、これらの場は力を生み出し、電気や磁気を帯びている近くの物体に力を加える。したがって、二つの物体が離れた場所に位置していて、その両方が電気（または磁気）を帯びている場合、この二つは「直接に」押し合ったり引き合ったりするわけではない。二つの物体は、それぞれのあいだに位置する媒介物（つまり力線）をとおして、力を伝え合っている。

二つの磁石を手にもって、それらを近づけ、引き合う力や押し合う力を実際に感じてみれば、ファラデーの直観を追体験することはさして困難ではない。指先に伝わる力が、磁石と磁石のあいだに広がる「場」の存在をはっきり伝えてくれるだろう。

ファラデーの考えは、離れた場所にある二つの物体が力を及ぼし合うというニュートンの考えとは決定的に異なっていた。しかしもし、ニュートンがファラデーの着想を聞いたなら、きっと気に入ったはずである。ニュートンは、自身が導入した「離れても作用する力」にたいして、戸惑いを感じていた。いったい地球はどうやって、あんなにも離れた月を引いているのか？　いったい太陽はどうやって、指一本触れぬまま地球を引いているのか？　ある書簡に、ニュートンは次のような言葉をつづっている。

生命をもたない物体が、物質以外の何らかの媒介を抜きにして別の物体に作用を及ぼしたり、相互接触もなしに相手に影響を与えたりするとは、とても考えられない話です。[6]

そして、続く箇所にはこんなことまで書いている。

重力とは、物質に本来備わっている、物質を物質たらしめている性質である。重力があるからこそ、物体は虚空を越えて、ほかのいかなる媒介物にも頼らずに、別の物体に作用を及ぼすことができる……わたしが思うに、物理の問題について考える能力をいささかなりとも備えた人間なら、このような妄言はけっして受け入れられないでしょう。重力が、ある法則に従って作用する動力因によって引き起こされていることは確かです。しかしわたしは、その動力因が物質なのか非物質なのかという点については、わたしの読者の考察に委ねることにしました。[7]

この手紙のなかでニュートンは、自身の仕事を「妄言」と見なしている。科学が成し遂げた崇高なる勝利として、以後の数世紀にわたり称賛されるはずの自分の仕事を！　ニュートンは気づいていた。距離を越えて作用する重力の背後には、なにか別のものが潜んでいるに違いない。しかし彼には、それがいったい何であるのか分からなかった。そして彼はこの問題を……「読者の考察に」委ねたのである！

まさしく、天才にふさわしい態度である。ニュートンは、自らが導き出した結果の限界に自覚的だった。たとえそれが、力学と万有引力の法則の発見という、科学史に類を見ない目覚ましい結果であったとしても。ニュートンの理論はきわめて有効に機能し、きわめて有益な結果をもたらした。およそ二世紀のあいだ、誰ひとりニュートンの理論に疑いを抱かなかった。ファラデーが登場するまで、ニュートンから考察を委ねられた「読者」たちは、離れた物体に作用する力をどのように理解すべきか、皆目見当がつかずにいた。ファラデーの解答は、やがてアインシュタインの手により、ほかならぬニュートンの重力に適用されることになる。

ファラデーは、新たな実体である「場」を導入することで、ニュートンの優美にしてシンプルな世界観と袂《たもと》を分かった。時間の流れとともに空間を移動する粒子だけが、世界を構成しているわけではない。

ファラデーのシナリオには、「場」という新しい役者が登場する。自身が踏み出そうとしている一歩がどのような結果をもたらすか、ファラデーは自覚していた。ファラデーの著作には、この「力線」について自問し、それが本当に存在するのかを考察する、美しい一節がある。ファラデーは、懐疑と熟慮を経た末に、力線は実在すると結論づける。しかし彼はその結論を、「ためらい」とともに提示する。というのも、ファラデーの考えによれば、「科学の根幹にかかわる問題と相対したとき」、わたしたちはつねに「ためらい」を抱くべきであるから。[8] ニュートン力学が二世紀にわたり絶え間ない成功を収めつづけてきたあとで、ついに世界の構造が修正されつつあることに、ファラデーは気がついていた（図2-5）。

ファラデーの着想のなかに黄金が眠っていることを、マクスウェルはただちに察した。そこで彼は、ファラデーが言葉だけを使って説明していた直観を、書物一ページ分の方程式に書き換えてみせた。[9] これがマクスウェル方程式である。電場と磁場の変化を記述するこの方程式は、「ファラデー力線」の数学版とでも呼ぶべき数式である。[10]

マクスウェル方程式は今日、アンテナや、ラジオや、電気モーターや、コンピューターをはじめとして、電磁気にかかわるあらゆる事象を描写するため、日常的に使用されている。それだけではない。マクスウェル方程式を適用できる事象の範囲は、信じがたいほどに広大である。原子はどのように振る舞うのか（原子をひとつにまとめているのは電気の力である）、物質の粒子はなぜ付着し合って塊を形成するのか、太陽の働きはいかにして地球に伝わるのか。重力と、そのほかわずかな例外を除き、わたしたちの目に映るすべての事象は、マクスウェル方程式によって適切に記述できる。

しかし、まだ付け加えるべきことがある。マクスウェル方程式は、あらゆる時代を通じてもっとも意

図2－5　世界は何からできているのか？

義深く美しい発見をもたらした。この方程式は、「光とはなにか」という問いに答えたのである。

マクスウェル自身も理解していたように、彼の方程式は、ファラデー力線が海の波のように振動する可能性があることを示唆していた。ファラデー力線の波はある一定の速度で移動している。マクスウェルが計算してみたところ、その値は……光の速度と完全に等しかった！　これはなにを意味しているのか？　マクスウェルはこう理解した。光とは、ファラデー力線の揺らぎにほかならない！　ファラデーとマクスウェルは、電気と磁気の仕組みを明らかにしたばかりでなく、同時にその副産物として、光の正体の解明という成果まで生み出した！

わたしたちの視界に映る世界には色がついている。では、色とはいったい何だろうか？　答えは次の簡潔な一文に要約できる。色とは、光を形づくる電磁気の波の振動数（振動する速度）である。もし、波がより速く振動すれば、光はより青くなる。より遅く振動すれば、より赤くなる。わたしたちが見ている色とは、瞳の受容体から伝わる神経信号にたいする精神物理学的な反応である。わたしたちの眼は、さまざまな振動数の電磁波を見分けることができる。

マクスウェルの方程式は、ファラデーの研究所にあったコイルや、針や、鉄の骨組みのあいだに働く力を描写するために編み出されたものだった。その方程式が、光や色彩の仕組みを説明していることを理解したとき、マクスウェルはどんな思いを抱いただろうか？

風のそよぎを受けた湖の水面のように、ファラデー力線はさざ波を立てる。光の正体は、蜘蛛《くも》の巣のように張りめぐらされたファラデー力線の素早い振動である。したがって、本当のところは、ファラデー力線が「目に見えない」というのは正しくない。むしろわたしたちは、振動するファラデー力線「しか」見ていないのである。「見る」とは光を知覚することであり、光とはファラデー力線の動きである。ある場所から別の場所へ移動するには、つねに運び手の助けが必要となる。海辺で遊ぶ子供の姿がわたしたちの目に映るのは、子供の像をわたしたちのもとまで運ぶ震える力線の湖が、子供とわたしたちのあいだに存在しているからである。なんと不思議な、なんと驚異的な世界だろうか。

この話にはまだ続きがある。マクスウェルの発見は、ほかの何物にも比較しようのない実益を人類にもたらした。マクスウェルは、自身の方程式を根拠にして、ファラデー力線が光よりも低い振動数で（つまり、より遅く）振動することを予見していた。まだ誰も見たことのない「別の」波が、ほかにいくつも存在するに違いない。これらの波は、電荷の動きによって作り出され、また別の電荷の動きを引き起こす。したがって、「ここの」電荷を振動させれば、「そこの」電荷を動かす波を作り出せる。マクスウェルが理論をもとに予想したこれらの波は、そのほんの数年後、ドイツの物理学者ハインリヒ・ヘルツによって発見される。そして、そのさらに数年後、イタリアの発明家マルコーニがこれらの波を利用して、世界初のラジオを完成させる。

ラジオ、テレビ、電話、コンピューター、カーナビ、Ｗｉ－Ｆｉ、インターネットなど、今日のあらゆる通信技術には、マクスウェルの予想が応用されている。通信エンジニアはつねに、マクスウェル方程式を基礎として計算を行っている。ご存知のとおり、現代文明は情報通信の迅速性から成り立っている。この文明の起源には、かつてロンドンの製本屋で働いていた貧しい青年の直観がある。青年は、旺

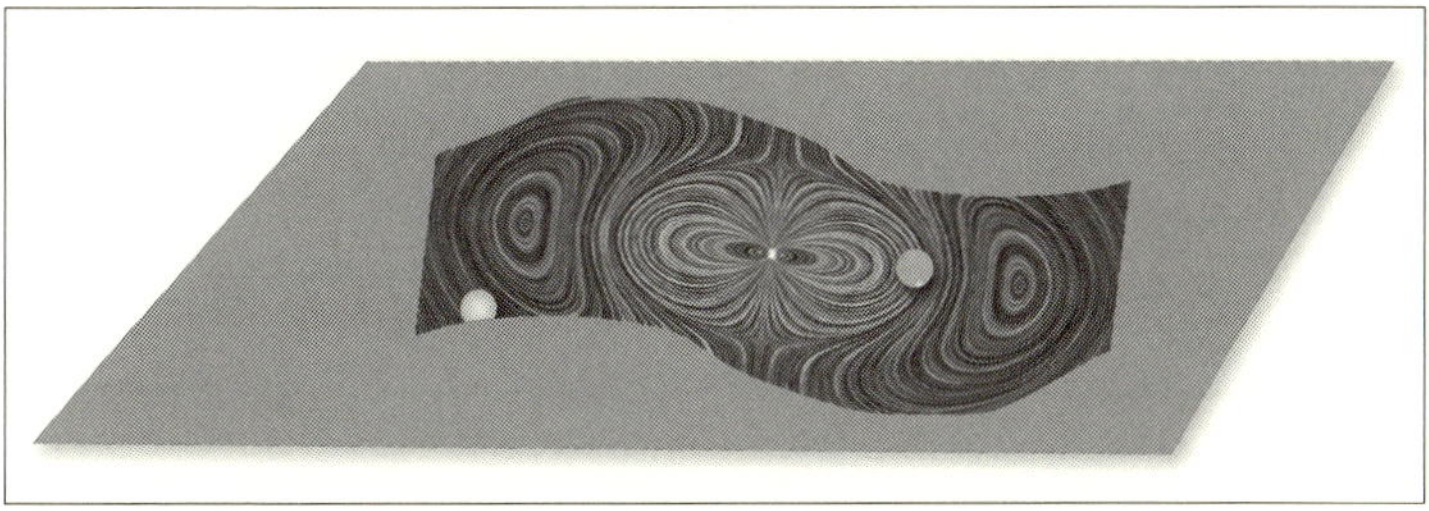

図2-6　ファラデーとマクスウェルが思い描いた世界。粒子と場が、時間の流れのなかで、空間の内部を動きまわっている。

盛な想像力によってさまざまな着想を検討し、心の目によって力線を見つめた。そして、ひとりの優れた数学者が、青年の着想を方程式に翻訳した。青年の見出した力線の波が、地球の裏側へ一瞬にして情報を伝達できることを、この数学者は見抜いていた。

現代社会のテクノロジーは電磁波に支えられている。この実体的な存在は、かならずしも「発見」されたわけではない。それはまず、マクスウェルの数学によって「予見」されたのである。そして、マクスウェルはただ単に、コイルや針の観察を通して得られたファラデーの直観に、正確で厳密な数学的描写を与えたにすぎない。これこそ、理論物理学の絶大な力を示す好例である。

世界は変わった。空間のなかの粒子だけが、世界を構成しているのではない。わたしたちが住まう世界は、空間のなかで運動する場と粒子によって形づくられている（図2-6）。ことによると、些細な変化に思えるかもしれない。しかし、それからほんの数十年後、世界市民と呼ぶにふさわしいユダヤ人の青年が、この変化から驚くべき結論を導き出す。青年の思索は、マイケル・ファラデーの沸き立つ想像力さえやすやすと乗り越え、ニュートンの世界になおいっそうの、根本的な修正を迫ることになる。

第2部　革命の始まり

二十世紀の物理学は、ニュートン的な世界観を根底から修正した。今日、この修正の効果は幅広い分野に波及し、多くのテクノロジーの基盤になっている。二つの偉大な理論が、わたしたちの世界認識を劇的に深化させた。その二つの理論とは、一般相対性理論と量子力学である。

二つの理論を学ぶためには、わたしたちに根づく慣習的な世界の捉え方を、勇気をもって問い直す必要がある。一般相対性理論は空間と時間の、量子力学は物質とエネルギーの概念を変革する。

第2部では、この二つの理論について詳しく紹介していく。その物理学的な意義の核心を明らかにし、これらの理論がいかなる概念上の革命をもたらしたのかを見ていきたい。二十世紀物理学の魔法が、ここから始まる。二つの理論を学び、それらを深く理解しようと努めることは、心を震わせる冒険である。

二つの理論は、今日の物理学者が量子重力理論を研究するための出発点である。「相対性」と「量子」を土台にして、わたしたちは前に進んでいく。

第3章　アルベルト——曲がる時空間

アルベルト・アインシュタインの父親は、イタリアで発電所の建設に従事していた。アルベルトの少年時代、つまり、マクスウェル方程式が発表されてからまだ二十年もたっていないころ、イタリアではすでに産業革命が始まっていた。タービンも変圧器も、アルベルトの父が作るものはすべて、マクスウェル方程式に基礎を置いていた。新しい物理学の力は火を見るより明らかだった。

アルベルトは反抗的な少年だった。イタリアに暮らす両親は、彼をドイツのギムナジウムに通わせていた。しかし、アルベルトにとってドイツの学校はあまりにも窮屈で、退屈で、閉鎖的な空間だった。彼は教師たちと対立し、ついには学業を放り出してしまう。両親を追ってイタリアのパヴィアに移り住んだアルベルトは、あちこちを放浪しながら日々を送った。放浪こそ思春期の若者にとって最良の時間の使い方であることを、両親はなかなか理解しようとしなかった。その後、アルベルトは学業のためにスイスへ赴く。チューリヒ連邦工科大学への入学を希望していたものの、初年度は試験に失敗し入学できずに終わる。数年後、彼は無事に同大学を卒業するが、研究職のポストは得られなかった。愛する女性と生活をともにするため、アルベルトは働き口を見つける必要に迫られた。こうして彼は、ベルンの特許庁に就職する。

当時の大学で物理学を修めた人間にとっては、名誉ある就職口とはいえなかった。しかし、アルベルトはこの職場に勤めるあいだ、思索にふけるための時間と、作業に没頭するための時間を、たっぷり確保することができた。そして実際、彼は思索し、作業を重ねた。結局、アルベルトは少年のころと変わらなかった。ギムナジウム時代のアルベルトは、学校の勉強に取り組む代わりに、ユークリッドの『原本』やカントの『純粋理性批判』を読みふけっていたのだから。

二五歳のとき、アルベルト・アインシュタインは三本の論文を完成させ、それらを『アナーレン・デア・フィジーク』に投稿する。三本とも、ノーベル賞に値する（むしろ、それ以上の栄誉に値する）論文だった。三本の論文はいずれも、今日のわたしたちが世界を理解するうえで、土台となる役割を果たしている。一本目の論文については、すでに第1章で述べた。若きアルベルトはこの論文のなかで、原子の寸法を計算し、デモクリトスが生きた時代から二十三世紀後に、この古代人の着想が正しかったことを証明した。物質は、原子からできている。

二本目は、アインシュタインの名声の主な要因となっている、相対性理論についての論文である。本章の残りのページは、相対性理論のために割かれている。

じつをいえば、相対性理論は二つ存在する。二五歳のアインシュタインが投稿した論文では、第一の相対性理論が取り上げられている。それは、今日のイタリアでは「限定相対性理論」と呼ばれている理論である。世界的には、「特殊相対性理論」という呼び名がより広く使われている。本章ではまず、特殊相対性理論が解明した空間と時間の構造について説明する。そのあとで、アインシュタインが確立したもっとも偉大な理論である、一般相対性理論へと議論を進めていく。

特殊相対性理論の内容は入り組んでおり、その骨子を理解するには相当の困難を伴う。特殊相対性理論と比較するなら、一般相対性理論を理解する方がまだ幾分か楽だろう。次節の内容が難解に感じられても、読者はどうか自信を失わないでほしい。ニュートン的世界観には、たんに足りない要素があるだけではない。もし、わたしたちが世界を理解したいと思うなら、ニュートン的世界観の一部を根本的に修正する必要がある。そのことをはじめて明らかにしたのが、特殊相対性理論である。この修正は、わたしたちの思考の習慣と、真っ向から対立するものになるだろう。わたしたちはついに、自分たちが直観的に捉えている世界像を修正するため、はじめの一歩を踏み出そうとしている。

拡張された現在

ニュートンとマクスウェルの理論のあいだには、はっきりとした対立が認められる。マクスウェル方程式は、つねに速度が一定の存在を前提としていた。それは、光である。ところが、速度が一定の存在はニュートン力学と相容れない。ニュートンの方程式にとって重要なのは、速度ではなく加速度である。ニュートン物理学において、速度とはつねに、なにか別の存在と比較したときの速度である。すでにガリレオが指摘していたように、地球上で暮らしているわたしたちは、地球が回転していることに気づかない。なぜなら、わたしたちが「速度」と呼んでいるものはつねに、「地球にたいする速度」であるから。要するに、速度とは「相対的な」概念である。物体それ自体の速度というものは存在しない。存在するのは、なにか別の物体と比較したときの速度だけである。十九世紀でも現代でも、物理学科の学生はそのように教えられる。しかし、それならマクスウェル方程式が定めている光の速度とは、なにと比較したときの速度なのだろうか？

ひょっとしたら、どこかに普遍的な基層のようなものが存在しており、光はその基層から見て光速で移動しているのかもしれない。しかし、いざ具体的に考えようとすると、この基層が周囲にどんな影響を及ぼしているのか見当がつかない。というのも、マクスウェルの理論から導かれる予想は、そのような基層から完全に独立しているから。十九世紀末には、こうした（あくまで仮説にもとづく）基層にたいする地球の速度を測定するため、光を利用した数多くの実験が行われた。しかし、これらの実験はことごとく失敗している。

のちにアインシュタインは語っている。見かけ上の食い違いを解決するため、自分を正しい道へ導いたのは、特別な実験ではなかった。むしろ、ただ単純にマクスウェル方程式とニュートン力学の関係を注意深く再検討しただけだった。ニュートンやガリレオが発見した、速度は相対的な概念でしかないという事実を、マクスウェルの理論と両立させることは不可能なのだろうか？

このような思索から出発して、アインシュタインは驚くべき発見にたどりついた。それがいかなる発見なのかを理解するため、読者にはここで、ひとつ想像してみてほしい。あなたがこの本を読んでいる、この瞬間を起点として、過去、現在、未来におけるすべての出来事が、図３－１のように整然と配列されている図式を考えるのである。

図３－１は間違っている。これがアインシュタインの発見である。実際には、わたしたちが生きる過去、現在、未来は、図３－２のように表現されなければならない。

ある出来事を起点とした過去と未来（たとえば、あなたにとっての過去と未来。つまり、あなたがいるその場所で、あなたがこの本を読んでいるこの瞬間から見た過去と未来）のあいだには、ある「中間的な領域」が、言い換えれば、その出来事にとっての「拡張された現在」が存在しており、この領域は過去に

図3－1　アインシュタイン以前の空間と時間。

図3－2　「時空間」の構造。過去と未来のあいだの中間的な領域である「拡張された現在」が、あらゆる観察者にとって存在している。

も未来にも属していない。これが、特殊相対性理論である。

この、あなたにとって過去でも未来でもない「中間的な領域」[1]は、とても短い時間しか続かない。その持続時間は、図3－2に示されているように、あなたからの距離に左右される。あなたから遠ければ遠いほど、「中間的な領域」の持続時間は長くなる。あなたの鼻先から数メートルの場所では、あなたにとって過去でも未来でもない「中間的な領域」は、せいぜい一〇億分の数秒しか続かない。ほとんど無に等しい時間であり、とても知覚できるような長さではない（一秒と一〇億分の一秒の比は、三〇年と一秒の比にだいたい等しい）。あなたがヨーロッパにいる場合、大西洋の向こう岸での「中間的な領域」の持続時間は、およそ一〇〇〇分の一秒である。まだまだ、わたしたちに知覚できる時間ではない。人間の感覚器官が識別できる最短の時間は、コンマ数秒ほどであるといわれているから。ところが、月面では拡張された現在の持続時間は数秒になり、火星ではそれが一五分になる。拡張された現在が一五分間継続するとは、いったいなにを意味しているのか？　これはつまり、火星では、この瞬間までにすでに起きた出来事と、これから起きるはずの出来事のほかに、わたしたちにとっては過去でも未来でもない一五分間に起きる出来事が存在しているということである。

それは、過去でも未来でもない、別のなにかである。アインシュタイン以前、わたしたちは誰ひとり、この「別のなにか」に気がついていなかった。わたしたちから近い場所では、「別のなにか」の持続時間はあまりに短く、わたしたちの神経や頭脳は、それを認識できるほど鋭敏ではない。しかしそれは、たしかにこの世界に実在している。

この「別のなにか」があるために、地球と火星のあいだでは満足のいく会話を交わすことができない。火星にいるわたしが、地球にいるあなたに質問をしたとする。あなたは、わたしの質問が聞こえたらすぐに、わたしに向かって返事をする。あなたの答えは、わたしが質問してから一五分後に、わたしのもとに到達する。わたしにとってのこの一五分間は、あなたがわたしに返事をした瞬間を基準とするなら、過去でもなく未来でもない。アインシュタインが洞察した重要な点は、この一五分間は避けようがないということである。いかなる手段をもってしても、この一五分間は短縮できない。空間と時間のなかで起こる出来事に、この一五分間はあらかじめ織りこまれている。過去には手紙を送れないのと同じ意味

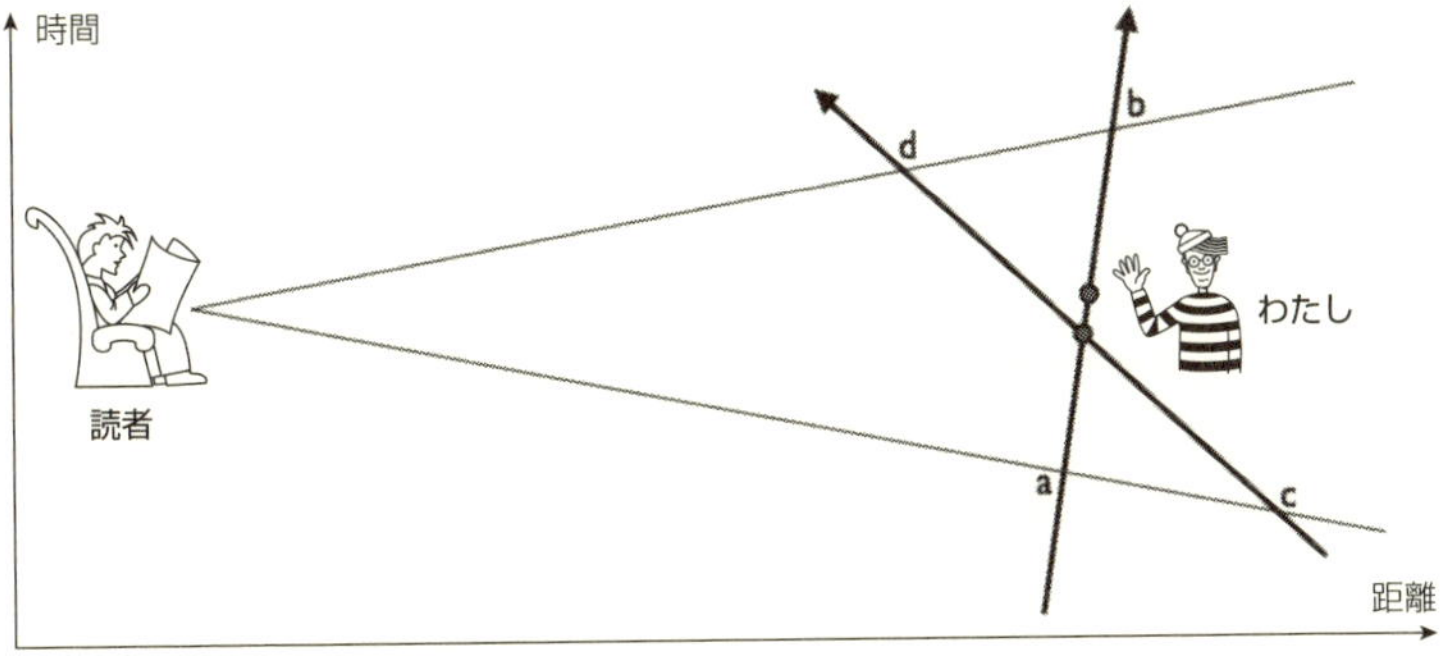

図3－3　「同時性」の相対性。

で、この時間はけっして縮められないのである。

　奇妙だが、本当の話である。ヨーロッパの人間から見ると、シドニーの住民は頭を逆さにして暮らしているという話と同じくらい、奇妙であり、本当である。じきにわたしたちは慣れっこになり、すべてが当たり前で、じつに合理的だと思えるようになる。空間と時間は、特殊相対性理論が指摘したとおりの構造を備えている。

　これはつまり、火星で起こっている出来事については、「まさしく今、起こっている」という言い方はできないということを示唆している。なぜなら、地球にいるわたしたちから見ると、火星には「まさしく今」が存在していないから（図3－3）。[2] 専門的な用語を使うなら、アインシュタインが理解したのは、「絶対的同時性」は存在しないということである。つまり、宇宙のどこを探しても、「今」という瞬間に起きた出来事は見つけられない。なぜなら、わたしたちの「今」は「ここ」にしか存在しないから。宇宙における出来事の総体を、無数の現在が順序良く積み重なった結果として描写することはできない。出来事と、時間と、空間は、図3－2に示したとおり、より入り組んだ構造を備えている。この図が描写しているものは、物理学の世界では「時空間」と呼ばれている。時空間には、ある事象を起点とした過去と未来の総体に加え、「過去でも未来でもない」時間の総体が含まれている。そして、「過去でも未来でもない時間」は、一瞬という点ではなく、ある程度の長さをもっている。

アンドロメダ銀河では、わたしたちから見た「拡張された現在」の持続時間は二〇〇万年にもなる。この二〇〇万年のあいだに起きたすべての出来事は、わたしたちにとって過去にも未来にも属していない。仮に、高度に発達した友好的な文明がアンドロメダ銀河に存在しており、地球に向けて宇宙船の一群を送り出すことを決めたとする。この場合、その船団がすでに出発したのかどうかを尋ねたところで、何の意味もない。なにか意味のある質問をしたいのなら、「その船団から送られてくる最初の信号を、わたしたちはいつ受信できるのか」と尋ねるほかないだろう。

若きアインシュタインが一九〇五年に成し遂げた、時空間の構造をめぐるこうした発見は、具体的にどんな影響をもたらしたのか？　わたしたちの日常生活にたいする直接的な影響は、実際には皆無である。しかし間接的には、皆無どころか、きわめて重大な影響を及ぼしている。図3－2に示したような、空間と時間が分かちがたく結びついているという事実は、ニュートン力学の全面的な書き換えという困難な仕事を要請してくる。アインシュタインはその作業を、一九〇五年と一九〇六年の二年間で、手際良くやってのけた。この書き換えがもたらした最初の結果は、単なる形式上の変化である。アインシュタインの手がけた新たな力学は、時間と空間を時空間というひとつの概念にまとめたのと同じ仕方で、電場と磁場をひとつの概念に融合させた。それはつまり、今日のわたしたちが「電磁場」と呼んでいる概念である。二種類の場について書かれたマクスウェルの複雑な方程式は、アインシュタインが操る新しい言語によって、きわめてシンプルな形に書きなおされた。

しかし、アインシュタインの発見は、より重大な帰結をもたらしている。時間と空間、電場と磁場のケースと同じように、新たな物理学は「エネルギー」と「質量」の概念さえも融合させた。一九〇五年以前、質量保存則とエネルギー保存則という「二つの」原理は、自然界の根本原理と見なされていた。質量保存則の正しさは、化学者たちがあらゆる機会に実証していた。ニュートンの方程式から直接に導き出されるエネルギー保存則は、すべての物理学者にとって、神聖にして不可侵の一般原理だった。だがアインシュタインは、電場と磁場が同じ場のもつ二つの顔であり、空間と時間が時空間のもつ二つの様相であるのと同様に、エネルギーと質量もまた同じ実体がもつ二つの面にすぎないと考えた。当時の定説とは異なり、質量だけの保存則やエネルギーだけの保存則は成り立たないことをアインシュタインは理解した。質量とエネルギーという二つの要素は、一方から他方へと変換できる。保存則は二つではなく、「一つしか」存在しない。保存されるのは質量とエネルギーの総和であり、二つの要素が別個に保存されるわけではない。見方を変えれば、こうもいえる。エネルギーが質量に変わったり、質量がエネルギーに変わったりする過程が、かならず存在するはずである。

このような展望のもと、アインシュタインはただちに計算を行い、質量一グラムから得られるエネルギーの値を割り出した。その結果が、有名な公式 $E=mc^2$ である。この公式は重大な意味をもつ。わずか一グラムの質量から、莫大なエネルギーが生み出される。それは、何百万という爆弾を同時に爆発させるのと同じくらいのエネルギーである。これだけのエネルギーがあれば、いくつもの都市を明るく照らしたり、一国の産業を数ヶ月ものあいだ支えたりできる……あるいはまた、数秒のうちに、十万もの人命を奪うことさえできるだろう。かつて広島で、実際に起こったように。

若きアインシュタインの理論的思索が、人類を新たな時代へと導いた。それは、原子力エネルギーの時代である。新たな可能性の時代であり、新たな危険性の時代でもある。今日のわたしたちは、規律を嫌う反抗的な青年の知性のおかげで、じきにこの星に住まうことになる百億人の住居にさえ、充分な電力を届けられるようになった。別の星を目指して宇宙を旅することもできるし、おたがいを破滅させて地球を焼け野原に変えることもできる。どの道を進むかは、わたしたちの選択次第であり、わたしたちの意志を代表する統治者次第である。

これまでに、アインシュタインが論じた時空間の構造は徹底的に研究されてきた。何度も検証実験が行われ、今ではアインシュタインの主張は定説と見なされている。ニュートン以後の世界に定着していた時間と空間の概念は、実態とは隔たっていた。ニュートンが想定した「空間」は、それ単独では存在しない。図３－２の「拡張された現在」の内部には、他を押しのけて「今」という地位を主張できるような「空間の薄片」は存在しない。わたしたちは直観的に、「現在」とは、宇宙で「今まさしく」起こっている全事象の総体を指すと理解している。しかしそれは、わたしたちの限られた視野がもたらす誤った認識である。時間の小さな間隔を知覚できないために、そのように思いこまされているにすぎない。「現在」という概念には、「地球は平らだ」という考え方と似たところがある。地球は平らだとわたしたちが想像してしまうのは、ただ単純に、わたしたちの感覚や運動能力が限られているせいである。かつての人類は、視界に収まる範囲の景色しか見ていなかった。直径一キロメートル程度の小惑星に住んでいれば、自分たちが球体の上にいることはすぐに分かる。もし、わたしたちの脳と感覚が今よりずっと鋭敏で、ナノ単位の時間を容易に区別できるのであれば、拡張された「現在」がいたるところに広がっているなどという着想にはたどりつかなかっただろう。そのようにまわりくどい理屈をこねなくても、わたしたちは簡単に、過去と未来のあいだに存在する中間的な領域を認識していたはずである。ここまでの内容は、次のようにも言い換えられる。「今、ここ」という言い方には意味がある。一方で、「今」

という言葉を使って、全宇宙で「今まさしく起こっている」出来事について語ろうとしても意味はない。それはいわば、わたしたちの銀河の位置を知ろうとして、アンドロメダ銀河よりも「上にあるのか、下にあるのか」と問いかけるようなものである。この質問には意味がない。なぜなら、「〜より上に」とか「〜より下に」といった言葉が意味をもつのは、二つの事物が地上に存在している場合に限られるからである。宇宙のあらゆる事物にとって、つねに「上」と「下」が存在するわけではない。同様に、宇宙で起こるあらゆる事象にとって、つねに「先」と「後」が存在するわけでもないのである。

これらの知見について解説したアインシュタインの論文が、『アナーレン・デア・フィジーク』に掲載されたとき、物理学の世界には衝撃が走った。マクスウェル方程式とニュートン力学のあいだに矛盾が認められることは、学者たちのあいだでは周知の事実だった。しかし、どうすればその矛盾を解決できるのか、誰ひとり分からずにいた。アインシュタインの提示した、きわめて優雅で意表を突く解決策に、誰もが驚嘆せずにいられなかった。この論文については、こんな逸話が伝えられている。場所はポーランドのクラクフ大学、古びた薄暗い講堂での出来事である。頑固で厳格な物理学の教授が、アインシュタインの論文を握りしめた手を激しく振りつつ研究室から出てきて、次のように叫んだという。

「新たなアルキメデスが誕生した!」

一九〇五年、アインシュタインが発表した特殊相対性理論はたいへんな反響を巻き起こした。しかし、彼の成功はそこでは終わらなかった。十年後、三五歳になったアインシュタインは、真の代表作である第二の相対性理論、つまり、一般相対性理論を発表する。

一般相対性理論は、あらゆる時代をとおして、もっとも美しい物理学理論である。それはまた、量子重力理論を支える二本の支柱のうちのひとつであり、この本の物語の中心に位置する理論でもある。読者はどうか、この先の内容をじっくりと味わってみてほしい。二十世紀に花開く、新たな物理学の偉大な魔法が、ここから始まる。

もっとも美しい理論――一般相対性理論の魔法

特殊相対性理論を発表した後、物理学者としてのアインシュタインの名声はとみに高まり、多くの大学から研究ポストを提供されるようになる。だが、ある問題が彼の頭を悩ませていた。特殊相対性理論には、重力について分かっている事実と相容れない部分がある。彼は自身の理論の解説記事を書いているときその点に気がつき、次のように自問した。かつて物理学の偉大なる父ニュートンによって提唱され、今や古老のような風格を備えている「万有引力」にたいしても、新しく生まれた相対性理論との両立を図れるように、再検討を加える必要があるのではないだろうか？

問題の起源は、じつに単純明快である。ニュートンは、物体が落下し惑星が回転する理由を説明しようとした。そこで彼は、あらゆる物体がおたがいを引きつけ合う「力」を想像した。それが「重力」である。しかし、媒介となる物質が存在しないのに、どうして離れた場所に力が働くのか。誰もが抱くはずのこの疑問は、ひとまず不問に付されていた。すでに見たとおり、離れた場所にある物体が、相手に触れることなく力を及ぼすという着想には、当のニュートンさえ疑念を抱いていた。地球が月を引きつけるのは、両者のあいだに、力を伝達するなんらかの媒介物が存在するからではないのか。この疑問にたいする解答は、二百年後にファラデーによって提出された。ただしそれは重力ではなく、静電気力と磁力に関する解答だった。ファラデーは「場」を発見することで、離れた場所に働く力の謎を解明した。電気の力と磁気の力は、電場と磁場によって周囲に運ばれていた。

ならば重力もまた、ファラデー力線によって伝達されているのではないだろうか？　合理的思考を備えた人間なら、きっとそのように考えるだろう。同じ理屈で、太陽と地球のあいだに働く力や、地球と落下する物体のあいだに働く力は、「重力の場」によって伝えられているに違いない。ファラデーとマクスウェルは、力を「運んでいる」ものはなにかという問いに答えた。二人の解答は電気だけでなく、重力という古びた力にも合理的に適用できるはずである。おそらく、重力場と、それについて記述する方程式が存在している。その方程式はマクスウェル方程式に類似しており、「重力のファラデー力線」がどのように運動するかを描写するだろう。二十世紀初頭、合理的知性を充分に備えたあらゆる人びとにとって（要するに、アルベルト・アインシュタインただ一人にとって）、これはきわめて自然な推論だった。

アインシュタインは子供のころから、父親の作る発電所の回転子をくるくる回す、電磁場という不可思議な存在に魅せられていた。著名な物理学者となった今、彼は「重力の場」の仕組みを探求し、それを記述するための方程式を突きとめようとしていた。この問題を解決するには、十年の歳月が必要だった。十年間、尋常ならざる熱意をもって研究に打ちこむなかで、多くの試みや間違いが繰り返された。困惑を抱えつつも、不意に卓抜なアイデアを着想し、かと思うと的外れなアイデアに道を逸らされ、不正確な方程式を載せた論文を次々に発表した。誤りとストレスに満ちた十年だった。そしてついに、一九一五年十一月、完全な解答を提示する論文が公表された。新たな重力理論には、「一般相対性理論」という名が与えられた。紛《まご》うことなき傑作だった。ソヴィエト連邦の最高の物理学者レフ・ランダウは、それを「もっとも美しい理論」と呼んだ。

なぜ、物理学者はこの理論を美しいと感じるのか？　その理由を推察するのは難しいことではない。アインシュタインは、たんに重力場について記述する数式や方程式を見つけようとしただけではなかった。彼はさらに、未解決のまま残されていたもうひとつの重大問題を、あらためて俎上に載せたのである。アインシュタインが問い直したのは、ニュートン理論の根幹にかかわる問題だった。

ニュートンは、「空間」のなかを物体が移動するというデモクリトスの着想に立ち返った。「空間」とは空っぽの巨大な容れ物であり、宇宙を形づくる堅固な大箱である。物体は、なんらかの力によって進路を逸らされないかぎり、この途方もなく大きな広場をまっすぐに進んでいく。しかし、世界の容れ物であるこの「空間」は、いったい何からできているのか？　空間とは何なのだろう？

今日のわたしたちにとって、空間という概念は充分に分かりやすく、納得のいくものである。しかし、わたしたちがそのように感じるのは、ニュートン物理学の世界観が知らず知らずのうちに身についているからにほかならない。よくよく考えてみれば、わたしたちの日常の経験は空っぽの空間からは縁遠い。アリストテレスからデカルトにいたるまで、つまりは二千年もの長きにわたって、事物から切り離された別の実体として空間を捉えるデモクリトスの考え方は、けっして合理的なものとは見なされていなかった。アリストテレスにとっても、デカルトにとっても、事物とは拡がりをもつものである。そして同時に、拡がりとは事物に固有の特質でもある。拡がりのある事物がなければ、拡がりそれ自体も存在しない。グラスから水を取り除けば、そこには代わりに空気が入る。本当の意味で「空っぽ」のグラスを見た人間がいるだろうか？

二つの事物のあいだに「何もない」のであれば、要するに、そこには何もないのである。アリストテレスはそう結論づけた。何もなく、しかも同時に何か（空間）があるなど、どうして信じられようか？　粒子が動きまわる「空っぽの空間」とは、いったい何からできているのか？　空間とは「何か」なのか、それとも「何ものでもない」のか？　何ものでもないのなら、つまりそこには何もなく、わたしたちはそれなしでやっていける。反対に、それが「何か」であるのなら、その唯一にして固有の性質は「何もせずにそこに在ること」である。いったい、そんな「何か」がこの世に存在するだろうか？

「事物」と「事物でないもの」の中間に位置する空っぽの空間という概念は、すでに古代から思想家たちを困惑させてきた。原子が動きまわる場所として、自身が思い描く世界の基盤に空っぽの空間を据えたデモクリトスも、この点については歯切れが良いとはいえなかった。彼はこの空間を、「存在と非‐存在のあいだ」にあるものだと主張した。「デモクリトスが公理として前提にしていたのは、充溢《じゅういつ》と空虚である。彼は前者を〈存在〉と呼び、後者を〈非‐存在〉と呼んだ[3]」。存在とは、原子である。非‐存在とは、空間である。空間は非‐存在なのに、たしかに在る。これほど分かりにくい話を耳にする機会は滅多にないだろう。

デモクリトスの空間を復活させたニュートンは、どうにかこの問題を片づけようとして、空間とは神の「感覚器官」であると提唱した。神の感覚器官という言葉を使って、いったいニュートンがなにを伝えようとしていたのか、誰にもはっきりと分からなかった。おそらく、本人にも分かっていなかったのだろう。そしてもちろん、アインシュタインもこの説明には納得しなかった。感覚器官を備えていようがいまいが、彼は神という存在を当てにしていなかった。アインシュタインが神を引き合いに出すのは、効果を狙って気の利いた言い回しをするときだけである。

すでにわたしたちは、ニュートンに端を発する空間の概念に疑問を抱くこともなくなっている。だがそれは、地球は丸いという考え方と同様に、かつて多くの混乱を引き起こした。デモクリトスの空間概念を復権させようという考えは、そう簡単には浸透しなかった。はじめは誰も、ニュートンの主張を真に受けていなかった。つねに正しい結果を予見する、ニュートン方程式の類まれな有効性が明らかになってはじめて、批判者たちは口を閉ざした。それでも、ニュートンが提示した空間概念の妥当性をめぐっては、哲学者たちのあいだで長らく疑念がくすぶりつづけた。そして、哲学書の熱心な読者でもあったアインシュタインは、この問題を明確に意識していた。ニュートンの空間概念に強い難色を示していた哲学者のひとりに、アインシュタインの思想にも大きな影響を与えたエルンスト・マッハがいる。原子の存在を信じないと言い放った、あのマッハである。ある事柄については遠くまで見通せる人物が、別の事柄については近視眼的になりうることを、この例は雄弁に物語っている。

したがって、アインシュタインは一つではなく、二つの問題に取り組んでいたことになる。一つ目は、重力場をいかに記述するかという問題であり、二つ目は、ニュートンの空間とは何かという問題である。

ここにおいて、アインシュタインの知性は途方もない一歩を踏み出す。それは、これまでに人類の思索が成し遂げたなかで、もっとも偉大な飛翔のひとつである。アインシュタインはこう考えた。重力場とニュートンの空間を、同じものと捉えてみてはどうだろう? ニュートンの空間こそが、重力場にほかならないとしたら?

単純で、美しく、目も眩《くら》むほどの閃《ひらめ》きを発するこの着想が、一般相対性理論へ発展する。

この世界は、「空間＋粒子＋電磁場＋重力場」からできているのではない。この世界を作っているのは、場と粒子だけである。付随的な要素として、空間を追加する必要はない。ニュートンの空間とは、重力場である。または順番を入れ替えて、重力場とは空間であるといってもよい（図3－4）。

ただしそれは「場」である以上、平板かつ不動なニュートンの空間とは異なる性質をもつ。重力場は運動したり振動したりする実体であり、マクスウェルの場やファラデーの力線と同じように、方程式による記述の対象になる。

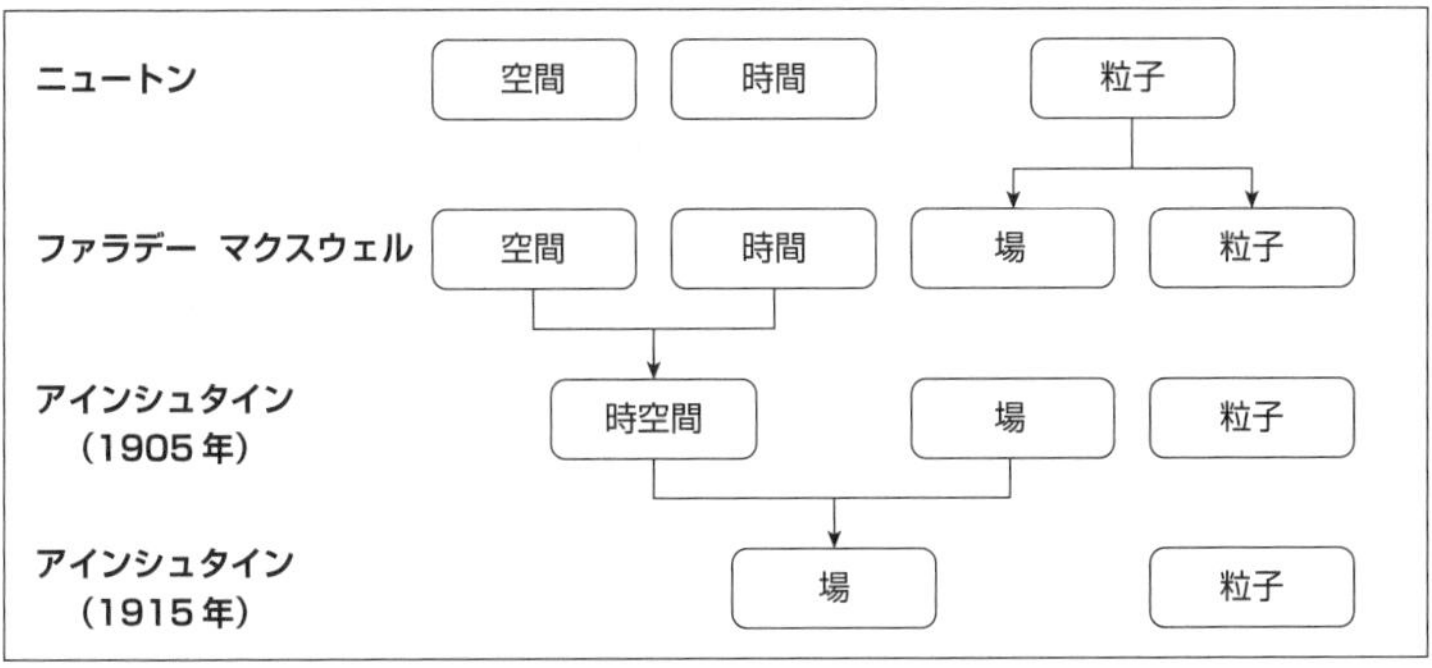

図3－4　世界は何からできているのか？

世界は見違えるほど単純になった。空間はもはや、物質と異なる何かではない。それは電磁場の仲間であり、世界を形づくる「物質的な」構成要素のひとつである。空間は実体として存在し、震えたり、曲がったり、歪《ゆが》んだり、捩《よじ》れたりする。

わたしたちは、目に見えない頑丈な容れ物のなかにいるのではなく、巨大な軟体動物のなかに浸かっている（これはアインシュタインが使った比喩である）。太陽は周囲の空間を折り曲げる。地球が太陽の周りを回るのは、離れた場所から働く神秘的な力に引かれているからではなく、傾いた空間をまっすぐに進んでいるからである。その姿は、漏斗《ろうと》の内側で回転する小さな玉によく似ている。この場合、漏斗の中心から神秘的な力が発生しているわけではなく、曲面に備わるもともとの性質が球を回転させている。惑星が太陽の周りを回るのも、地上の物体が下方に落下するのも、周りの空間が屈曲しているからである（図3－5）。

正確を期するなら、屈曲しているのは空間ではなく、時空間である。現在という時間の薄片が空間全体に広がっていると考えるのは間違いであり、時間と空間はひとつの構造体としてたがいに影響を与え合っていることを、アインシュタインは十年前に証明していた。

これで着想は整った。残された問題は、着想を具体化するための

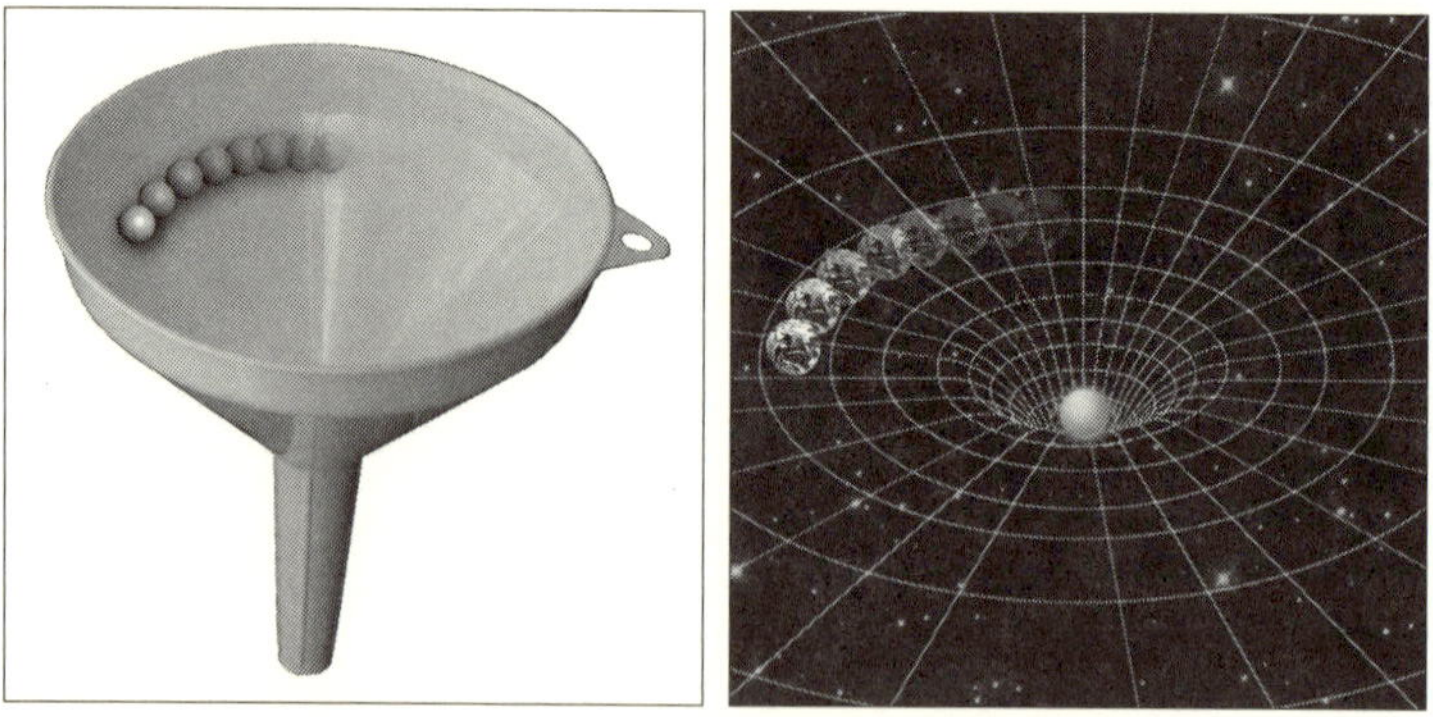

図3‐5　地球が太陽の周りを回っているのは、太陽の周りの時空間が屈曲しているからである。地球の姿は、漏斗の屈曲した内壁を回っている玉に喩えられる。

方程式を見つけ出すことである。時空間の歪みを記述するには、いかなる方程式を用いればよいのだろうか？

十九世紀のもっとも偉大な数学者にして、「数学者たちの王」の異名をもつカール・フリードリヒ・ガウスが、すでに二次元の曲面を記述する数学を編み出していた。丘陵の表面や、図3‐6に示したような面を記述するには、ガウスの数式を利用することができる。

ガウスは後にひとりの優秀な教え子に、この数式をさらに発展させるよう要請した。ガウスの望みは、三次元の図形や、あるいはさらに次元の多い図形にまで適用できるように、数式を一般化させることだった。その教え子、つまりベルンハルト・リーマンは、一見したところ何の役にも立たないような大部の博士論文を完成させた。彼の議論は次のように要約できる。いかなる次元であろうとも、屈曲した空間（アインシュタインの言葉を使うなら、時空間）の特性は、ある数学的要素、つまり、今日では「リーマン曲率」と呼ばれている要素によって記述される。リーマン曲率は、《R_{ab}》という記号で表わされる。たとえば平野や、丘や、山の風景を思い浮かべてみてほしい。地表の曲率《R_{ab}》は、平野ではゼロになる。これはつまり、地表に

「屈曲」が認められず、平らであることを意味している。谷や丘では、曲率はゼロとは異なる数値をとる。そして、山々の峰においては、曲率はきわめて大きくなる。なぜなら、そこには平らな地表が少なく、「曲がった」地表ばかりが広がっているからである。リーマンの論文は同様のやり方で、三次元や四次元の屈曲した空間を記述している。

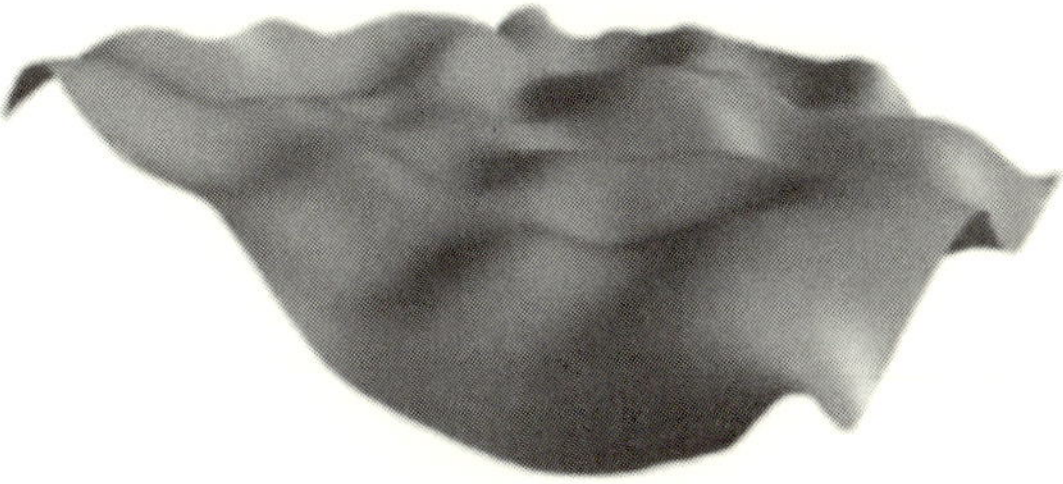

図3−6　屈曲した表面（2次元）。

　アインシュタインはたいへんな努力を費やし、リーマンの数学を習得した。自分よりも数学が得意な友人たちに助力を請い、なんとかして、時空間のリーマン曲率R_{ab}を記述する方程式を導き出した。この方程式は、時空間のリーマン曲率が物質のエネルギーに比例することを示していた。つまり、ある場所に存在する物質の量が多ければ多いほど、その場所における時空間の歪みは大きくなる。エッセンスは、これだけである。重力について記述するこの方程式は、電気について記述するマクスウェル方程式によく似ている。アインシュタインの方程式を書き記すには、一行の半分もあれば事足りる。そこに付け加えるべき要素はなにもない。こうして、着想は方程式に姿を変えた。

　この方程式の内部には、輝かしい宇宙が潜んでいた。それは、一般相対性理論の魔法に彩られた宇宙である。アインシュタインの方程式は、狂人の夢想にも思える予言を次から次に披露してみせた。一九八〇年代に入ってからも、これら信じがたい予言の大部分は、ほとんど誰からも相手にされていなかった。しかし現実には、その後の実験によって確認されたとおり、アインシュタイン方程式の予言はことごとく正しかった。ここで、いくつかの実例を見てみよう。

最初の例は、惑星の運動である。太陽は周りの空間の曲率にどの程度の影響を与えているのか、そして、惑星の運動はこの曲率からどの程度の影響を受けているのか、アインシュタインは計算を行った。ケプラーの理論とニュートンの方程式から予測される惑星の運行状況は、アインシュタインの計算結果とわずかに食い違っていた。太陽の近くは空間が曲がっているため、重力の効果がより強くなる。アインシュタインはとりわけ、太陽にもっとも近い惑星である水星の運動に着目した。というのも、太陽からの距離が短ければ短いほど、自身の理論による予測とニュートンの理論による予測の不一致が顕著に現れるはずだから。そして実際、彼はその不一致を見出した。水星が太陽にもっとも近くなる軌道上の位置は、ニュートンの理論の予測と比べて、毎年0・43秒角（つまり、0.0001194度）だけずれていく。わずかな違いではあるものの、二十世紀の天文学者であれば充分に計測可能な範囲である。アインシュタインの予測を天文学者の観測結果と突き合わせてみたところ、疑う余地のない結論が出た。水星は、ニュートン力学が予言した軌道ではなく、一般相対性理論が予言した軌道をめぐっていた。神々の足疾《はや》き使者、翼の生えた靴を履くメルクリウスは、ニュートンではなくアインシュタインに軍配を上げたのである（水星を意味するマーキュリーは、ローマ神話に登場するメルクリウスのことでもある）。

さらに、アインシュタインの方程式は、天体のすぐそばで空間がどのように曲がるかを記述した。この屈曲が原因となり、光は進路を逸らされる。アインシュタインは、太陽が光の進路を逸らしていると予見した。一九一九年に測定が完了し、まさしくアインシュタインが予見した分だけ、光は進路を変えていることが分かった。

しかし、曲がるのは空間だけではない。時間もまた、重力の影響を受けて屈曲する。アインシュタインは、標高が高い場所では時間が速く過ぎ、低い場所では遅く過ぎると予見した。計測すると、それは本当だった。今日、多くの研究所はきわめて正確な時計をもっており、数センチの高低差であっても、このじつに奇妙な現象を確認することができる。たとえば、一台の時計を床の上に、もう一台を机の上に置いたとする。床の上に置かれた時計は、机の上の時計と比べて、ゆっくりと時間を計測する。いったいなぜ、このようなことが起きるのか？　なぜなら、時間は普遍的で固定的なものではなく、近くにある物体の質量から影響を受けて伸び縮みするものだからである。地球は、ほかのあらゆる質量と同じく、時空間を屈曲させる。その結果、地表の近くでは時間の流れがゆっくりになる。双子の一方が海のそばに、もう一方が山のいただきに暮らしている場合、この二人が久しぶりに再会したとき、ほんのわずかではあるが、後者の方が年老いていることになる（図3－7）。

　こうした知見は、なぜ物は落下するのかという問いにたいして、それまでとは違った説明を提供する。世界地図を広げ、ローマからニューヨークへ向かう飛行機の航路を書きこんでみると、飛行機がまっすぐに飛んでいないことが分かる。飛行機は、北に弧を描いて飛んでいる。これは、地球の表面が曲がっているため、同じ緯度を飛びつづけるより、北を通った方が短い飛行距離で済むからである。経線間の距離は、北に行けば行くほど短くなる。だから、「時間を稼ぐ」には北へ向かうのが得策である（図3－8）。

　宙に放り投げられたボールも、同じ理由から落下してくる。高い位置を飛ぶあいだ、ボールは「時間を稼いでいる」。というのも、高い場所では時間の流れる速さが異なるからである。飛行機もボールも、屈曲した空間（または時空間）のなかで、「まっすぐな」軌道を進んでいく[4]（図3－9）。

　しかし、一般相対性理論が予見したのは、これら微小なスケールの影響にとどまらない。あらゆる天

図3－7　双子の一方が海のそばに、もう一方が山のいただきに暮らしている。２人がひさしぶりに再会すると、山で暮らしていた方が年老いている。これが、重力による時間の拡張である。

体は、自身に備わる水素を燃やしつくしたとき、その生涯を終える（水素は天体を燃やすための燃料になる元素である）。残った物質は、自身の重みに耐えうるだけの熱を生み出せなくなり、自重で押しつぶされる。充分に大きな天体の場合、残った物質は途方もない力で圧縮される。その際、空間は激しくゆがみ、正真正銘の穴のなかに沈みこむ。こうして生まれるのがブラックホールである。

わたしが物理学科の学生だったころ、ブラックホールはまだ、秘教じみた理論から導き出される怪しげな存在でしかなかった。今日では、宇宙に点在する多くのブラックホールが観測され、天文学者によって子細に研究されている。わたしたちの銀河の中心には、太陽のおよそ百万倍もの質量を備えたブラックホールが存在する。現代の技術をもってすれば、この大質量のブラックホールの周りを回るすべての天体を観測できる。そのなかには、ブラックホールからの距離が近すぎるために、強大な重力により粉々に破壊されてしまう天体もある。

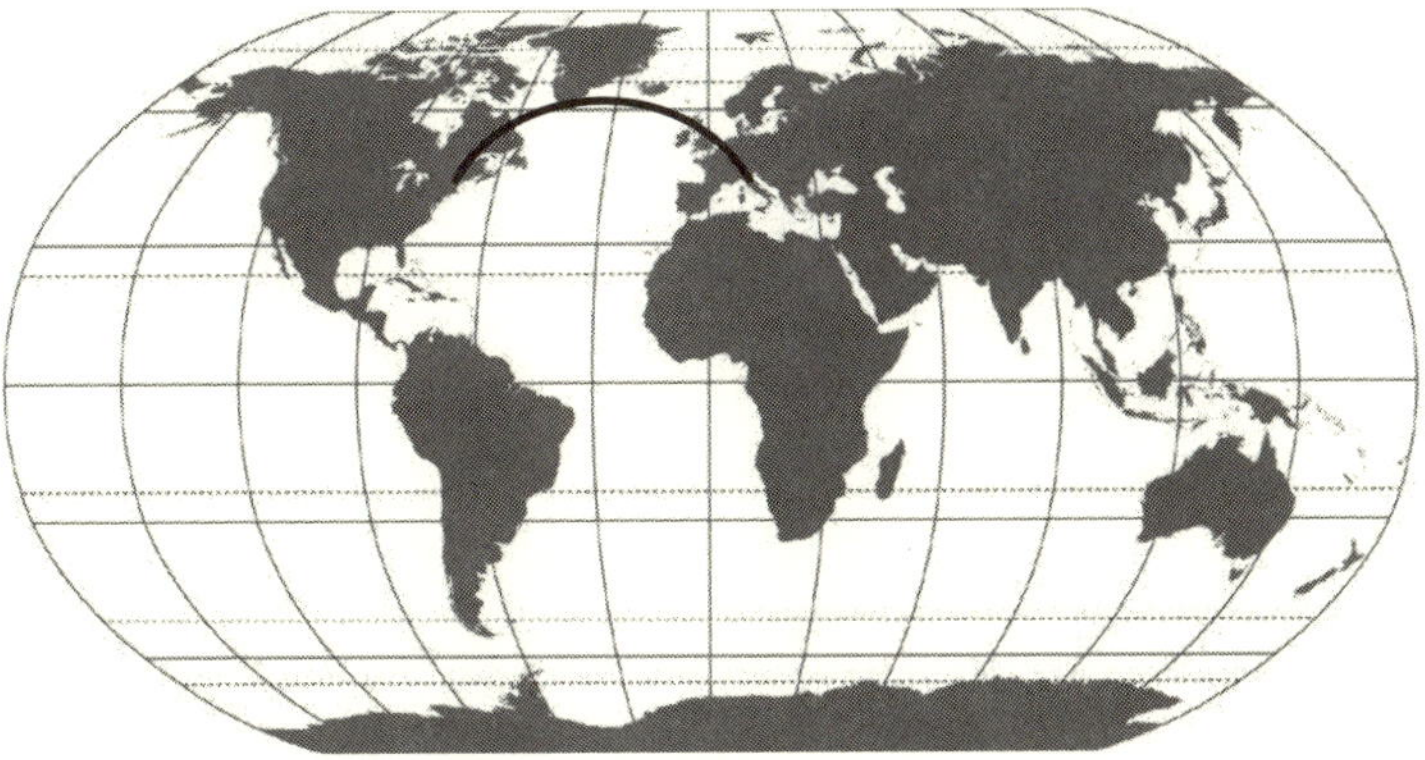

図3−8　北に行くほど、経線間の距離は狭まる。

一般相対性理論はさらに、空間が海の波のように振動することを予見した。空間のさざ波は、テレビの映像をわたしたちに届けている電磁気の波によく似ている。「連星」と呼ばれる二つの星を観察すれば、この「重力の波」がもたらす効果を知ることができる。連星は、エネルギーを失いながらこの波を放射し、その結果、たがいに少しずつ近づいていく。[5]二〇一五年の後半、衝突する二つのブラックホールから放出された重力波が、地球上の検出器で直接に観測された。二〇一六年のはじめにその知らせが公表されたとき、またしても世界は言葉を失った。アインシュタインの理論による、夢想者のうわ言にも似た予測は、またしても正しかった。

そのほかに、宇宙空間が現在も膨張を続けているという予測があり、これもやはり正しかった。さらに付け加えるならば、一四〇億年前の巨大爆発によって宇宙が生まれたという予測もある。これについては、後にあらためて言及することになるだろう……。

光線の進路変更、ニュートンの力の修正、時計の進み方のずれ、ブラックホール、重力波、宇宙の膨張、ビッグバン……空間にたいする理解の変化が、これらの豊かで複雑な現象を明る

図3−9　高い場所ほど、時間は速く過ぎ去っていく。

みに出した。空間は、生気のない不動の容れ物ではない。物質や、空間のなかに存在するほかの「場」と同じように、空間はそれ自体の力学を、それ自体の「物理」を備えている。おそらくはデモクリトスも、自身の唱えた「空間」の概念がこのような驚くべき未来を迎えたと知ったなら、喜びに笑みを浮かべたに違いない。たしかにデモクリトスは、空間を「非-存在」と呼んでいた。ただし、デモクリトスにとって「存在」とは、「物質」のことにほかならない。デモクリトスの言葉によれば、「非-存在」、つまり虚空にもまた、「なんらかの物理と、固有の実体が備わっている」[6]。

ファラデーによって導入された場の概念がなければ、数学の劇的な力がなければ、ガウスとリーマンの幾何学がなければ、この「なんらかの物理」は曖昧模糊としたままであった。新しい概念と数学に支えられ、アインシュタインは「なんらかの物理」を描写する方程式を立てた。そして、デモクリトスの虚空が備える「なんらかの物理」の内部に、色鮮やかな、見るものを呆然とさせる世界を発見した。そこでは宇宙が爆発し、出口のない穴のなかに空間が沈みこみ、地表に近づくにつれて時の流れが遅くなり、限りない宇宙の広がりが海の表面のようにさざ波を立てている……。

常識をわきまえた人間にとって、これらすべては、「狂気に憑《と》りつかれた愚者の語るほら話」のように聞こえるかもしれない。しかし、実際にはこの「愚者」は、現実を素直に見つめているだけである。愚者の視線は、わたしたちが日常を見つめる際の、平凡であやふやな視線に曇らされていない。一般相対性理論が語る世界は、夢を形づくる素材からできた現実のようでもある。ただしそれは、わたしたちが見慣れている霧に包まれたような夢とは違って、紛うことなき現実の世界である。この理論の源となった直観は、たった一文に要約できる。「時空間と重力場は、同じものである」。そして、この直観はじつに単純な方程式によって記述される。わたしはここに、その方程式を書き記さずにはいられない。もちろん、二五歳(アインシュタインが特殊相対性理論を発表した年齢)の読者の多くは、この式を理解できないだろう……それでも、その偉大なる単純さは、きっと感じとってもらえると思う。

$$R_{ab} - \frac{1}{2}Rg_{ab} + \Lambda g_{ab} = 8\pi G\,T_{ab}$$

一九一五年の段階では、この方程式はさらにシンプルだった。というのも、当時はまだ「Λg_{ab}」の項がなかったからである。後にあらためて触れるように、この項はアインシュタインによって、二年後に付け加えられることになる。[7] R_{ab}はリーマン曲率に由来する値であり、Rg_{ab}とともに時空間の曲率を表わしている。T_{ab}は、物質のエネルギーを示す項である。Gは、かつてニュートンによって発見された定数、つまり、重力の強さを表わす定数である。

これですべてである。こうして、着想は方程式に姿を変えた。

アインシュタインと数学の厄介な関係

物理の話を続ける前に、ここで軽く寄り道をして、数学について考えてみたい。アインシュタインは、偉大な数学者ではなかった。むしろ、数学には絶えず苦労させられていた。本人がそう書いているのである。一九四三年、バーバラという九歳の少女からアインシュタインに手紙が届く。バーバラの手紙には、自分は数学が苦手なのだと記されていた。アインシュタインは少女への返信のなかで、自身と数学の関係を告白している。「数学が苦手でも気にすることはありません。請け合いますが、数学については、わたしのほうがずっと苦労してきましたよ」[8]。冗談めかした言葉に聞こえるかもしれない。だがアインシュタインは大真面目だった。数学に取り組む際、アインシュタインはいつも周りに助けてもらっていた。マルセル・グロスマンに代表される友人や同僚たちは、アインシュタインに辛抱強く数学を教えた。アインシュタインが非凡だったのは、数学ではなく、物理学の直観についてである。

一般相対性理論を完成させつつあった年、アインシュタインはダフィット・ヒルベルトと競争関係にあった。ヒルベルトは、歴史に名を残す偉大な数学者のひとりである。アインシュタインがゲッティンゲンで講演したとき、ヒルベルトもその場に居合わせていた。アインシュタインが重要な発見の途次にあることを、ヒルベルトはただちに理解した。着想の要点を把握するや、ヒルベルトはすぐさま作業に取りかかり、アインシュタインに先んじて一般相対性理論を記述する方程式を導き出そうとした。二人の巨人は、ほんの数日しか差のつかない、手に汗握るラストスパートを展開した。アインシュタインは当時、ベルリンで週一回の公開講座を受けもっていた。彼はそこで、ヒルベルトに先を越されるのではないかという不安に苛《さいな》まれながら、試作段階の方程式を毎週のように発表していた。どの方程式も、なんらかの誤りを含んでいた。そしてついに、タッチの差で、アインシュタインが勝利を収めた。正しい方程式を発見する栄誉は、アインシュタインに与えられた。

ヒルベルトは、自身もまた同じ方程式をめぐる研究に取り組んでいたにもかかわらず、高貴な紳士にふさわしく、アインシュタインの勝利にけっして異議を唱えなかった。それどころか、ヒルベルトはこの件について、愛のこもった美しい言葉を残している。ヒルベルトの言葉は、アインシュタインと数学の、または物理学全体と数学のあいだの厄介な関係を、このうえなく的確に表現している。一般相対性理論を完成させるのに必要な数学とは、四次元の幾何学だった。ヒルベルトはこう書いている。「ゲッティンゲンでは、道端をふらついている子供でさえ、四次元の幾何学をアインシュタインより良く理解している[9]。それでもやはり、理論を完成させたのはアインシュタインであって、数学者たちではない」。

いったいなぜ、数学の苦手なアインシュタインが、数学者より先に理論を完成させられたのか？　アインシュタインは、ある傑出した能力を備えていた。それは、世界がいかに形づくられているかを「想像」し、頭のなかで「世界を見る」能力である。彼にとって方程式は、あとからやってくるものだった。方程式は、現実を想像する彼の能力を具体化するための言語である。一般相対性理論は、ひとそろいの方程式に還元されるわけではない。それはまずもって、頭のなかに描かれた世界像である。方程式への苦難に満ちた翻訳作業は、脳内のイメージが形になってから行われる。

「時空間は曲がる」。これが、一般相対性理論を支えているきわめて単純な着想である。もし、物理的な時空間が二次元しかなく、わたしたちが平面の上で暮らしているなら、「物理的な空間は曲がる」という命題がなにを意味しているのか、簡単に想像できるだろう。それはつまり、わたしたちの生きている空間が、大きく平らな板のような形をしているのではなく、山や谷のような表面を備えていることを意味している。しかし、実際にわたしたちが生きている世界は、二次元ではなく三次元である。むしろ、時間を加えれば四次元になる。四次元の空間が曲がるのを想像するのはきわめて難しい。なぜなら、わたしたちの感覚は、「より次元の多い空間」を直観的に捉えることができないから。物理的な時空間は、この「より次元の多い空間」のなかで屈曲する。しかし、アインシュタインの想像力は、わたしたちが浸かっている途方もなく大きなクラゲの姿を、やすやすと看取《かんしゅ》する。押し潰されたり、引き伸ばされたり、折り曲げられたりするこのクラゲが、わたしたちの周りの時空間を形成している。この透徹した洞察があったからこそ、アインシュタインは誰よりも先に、一般相対性理論を打ち立てることに成功したのである。

本当のところをいえば、ヒルベルトとアインシュタインの関係がやや緊迫した時期もあった。アインシュタインが自身の方程式（前節の終わりに記したもの）を公表するほんの数日前、ヒルベルトはある学術雑誌に一本の論文を投稿している。その論文は、ヒルベルトもまたあと一歩で、アインシュタインと同じ解答にたどりつくはずだということを示していた。科学史家は今日もなお、二人の巨人による貢献の度合いを評価するにあたって、多少の戸惑いを覚えている。ある期間、二人の関係は冷ややかなものになった。アインシュタインはその時期、彼よりも年長で権威のあるヒルベルトが、一般相対性理論の確立における自分の貢献を過大に主張するのではないかと恐れていた。しかしヒルベルトは、自分が先に一般相対性理論を発見したとは、一度たりとも主張しなかった。科学の世界では頻繁に、どちらの発見が先であったかが問題になり、当事者たちの魂を不幸にする。そのような世界にあって、二人はあらゆる負の感情を脇に押しやり、じつに美しい知性の範例を提示した。アインシュタインはヒルベルトに宛てた誠実な手紙のなかで、一連の経緯を自分がどのように感じていたのか、率直に吐露している。

わたしたち二人のあいだに、不和にも似た空気が立ちこめたこともありました。わたしはもう、その原因を吟味するつもりはありません。わたしは、自分のなかに生じた苦しみと闘い、それを完全に打ち負かしました。今のわたしは、以前と同じように曇りない友情をあなたに感じていますし、あなたにもそうであってほしいと思っています。俗世間の卑しさとは無縁の道を築いてきたわたしたち二人のような仲間同士が、おたがいのうちに喜びの原因を見出せないとしたら、それはひどく残念な話です。[10]

詩と科学の宇宙像

一般相対性理論を発表してから二年後、アインシュタインはその方程式を利用して、宇宙全体というきわめて大きなスケールの空間を描写してみようと考えた。これは、アインシュタインによる数ある途方もない着想のうちのひとつである。

人類は数千年にわたって、宇宙は無限なのか、それともどこかに「果て」があるのかを考えてきた。いずれの仮説も、解決の難しい問題をはらんでいる。宇宙が無限であるという考えは、理屈に合っているとは思えない。たとえば、もし本当に無限なら、宇宙のどこかに必ずや、あなたが手にもっているのとまったく同じ本を読んでいる、あなたにそっくりな読者が存在しているはずである（「無限の空間」はあまりに大きいため、そのすべてを異なる事物で満たすには、原子の組み合わせの総数が足りないのである）。しかも、同じ本を読んでいるあなたそっくりの読者はひとりだけではない。同じような読者が何人も、それこそ「無限に」存在しているだろう……しかし、仮に宇宙に果てがあるとして、「果て」とはいったい何なのか？　向こう側に何もない「果て」とは、いったいどんな場所なのか？　紀元前六世紀のタ―ラス（現在のターラント）で、ピタゴラス派の哲学者アルキュタスが、すでに次のように書いている。

もし、わたしが最果ての空、つまり、不動の星々が浮かぶ空に身を置いたなら、わたしは手なり棒なりを、その空の向こう側に伸ばすことができるだろうか？　できないという答えは不合理である。しかし、もしできるなら、最果ての空の先にも、物体なり空間なりが存在していることになる。こうして、空の終わりが次々と積み重ねられ、同じ質問が延々と繰り返される。どこまで行っても、棒を伸ばすことのできる別の空が、向こう側に存在しているはずである。[11]

当時からずっと、「宇宙には限りがない」という命題と「宇宙には果てがある」という命題はどちらも不合理であり、この矛盾を解消する答えは見つからないだろうと考えられていた。

しかし、アインシュタインは今や、この問題を解決する手立てを見出していた。つまり、宇宙は有限であり、しかも同時に果てがないと考えればよいのである。具体的にイメージするため、地球の表面を思い浮かべてみてほしい。地球の大地は無限ではなく、有限である。だが地球のどこを探しても、大地が終わる「果て」はない。これは、曲がっている場所（たとえば地球の表面）であれば、どこでも起こりうることである。そして、これまでに見てきたとおり、一般相対性理論の空間は曲がっている。ならば、わたしたちの宇宙もまた、「果て」がなく、しかも有限なのではないだろうか。

地球の表面をまっすぐに歩きつづけたとしても、永遠に前に進んでいくわけではない。わたしたちはどこかの時点で、歩きはじめた場所に戻ってくる。わたしたちの宇宙も、同じような構造を備えていると考えられる。宇宙船に乗りこんで、ひたすら同じ方角へ進みつづければ、やがて宇宙を一周して地球へと帰りつく。このように、有限ではあるが果てがない三次元の空間のことを、数学の用語では「三次元球面」と呼ぶ。

三次元球面の仕組みを理解するために、ここでいったん、通常の球体に立ち返ってみよう。ボールや地球は、どのような表面を備えているだろうか？　地表を平面上に表現したいのであれば、二枚の円盤のような図を描けばよい。世界の諸大陸が描かれた、わたしたちにとってなじみ深いあの円盤である（図３－10）。

ここで着目したいのは、北半球がある意味で、南半球の住人を「取り巻いている」という点である。

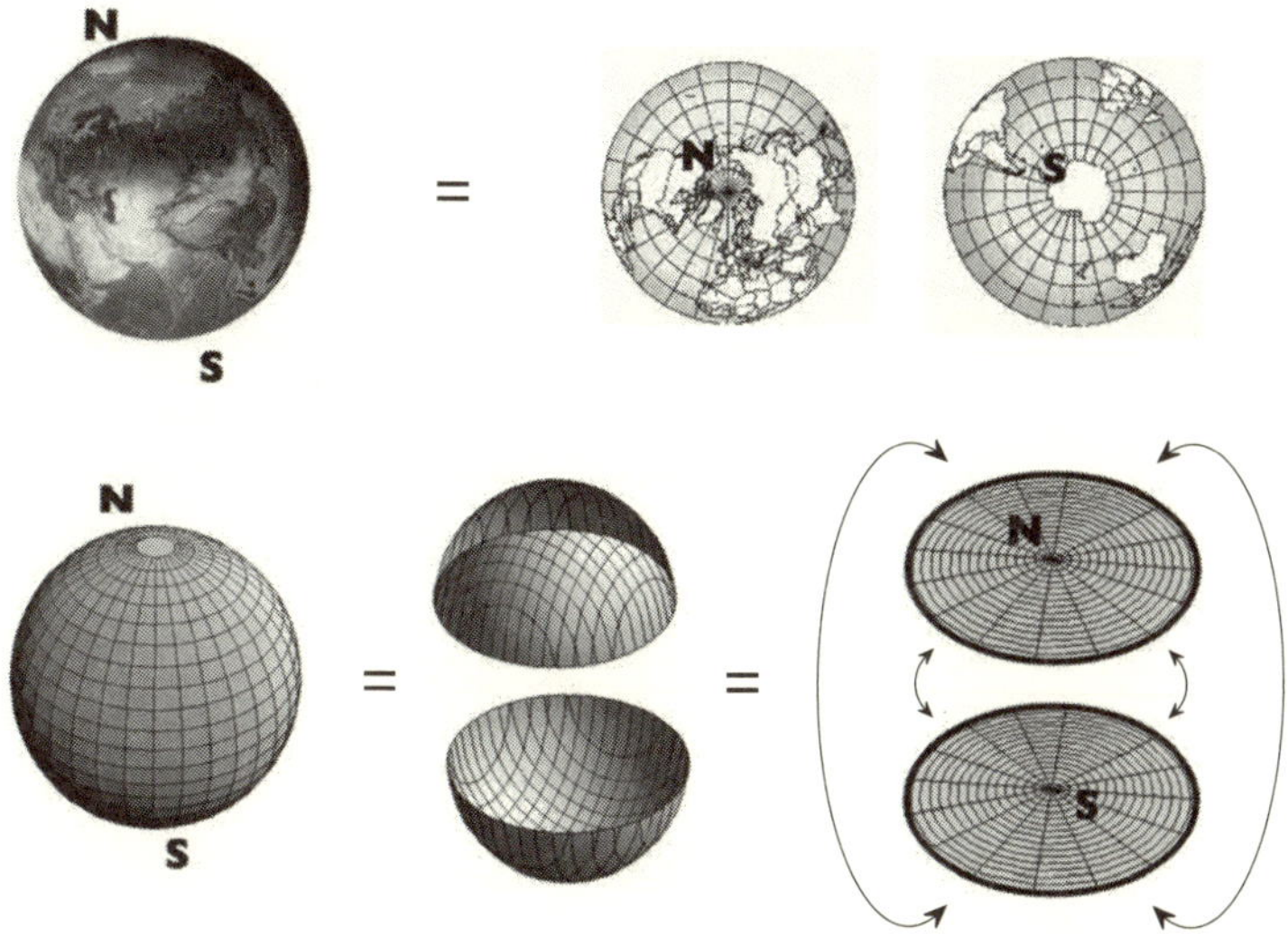

図3－10　１個の球体は、端で貼り合わされた２枚の円盤として表わせる。

なぜなら、この住人が自身の暮らす半球の外に出ようとすれば、かならず北半球にたどりつくから。南と北を入れ替えても、事情はまったく変わらない。二つの半球はたがいを取り巻き、しかも同時にたがいに取り巻かれている。三次元球面にも、これと同じ説明が当てはまる。唯一の違いは、次元がひとつ多くなることである。この場合、二枚の円盤ではなく二つの球体が、それぞれの縁で貼りついている（図3－11）。

　二つの球体はたがいを「取り巻き」、しかも同時に、たがいに取り巻かれている。そのため、一方の球体の外に出れば、かならずもう一方の球体の中に入る（世界地図を示す二枚の円盤の一方から出ていけば、かならずもう一方に入っていくのと同じ理屈である）。アインシュタインは、宇宙は三次元球面なのではないかと考えた。つまり、有限な容積（二つの球体の容積の和）をもちながら、「果て」のない存在というわけである。[12] アインシュタインは一九一七年に、宇宙の果てをめぐる問題に

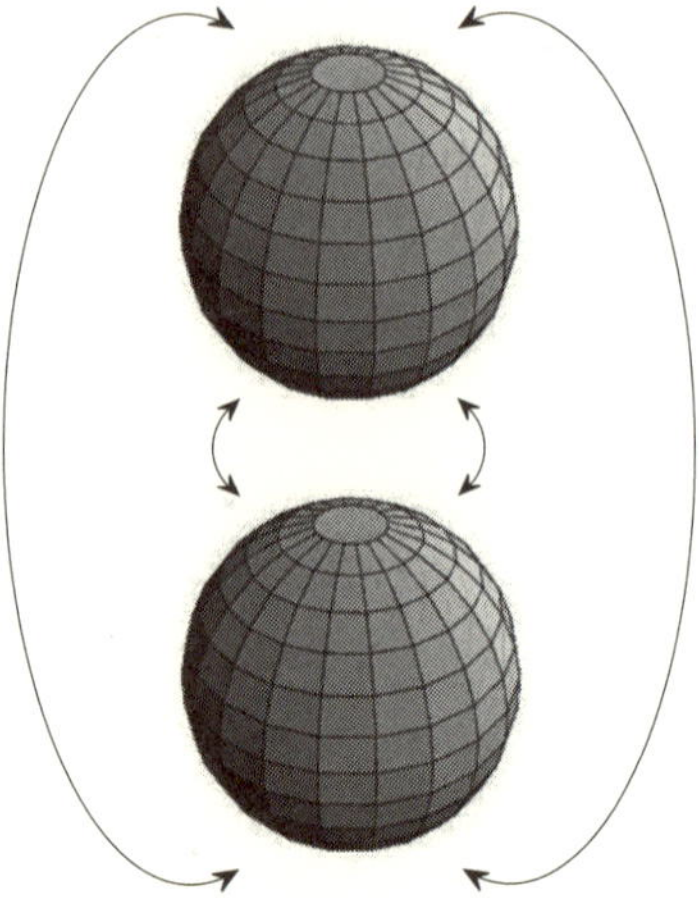

図3－11　1個の3次元球面は、縁で貼り合わされた2個の球体として表わせる。

たいして、三次元球面という解答を提示した。この指摘をもって、現代の宇宙論は幕を開ける。目に映る宇宙全体を観測の対象とする、壮大な規模の研究の始まりである。これ以後、宇宙の膨張の発見、ビッグバン理論、宇宙の誕生をめぐる問題など、宇宙論のさまざまなトピックがとめどなく湧き出てくる。これらの主題については、本書の第8章で詳しく見ていくことにしよう。

この章を締めくくる前に、宇宙は三次元球面であるとするアインシュタインの着想について、別の観点から指摘しておきたいことがある。にわかには信じがたい話に聞こえるかもしれないが、まったく異なる文化的背景をもつもうひとりの天才が、アインシュタインに先んじて同様の着想にたどりついていたのである。その人物の名は、ダンテ・アリギエーリ。ダンテは『神曲』の天国篇において、中世文化の壮麗な世界観を提示している。球体の大地が宇宙の中心に位置しており、そのまわりを複数の天球が取り巻いているというアリストテレス的世界観を、『神曲』は忠実に受け継いでいる（図3－12）。

ダンテはこの天球を、ベアトリーチェに導かれつつ登っていく。魅惑に満ちた幻視的な旅の果てに、ダンテはいちばん外側の球面へたどりつく。ダンテはそこで、眼下に広がる全宇宙を目の当たりにする。いくつもの空が足元をぐるぐると回り、視線の突き当り、すべての中心にわたしたちの地球がある。そして、次に頭上へ眼差しを向けたとき、ダンテはそこに何を見たのか？　彼はそこに、一点の光を見た。

その光は、天使が織りなす巨大な球面に取り巻かれていた。つまり、そこにはもうひとつ巨大な球面が存在しており、その球面はわたしたちの宇宙の球面を「取り巻き」、同時にそれに「取り巻かれて」いたのである！　天国篇の第二七歌から、ダンテの言葉を引いてみよう。「光と愛が一つの輪でこの天空

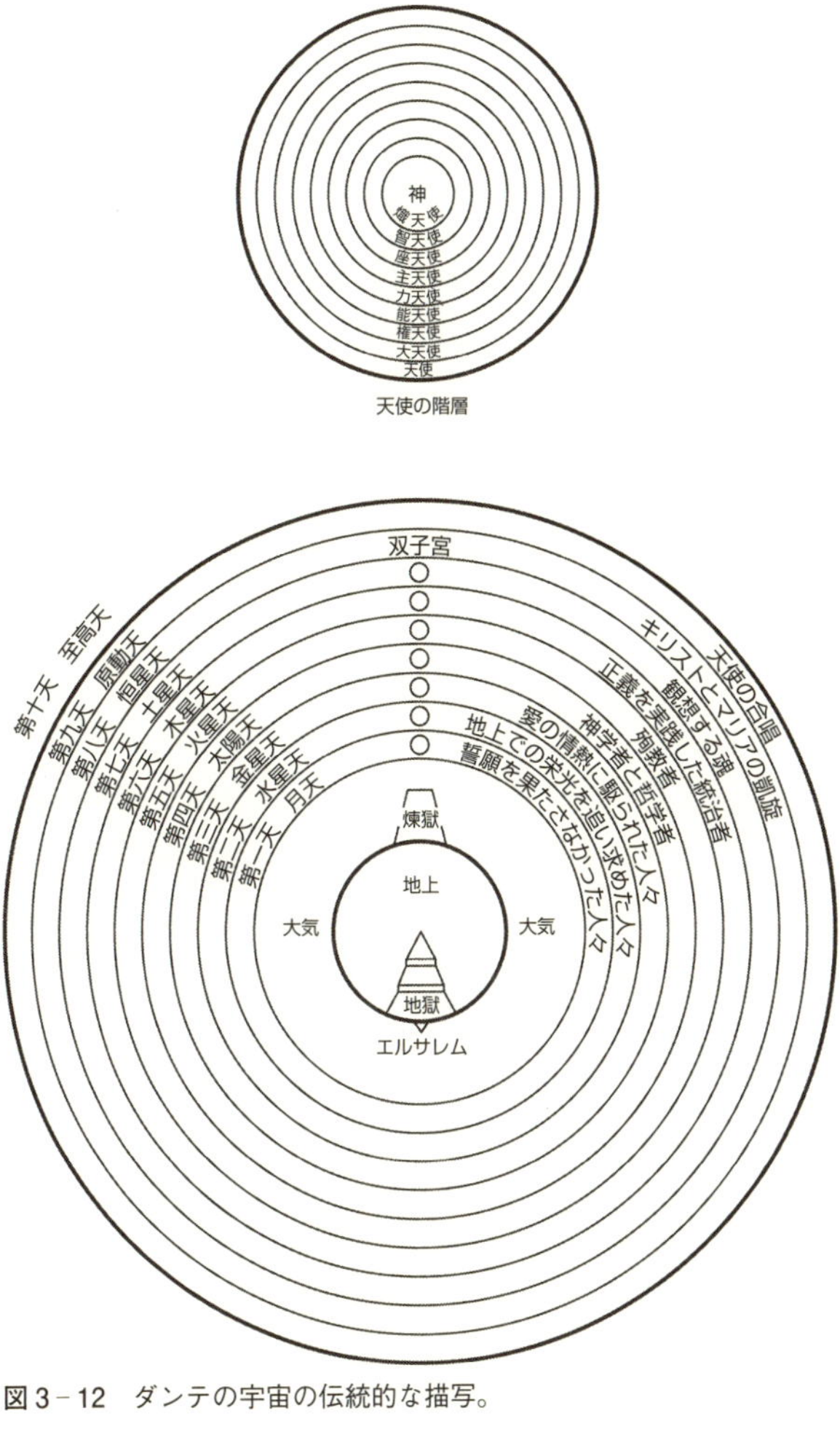

図３－12　ダンテの宇宙の伝統的な描写。

を包含しているのです、この天空が他の天空にしているのと同様に」。つづく第三〇歌には、先述の「光の点」について以下のような記述がある。「包摂《ほうせつ》しているものに包摂されているかのような姿……」。光の点と天使が織りなす球面は、宇宙を取り巻き、同時に宇宙に取り巻かれている！　これはまさしく、三次元球面をめぐる描写である。

たいていの教科書に載っている、ダンテの宇宙のよくある図解（前ページ）は、天使たちの球面を天球から切り離して描写している。だがダンテは、二つの球がたがいを取り巻き、たがいに取り巻かれていると語っている。言い換えるなら、ダンテは三次元球面に関する明晰な幾何学的直観を備えていたのである。[13]

『神曲』の描く宇宙が三次元球面の特性を備えていることは、一九七九年、アメリカの数学者マーク・ピーターソンによってはじめて指摘された。当然ながら、多くのダンテ研究者にとって、三次元球面は馴染みの薄い存在である。一方で、今日の物理学者や数学者は、ダンテの宇宙に描かれる三次元球面を容易に認識できる。

ダンテはなぜ、これほど現代的に思える着想を得られたのだろう？　なによりもまず、われらが「至高の詩人」の深遠な知性が、このような着想を可能にしたのだとわたしは思う。この深遠な知性こそ、『神曲』の魅力の主たる源泉のひとつである。しかし、こうした着想が生まれた背景としては、ダンテがニュートンよりはるか前の時代を生きた人物であるという点も見過ごせない。近代人はニュートン力学をとおして、宇宙の無限な空間は、ユークリッド幾何学の原理に従う平坦な空間であるという認識を獲得した。わたしたちが慣れ親しんでいる、ニュートン的世界観を土台とする直観のしがらみから、ダンテは自由だったのである。

ダンテの科学的素養はおもに、彼の師であるブルネット・ラティーニの教えに由来している。ブルネットは、『宝の書物』という類まれな作品の著者である。中世の知の百科事典とも呼ぶべきこの書物は、古フランス語と古イタリア語の雅《みやび》やかな混交体で書かれている。『宝の書物』のなかでブルネットは、大地が球体である事実を詳しく説明している。ただしその説明は（現代の読者からすれば）奇妙なことに、「外在的な」幾何学ではなく、「内在的な」幾何学の用語で語られている。つまりブルネットは、地球を外側から眺める視点を採用しない。「地球の形はオレンジのようなものである」とは書かないのである。代わりにブルネットは次のように書く。「二人の騎士が、たがいに反対方向へ向かって充分長く駆けていけるなら、この二人は大地の逆の面で再会するだろう」。別の個所では、こんなふうに書いている。「行く手を海に阻まれることなく、ひたすら歩きつづけたなら、出発した地点に帰りつくだろう」。彼の説明はつねにこの調子である。要するにブルネットは、外部の視点からではなく、つねに内部の視点から地球の形を解説する。それは大地を歩く人物の視点であって、外側から地球を眺める人物の視点ではない。これは一見したところ、大地が球体であることを説明する方法としては、意味もなくややこしいやり方に思えるかもしれない。なぜブルネットは単純に、「地球はオレンジのような形をしている」と言わなかったのだろう？　だが、ここでよく考えてみてほしい。仮に、一匹のアリがオレンジの上を歩いていたとする。どこかの時点で、このアリの頭は下向きになるだろう。地面に落下しないためには、爪でオレンジにしがみつく必要がある。一方で、地上を歩く旅人の頭は、けっして下向きになることがない。大地にしがみつくための爪がなくても、旅人はどこまでも歩いていける。こうした点を考えに入れるなら、ブルネットの解説はそれほど道理に外れたものではない。

それでは、ダンテの宇宙に話を戻そう。わたしたちが暮らす星では、まっすぐに歩きつづければ出発地点に戻ってくる。師からこのような教えを受けた人物にとって、次の一歩を踏み出すことにさほど困難はなかっただろう。つまり、宇宙全体もまた同じような形をしており、宇宙をまっすぐに飛びつづければ、出発地点に戻ってくるというわけである。三次元球面の空間では、「羽の生えた馬に乗る二人の騎士が、たがいに反対方向へ向かってどこまでも飛んでいけるなら、宇宙の逆の面で再会する」はずである。専門的な用語を使えば、次のようになる。『宝の書物』においてブルネット・ラティーニは、外在的な（外側から見た）幾何学ではなく、内在的な（内側から見た）幾何学の用語によって、地球の幾何学的な形態を描写している。これは、球面の概念を二次元から三次元へ一般化するのに適した描写である。三次元球面を正しく定義するには、それを「外部から」見ようとするのではなく、その「内部を」移動したときになにが起こるか記述すべきである。

わたしはこれまで、曲がった平面を描写するためにガウスによって考案され、三次元やより次元の多い空間を描写するためにリーマンによって一般化された方法の中身に、あえて詳しく言及しないでおいた。ここで、あらためてその方法を取り上げてみたい。ガウスとリーマンが編み出した方法とは、要するに、ブルネット・ラティーニの着想の具体化である。彼らはみな、曲がった空間を「外側から見て」記述する方式は採用しなかった。三人とも、ある空間の曲がり具合を描写する際、別の空間にいる人物の視点ではなく、曲がっている当の空間の内部にいる人物の視点から語っている。移動するときも、計測するときも、この人物は曲がっている空間の内部に留まりつづける。通常の球体の表面では、ブルネットが指摘したように、まっすぐな線はいつか出発地点に戻ってくる。そして、どんな方角へ進もうと、球体を一周する直線の距離は変わらない（地球の場合、それは赤道の長さに一致する）。三次元球面は、これと同じ性質を備えた三次元空間である。

アインシュタインの時空間は曲がっている。しかしそれは、「より大きな別の空間の内部で」曲がっているという意味ではない。内側から見た形状、つまり、点と点を結ぶ線の織りなす網の目が、平坦な空間の場合と異なっているという意味で、アインシュタインの時空間は曲がっている。曲がった空間の内部にいても、点と点を結ぶ線の様子は確認できる。それを観察するために外に出ていく必要はない。地球の表面は曲がっているため、地表における点と点の距離を測定するのに、ピタゴラスの定理は適用できない。まったく同じ理由から、曲がった空間の内部においても、ピタゴラスの定理は成り立たない。[14]

外部から眺めなくても、空間の内部にいながらその曲率を把握する方法があるという事実は、本書のこの後の議論にとって重要な意味をもつ。ここでまた、ひとつ想像をしてみてほしい。北極にいるあなたが、赤道を目指して南へ歩き始めたとする。あなたの手には一本の矢印が握られ、その先端はあなたの正面の方角を向いている。赤道に到着したあなたは、矢印は動かさずに、自分の体を左に向ける。矢印の先端は相変わらず南を（つまりあなたの右側を）向いている。あなたはしばらく、赤道沿いを東向きに歩いていく。それから、矢印を固定したまま、ふたたび北に向き直る。今度は、矢印の先端はあなたの後ろを指しているだろう。北極に帰り着いたとき、あなたがたどった経路はひとつの閉じられた環（英語でいう「ループ」）を形づくっている。このとき、矢印は出発したときとは違う方角を指し示している（図3-13）。ループをめぐるあいだに、矢印は少しずつ回転していく。矢印の回転する角度をもとに、空間の曲率を測定できる。

空間のなかでループを描く曲率を測定する方法については、後のページであらためて触れることになるだろう。この「ループ」が、ループ量子重力理論の核心である。

サン・ジョヴァンニ洗礼堂のモザイク画の完成が間近に迫った一三〇一年、ダンテはフィレンツェを

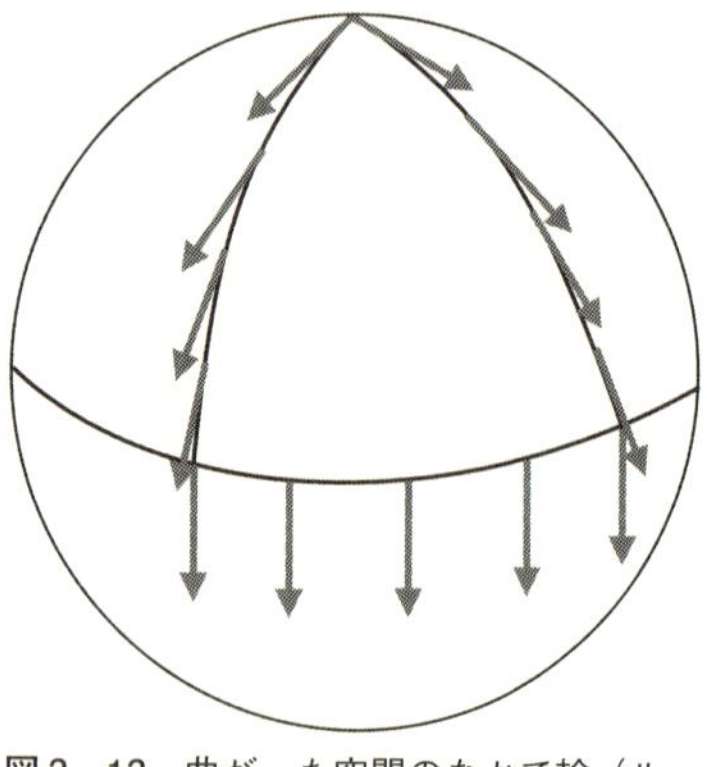

図3－13　曲がった空間のなかで輪（ループ）を描いて進み、出発地点に戻ってくる矢印（移動のあいだ、矢印の向きは固定されている）。

離れた。地獄の情景を描写した、（中世の人びとにとっては）身の毛もよだつモザイク画は、チマブーエの師匠にあたるコッポ・ディ・マルコヴァルドの作品である。ダンテの着想の源泉として、しばしばこのモザイク画が引き合いに出される（図3－14）。

　本書の執筆を始める少し前、友人のエマヌエーラ・ミンナイからの強い勧めを受け、わたしは彼女といっしょに洗礼堂を見学しに行った。洗礼堂の内部に入り天井を見上げると、光の一点（丸屋根の頂上に設《しつら》えられた明り取りから射しこむ光）が九つの階級の天使たちに取り巻かれていた（それぞれの階級には、以下のとおり名前が記されている。天使、大天使、権天使、能天使、力天使、主天使、座天使、智天使、熾天使）。これは天国における第二の球体の構造と合致している。ここで自分が、洗礼堂の床を這うアリになったと仮定してみよう。アリは好きな方角に向かって歩いていく。しかし、どんな方角を取ったとしても、まっすぐ進んだ先には壁があり、壁を登った先には天井があり、やがては天使に囲まれた光の一点にたどりつく。光の点と天使たちは、洗礼堂の内部装飾を「取り巻き」、同時にそれらに「取り巻かれて」いる（図3－15）。

　十三世紀末のあらゆるフィレンツェ市民と同じく、ダンテもまた、故郷の街が完成させつつある偉大な建築作品に、深い驚嘆を抱いていたに違いない。おそらくダンテはこの洗礼堂から、地獄篇のみならず、自身の宇宙の全体構造をめぐる着想を得たのではないだろうか。『神曲』の天国篇は洗礼堂の構造

図3－14　地獄の様子を描いている、コッポ・ディ・マルコヴァルドのモザイク画（サン・ジョヴァンニ礼拝堂、フィレンツェ）。

を、天使の九つの円環や光の点を含め、二次元から三次元へ変換させつつ正確に再現している。ダンテの師であるブルネットは、アリストテレスの球形の宇宙を描写したあと、その球体の先には神のための場所があると補足していた。ダンテに先立ち、中世の図像学は天国を、天使の球体に取り巻かれる神の居場所として想定している。極言するなら、ダンテは洗礼堂の内部構造の示唆に従い、すでに存在していた要素を組み合わせたにすぎない。しかし、その全体は首尾一貫した構成を備えており、宇宙から「果て」を消去することで、古代からつづく難問に解答を提示している。これは、宇宙は三次元球面であるというアインシュタインの着想を、六世紀も前に先取りしたものである。

イタリアで知的放浪の日々を送っていた時期に、アインシュタインは『神曲』の天国篇に出会っただろうか？　至高の詩人の限りない想像力は、「宇宙は有限であるが果てはない」とするアインシュタインの直観に影響を与えただろうか？　わたしはいずれの問いにも答えられない。しかしこの事例は、直接的な影響の有無よりも、もっと別の事柄を示唆しているように思われる。つまり、偉大な科学と偉大な詩は類似の世界観をもっており、時として同一の直観にいたりさえするということである。わたしたちの文化は、科学と詩を別個のものと見なしているが、こうした捉え方はばかげている。世界の複雑さと美しさは、詩と科学の双方によって明らかにされる。この二つを切り離して考えるかぎり、世界を曇りない目で見つめることはできない。

もちろん、ダンテの三次元球面は夢のなかのあやふやな直観にすぎない。アインシュタインの三次元球面は数学の形態をとっており、彼はそれを自身の方程式に組みこんだ。両者のもたらす効果は大きく異なる。ダンテの言葉は、わたしたちの感情の源に触れることで、わたしたちの心を深く揺り動かす。アインシュタインの数式は、わたしたちの宇宙の源へ通じる扉を開く。しかしそのどちらもが、人間の思索が成し遂げることができる、もっとも美しくもっとも意義深い飛翔のうちのひとつなのである。

ともあれ、そろそろ一九一七年に戻ることにしよう。アインシュタインはこの年、三次元球面のアイデアを自分の方程式に結びつけようとしていた。ここで、ある難関が立ちはだかる。それまでアインシュタインは、宇宙は不動で不変であると確信していた。ところが彼の方程式は、それと正反対の結論を告げ知らせていた。もっとも、宇宙が変化する理由を推察するのは、じつのところそう難しくはない。すべてがたがいに引き合っているのなら、有限の宇宙はいつか潰れてしまうだろう。それを防ぐ唯一の手立ては、宇宙が膨張することである。宇宙をサッカーボールに置き換えてみると分かりやすい。サッカーボールを地面に落とさないようにする唯一の方法は、それを高く蹴り上げることである。上がるか落ちるかの二択であり、ボールが空中に留まるということはありえない。

アインシュタインは、自分の方程式が主張する事柄を否定するため、さまざまな努力を重ねた。自分の理論から引き出される明白な結論を拒絶するため、物理学的に見て不合理な間違いを繰り返した（自分が研究している方程式から得られる解は一定ではないことに、彼は気がついていなかった）。宇宙は収縮しているか、さもなければ膨張している。彼の理論はそう告げていた。結局、アインシュタインは降伏し

図3－15　洗礼堂の内部。

た。正しいのは彼ではなく、彼の理論の方だった。実際、これと同じ時期に天文学者は、あらゆる銀河がわたしたちから遠ざかっていることを発見している。まさしく、アインシュタインの方程式が予見していたとおり、宇宙は本当に膨張していた。わたしたちは方程式をとおして、この膨張がどのように始まったのか知ることができる。今からおよそ一四〇億年前、宇宙はきわめて凝縮された状態だった。そのころの宇宙は、ひとつの点ほどの大きさしかなく、すさまじい熱を帯びていた。そこから、「宇宙規模の」巨大爆発が発生し、宇宙は膨張を始めたのである（わたしは「宇宙規模」という言葉を、比喩的な意味で使ったわけではない。それは本当に「宇宙規模」の爆発だった）。これがいわゆる「ビッグバン」である。

今回も、はじめは誰も信じようとしなかった。本人でさえ、自分の理論が示す思い切った結論を、なかなか信じられずにいた。彼はこの結論を回避するために、方程式に修正を加えている。前節の終わりに載せた方程式のなかのΛg_{ab}という項は、このときに付け加えられたものである。しかし、アインシュタインは間違っていた。追加された項は正しかったが、それでも、宇宙が膨張しているという結論は避けられなかったのである。

今日のわたしたちは、宇宙が本当に膨張していることを知っている。一九六四年、二人のアメリカ人が決定的な証拠を見つけ、アインシュタインの方程式が描いたシナリオは完全に裏づけられた。その二人とは、電波天文学者のアーノ・ペンジアスとロバート・ウィルソンである。彼らはまったく偶然に、宇宙全体へ拡散していくある放射線を発見した。詳しく調査してみると、その放射線は、初期の宇宙における莫大な熱量の残りかすであることが分かった。一般相対性理論が告げる信じがたい予見は、またしても正しかった。

この世には、わたしたちの心を深く揺さぶる、普遍的な傑作というものがある。モーツァルトの『レクイエム』、『オデュッセイア』、システィーナ礼拝堂、そして『リア王』……その輝きを正当に評価できるようになるためには、ある程度の期間、初学者として研鑽《けんさん》を積まなければならない。しかし、報酬には純粋な美が用意されている。わたしたちは目を開き、世界に新しい視線を向ける。一般相対性理論という、アルベルト・アインシュタインが生み出した宝石は、そうした傑作のうちのひとつである。

リーマンの数学を理解し、アインシュタインの方程式を完璧に読み解く技術を会得するには、長く険しい道のりを越えていかなければならない。それは、熱意と努力を要する旅路である。とはいえ、ベートーヴェンの後期四重奏からどれか好きな曲を選び出し、その類まれな美しさを十全に把握しようと願うなら、それ以上の労苦を覚悟する必要があるだろう。いずれの場合も、いったん努力がなされたあとは、充分な見返りが待っている。科学と芸術はわたしたちに、世界にまつわるなにか新しいことを教え、世界を見るための新しい目を与えてくれる。わたしたちはそうやって、世界の厚みを、深さを、美しさを理解する。偉大な物理とは、偉大な音楽のようなものである。それは心に直接に語りかけ、事物の本質に備わる美しさや、深さや、単純さに目を向けるよう、わたしたちを誘ってくる。

一般相対性理論の輪郭がおぼろげながら見えるようになったときの感動を、わたしは今でも覚えている。それは夏の出来事だった。南イタリアのカラブリア州コンドフーリで、わたしは浜辺に腰を下ろし、ギリシアを思わせる地中海の陽光に浸かっていた。当時わたしは、大学の最終学年に在籍していた。勉強のために読んでいる本の端は、少しネズミに齧《かじ》られていた。というのも、ボローニャ大学の退屈な授業からの避難先だった、ウンブリアの丘の上に建つヒッピー風のあばら家で、ネズミの巣穴を塞ぐためにその本を使っていたから。わたしは時おり、本から視線を上げて、海のきらめきをじっと見つめた。海を見ながら、わたしはある錯覚にとらわれていた。ひょっとしたら自分は今、時間と空間が曲がる光景を見ているのではないだろうか。目の前に広がっているのは、アインシュタインが想像した時空間なのではないだろうか……それは、魔法にかけられたような時間だった。あたかも、わたしの耳元で友人が、秘められた驚くべき真理を囁《ささや》いたかのようだった。その友人は突然に、現実をおおっていたヴェールを剝ぎ、単純で深遠な世界の秩序をわたしの眼前にさらしてくれた。

地球は丸く、気の触れたコマのようにくるくると回っている。わたしたちはそれを知り、現実は目に映る姿とは異なることを理解する。世界について、なにか新しい事実を知るたびに、わたしたちの心は揺さぶられる。科学の歩みが、ヴェールを一枚、また一枚と取り払っていく。時空間は「場」であり、世界は場と粒子だけから構成されている。時間と空間はひとつであって、これらを分けて考える必要はない（図3－16）。アインシュタインが成し遂げた跳躍は、ほかの何ものとも比較しようのない跳躍だ

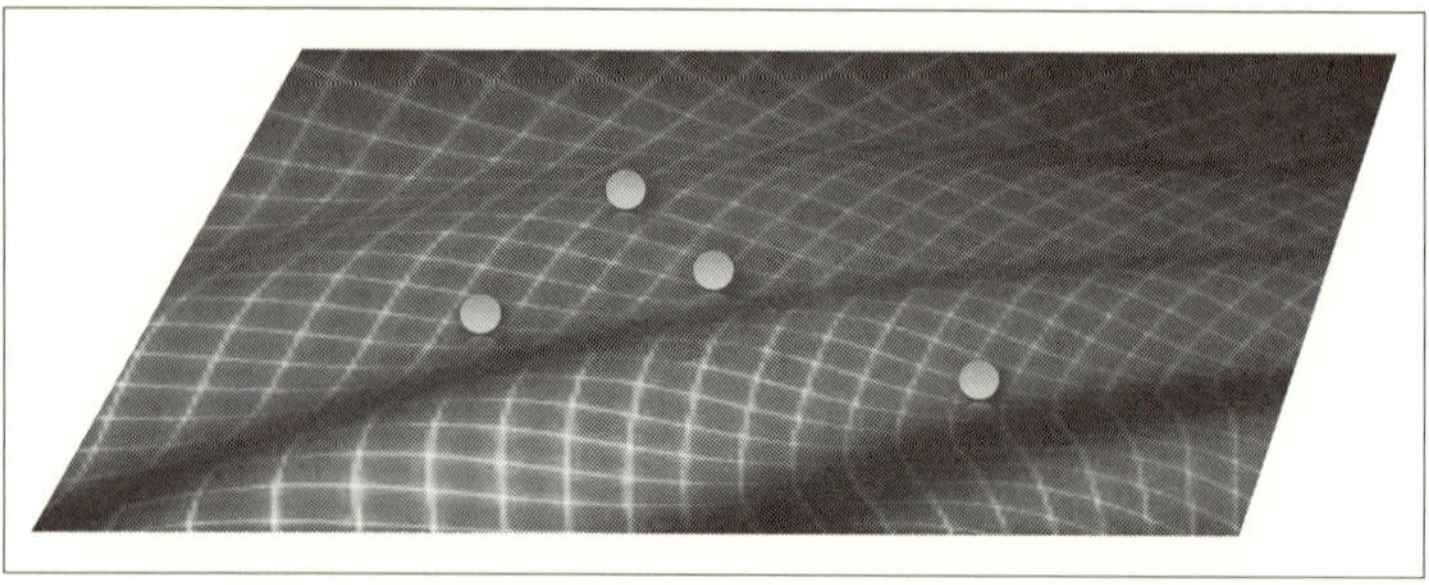

図3－16　アインシュタインが思い描いた世界。粒子と場が、別の場を背景にして動きまわっている。

った。

一九五三年、ひとりの小学生がアルベルト・アインシュタインに手紙を書いた。「学校の授業で宇宙について勉強しています。僕は、空間にとても興味があります。あなたがしてくれたすべてのことに、僕はお礼を言います。僕たちが宇宙や空間について理解できるのは、あなたのおかげです[15]」。

わたしも、同じように思っている。

第4章　量子――複雑怪奇な現実の幕開け

二十世紀の物理学を支える二本の柱、つまり、一般相対性理論と量子力学の成立過程は、とても対照的である。一般相対性理論とは、ぎっしりと中身の詰まった小さな宝石のようなものである。それは、たったひとりの頭脳によって着想され、既存の知見を組み合わせる作業にのみ基礎を置いていた。一般相対性理論は、重力と、空間と、時間にまつわる、単純で、一貫していて、概念的に明晰な展望をもっている。一方の量子力学（または「量子論」）は、実験結果から直接に生み出された。放射線の強度の測定や、金属に光を当てたときの効果や、原子に関する研究などがもとになって、量子力学は少しずつ発展していった。量子力学の黎明期はおよそ四半世紀も続き、多くの研究者がこの分野に参入した。量子論は実験の力によって大きな成功を収め、さまざまな領域に応用された。こうして、わたしたちの日常生活は、またも大きな変革を経験することになった（たとえば、わたしがこの文章を書いているコンピューターにも、量子論の考え方が利用されている）。しかし、誕生から一世紀が過ぎた今も、量子力学の全貌は謎に包まれたままであり、不可解な面が数多く残されている。

本章では、量子力学の奇妙な内実を明らかにするように努めながら、この理論はいかにして生まれたのか、この理論を基礎づける三つの考え方はどのように得られたのかを語っていきたい。量子論を基礎づける三つの考え方とは、粒性、不確定性、相関性の三点である。本章の末尾で、この三つを統一の取れた形にまとめ、量子力学の考え方を概括することにしたい。

ふたたび、アルベルト

一般に、量子力学が生まれたのは一九〇〇年であるとされている。新たな世紀を間近に控え、活発な思索が豊かに花開こうとしている時期だった。この年に、ドイツの物理学者マックス・プランクは、電気的に平衡な状態にある高温の箱の内部で、どのような電場が形成されるかを調査した。実験結果を正確に反映する公式を得るためには、およそ合理的とは呼べそうにない、ある細工を利用しなければならなかった。プランクは、電場のエネルギーが「量子」のなかに分布していると仮定した。では、量子とはいったい何か？ ここではひとまず、エネルギーの入った「小箱」、または、エネルギーによって形成される「小さな塊」のようなものを想像しておけばよい。小箱の寸法、つまりその大きさは、電磁波の振動数（つまりは熱量）に左右されるとプランクは推定した。プランクの仮説によれば、あらゆる小箱（量子）は、次の式が示すエネルギーをもっている（Eはエネルギーを、νは振動数を表わす）。

$$E=h\nu$$

これが、量子力学の歴史で最初の方程式である。新たに導入された定数hは、今日では「プランク定数」と呼ばれている。振動数νの光が、「小箱」のなかにどれだけのエネルギーを詰めているかは、この定数によって規定される（なお、「光の振動数」とは「色彩」と同義である）。定数hが、量子に関係する事象のスケールを決定する。

エネルギーが、有限な寸法をもつ「小箱」から成り立っているという着想は、当時の科学界の常識と真っ向から対立していた（なお、ここでいう「有限」とは「無限には分割できない」という意味である）。この時代、エネルギーは連続的に変化するものと捉えられていた。エネルギーを、まるで粒からできた存在のように見なす理由はどこにもなかった。たとえば、左右に揺れている振り子がもつエネルギーの値は、その振り幅によって決まる。もし、有限な寸法をもつ小箱によってエネルギーが構成されているなら、振り子は小箱の個数（つまり、エネルギーの総和）によって振り幅を限定されることになる。マックス・プランクにとっても、これは計算を成立させるためのちょっとした小細工にすぎなかった。理由はまったく分からないものの、エネルギーを粒のように捉えれば、実験室での測定結果を正しく再現できたのである。

しかし、プランクの着想した「エネルギーの小箱」は実在する。最初にそれに気がついたのは（またしても）二五歳のアルベルト・アインシュタインだった。一九〇五年に『アナーレン・デア・フィジーク』誌に投稿された第三の論文が、このテーマを扱っている。この論文が公開された日こそ、量子力学の本当の生誕日である。

アインシュタインはその論文のなかで、光が本当に粒（微粒子）からできていることを証明しようとした。彼の議論は、十九世紀に確認された奇妙な現象に端を発している。その現象とは、光電効果である。わたしたちの身のまわりの物質のなかには、光を照射すると微弱な電流を生み出す（言い換えれば、電子を放出する）ものがある。たとえば、人が近づいただけで開く自動ドアには、そうした物質から作られた光電池が利用されている。光を当てると電気が流れるという現象には、取り立てて奇妙な点はない。なぜなら、光にはエネルギーを伝達する機能があるからである（物に光を当てると熱くなるのは、その一例である）。このエネルギーが、物質を構成する原子から、電子を「飛び出させる」。エネルギーが電子の背中を、ぐいとひと押しするわけである。

　奇妙なのはここからである。光を当てれば電気が流れるというのなら、当然ながら、次のように推論したくなるだろう。光のエネルギーが少なければ、光電効果は起こらず、光のエネルギーが充分であれば、光電効果が発生する。ところが、現実にはそうならない。観察結果によれば、光電効果が発生するのは光の「振動数」が高いときだけであり、振動数が低ければ光電効果は発生しなかった。つまり、この現象が生じるか否かは、光の強度（エネルギー）よりも、光の色（振動数）に左右されるのである。古典的な物理学では、この事態はどうやっても説明できなかった。ここでアインシュタインは、「エネルギーの小箱」というプランクの着想をあらためて取り上げる。プランクは、「小箱」の寸法は振動数によって決まると推定していた。エネルギーの小箱が実在するなら、光電効果を矛盾なく説明できる。

　その理由を察するのは、さして難しい話ではない。読者には、粒状の形態で物質に注がれる光を想像してみてほしい。この光は、いうなればエネルギーの粒のようなものである。一個の電子に、この粒が衝突する。電子にぶつかった粒のエネルギーが大きければ、電子は原子の外に飛び出していくだろう。一粒あたりのエネルギーが重要なのであって、粒が多いか少ないかは問題ではない。プランクが立てた仮説のとおり、個々の粒のエネルギーが振動数によって決まるなら、この現象は振動数が充分に高いときだけ、つまり、「個々の」粒のエネルギーが充分に大きいときだけ発生する。たくさんの粒が存在し、その総和が充分に大きかったとしても、この現象が発生するとは限らない。これは、雹《ひょう》が降ってきたときのことを考えれば分かりやすい。雹がわたしたちの自動車をへこませるか否かは、降ってくる雹の総量ではなく、一粒あたりの寸法にかかっている。もし、すさまじい量の雹が降ってきたとしても、そのすべてが小粒であれば、自動車に害はないだろう。同様に、もし光が強かったとしても（つまり、エネルギーが大きかったとしても）、個々の光の粒の寸法があまりにも小さければ（つまり、光の振動数があまりにも低ければ）、電子が原子から飛び出してくることはない。光電効果が、光の強度ではなく色に起因する現象である理由は、このように説明できる。この単純な議論によって、アインシュタインはノーベル賞を受賞した（何事であれ、誰かが理解したあとに理解するのは簡単である。難しいのは、物事を最初に理解することである）。

今日では、このエネルギーの小箱（または光の小箱）は「フォトン」と呼ばれている。「光」を意味するギリシア語「フォース（φῶς）」に由来する名称である。フォトンとは光の粒、または、「光の量子」と呼ぶべき存在である。論文の導入部で、アインシュタインは次のように書いている。

> わたしが思うに、黒体放射、光ルミネセンス、紫外線による陰極線の生成、そして、その他の光の放出や変化に関連する現象は、空間において光のエネルギーが不連続に分布していると考えれば、より容易に理解できるようになる。本稿では、次のような仮説について検討する。点光源から広がる光線のエネルギーは、空間のなかに連続的に分布しているのではない。光のエネルギーは、空間のなかに点在する、有限な数の「エネルギーの量子」によって構成される。この量子は分割されることなく移動し、独立した完全な単体としてでなければ、生成されることも吸収されることもない[1]。

単純にして明快なこの文章が、量子論の出生証明書である。着目すべきなのは、文頭に置かれた「わたしが思うに……」という素晴らしい一言だろう。これは、ファラデーやニュートンのためらいを思い起こさせる。読者によっては、『種の起源』の冒頭に記された、ダーウィンの逡巡を連想するかもしれない。自分が踏み出そうとしている重要な一歩がなにをもたらすか、天才は自覚している。だからこそ、こうした人物は、つねにためらいを覚えずにはいられない……。

第1章で言及したブラウン運動に関する論文と、今回の光の量子に関する論文は、どちらも一九〇五年に発表されたものである。この二本の論文のあいだには、明白な結びつきがある。一本目の論文では、原子仮説、つまり、物質は粒からできているという仮説の証明方法が提示された。もう一方の論文は、この仮説の適用範囲を光まで広げてみせた。光もまた、粒状の構造をもっているに違いない。アインシュタインはそう考えた。

はじめのうち、物理学者はアインシュタインの論文を、若気の至りとして黙殺していた。相対性理論については、誰もがアインシュタインを称賛した。だが、フォトンのアイデアを真剣に受けとめる学者はいなかった。当時、物理学の世界では、光は電磁場の波であるという見解が支配的だった。いったいどうして、波が粒からできていることがありえるだろう？　アインシュタインがベルリンで教授職に就けるよう、当時のもっとも権威ある物理学者たちがドイツ政府に宛ててしたためた推薦書には、この若者はきわめて聡明であるため、フォトンの着想という無分別も「大目に見る」べきだと記されていた。そのときと同じ面々が、フォトンの存在を確信してアインシュタインにノーベル賞を授けたのは、それからほんの数年後のことである。微小なスケールで見れば、光は雨粒のように物質の表面に降り注いでいる。

光は電磁波であり、しかも同時に、フォトンの一群でもある。量子力学を構築するには、この不可思議な現実を理解することが必要だった。しかし、新たな理論の土台となる石はすでに置かれた。光を含め、あらゆる事物の根底には、粒性（粒としての性質）がある。

ニールス、ヴェルナー、ポール——量子力学の養父たち

プランクを量子論の実父とするなら、量子論を分娩させ、赤子から少年へと育てたのがアインシュタインである。だが、多くの子供がそうであるように、やがてこの理論は自らの道を歩みはじめる。するとアインシュタインはもう、この理論を自らの息子としては認めなくなった。

一九一〇年代と二〇年代、量子論の発展を主導したのはデンマーク人のニールス・ボーアだった（図4－1）。ボーアが研究対象にしていたのは、世紀のはじめにようやく実態が解明されてきた原子の構造である。実験が示すところによれば、一個の原子は小さな太陽系のような姿をしていた。中心に位置する核に質量が集中しており、その周りを惑星が太陽の周りを回るようにして、軽い電子が回転している。しかしこの考え方は、物質に備わるある基本的な性質について、なにも説明していなかった。その性質とは、色である。

図4－1　ニールス・ボーア。

塩は白く、胡椒は黒く、唐辛子は赤い。それはいったい、なぜなのだろう？　原子から発せられる光を子細に研究してみると、各種の元素がそれぞれに固有の色をもっていることが分かった。読者は第2章の内容を覚えているだろうか？　マクスウェルは、色とは光の振動数であることを発見した。ならば、元素は光を、特定の振動数においてのみ発していると考えられる。ある元素を特徴づける振動数の総体を、その元素の「スペクトル」と呼ぶ。ひとつの「スペクトル」は、さまざまな色がついた細い線の集まりである。それは、元素から発せられた光が

（たとえばプリズムのような器具を使って）分解された姿である。図4－2に、いくつかの元素のスペクトルを例示してある。

二十世紀はじめ、各種元素のスペクトルは物理系の研究所で詳しく調査され、リストにまとめられていった。しかし、あらゆる元素が自身に固有のスペクトルをもっている理由は、誰にも分かっていなかった。いったいどんな要因が、これらの線の位置を決めているのだろう？

色彩とは光の振動数であり、光の振動数とはファラデー力線が揺れる速度である。そして、ファラデー力線が揺れる速度は、光を引き起こす電荷の振動によって決まる。物質の側から見れば、この電荷は、原子核の周りを回転している電子のことにほかならない。したがって、スペクトルについて調べれば、電子が原子核の周りでどのように振動しているかを知ることができる。反対に、原子核の周りの電子が取りうる振動数を計算すれば、理論的には、あらゆる原子のスペクトルを計算（つまり予測）できるはずである。口でいうのは簡単だが、現実には、誰ひとりそれを実行に移せずにいた。むしろ、それはまったく不可能だと思われていた。というのも、ニュートン力学を信じるなら、電子は原子核の周りを「あらゆる」速度で回転し、「あらゆる」振動数で光を放出できるからである。しかし、それならばどうして原子から発した光には「あらゆる」色ではなく、数種類の特定の色しか含まれていないのか？　原子のスペクトルはなぜ、色彩の連続体ではなく、たがいに切り離された数本の線だけから構成されているのか？　専門的な用語を使うなら、スペクトルはいったいなぜ、連続的ではなく「離散的」なのか？　数十年にわたり、物理学者たちはこうした問いに答えられずにいた。ボーアは進むべき道を見つけたものの、そのためにはじつに奇妙な仮説を立てざるをえなかった。

原子のなかの電子がもつエネルギーもまた、「量子化された」特定の値だけを取るのであれば、すべてが合理的に説明できることにボーアは気づいた。数年前、プランクとアインシュタインも、光の量子のエネルギーが限られた特定の値しか取らないことを指摘していた。今回も、鍵となるのは「粒性」である。ただし、ボーアの場合は光ではなく、原子のなかの電子のエネルギーが考察の対象だった。粒性とは、自然界に広く認められる一般的な性質であることが、少しずつ理解されはじめていた。

ボーアは、原子核からの距離が「特別な」値になった場合のみ、電子は存在できると推論した。言い換えれば、電子は限られた特定の軌道上にしか存在しないと仮定したのである。これらの軌道のスケールは、まさしくプランク定数hによって規定される。原子核の周りの電子は、限られた特定の値のエネルギーを帯びつつ、ある軌道から別の軌道へと「飛び跳ねる」。これが、有名な「量子跳躍」である。二〇一三年に百周年を迎えた「ボーアの原子模型」は、これら二つの仮説（電子は限られた軌道上にしか存在しないという仮説と、電子は軌道から軌道へ跳躍するという仮説）に基礎を置いている。奇妙ではあるが単純でもある、これら二つの推論をもとに、ボーアはあらゆる原子のあらゆるスペクトルを計算することに成功した。それどころか、まだ観測されていなかったスペクトルさえ、ボーアは正しく予測してみせた。実験にもとづいて考え出された、この単純なモデルの成功は、学者たちに大きな驚きを与えた。物質や力学に関係する、当時のあらゆる常識的考え方と相反していたにせよ、ボーアの推論には間違いなく、なんらかの真実が含まれていた。だ

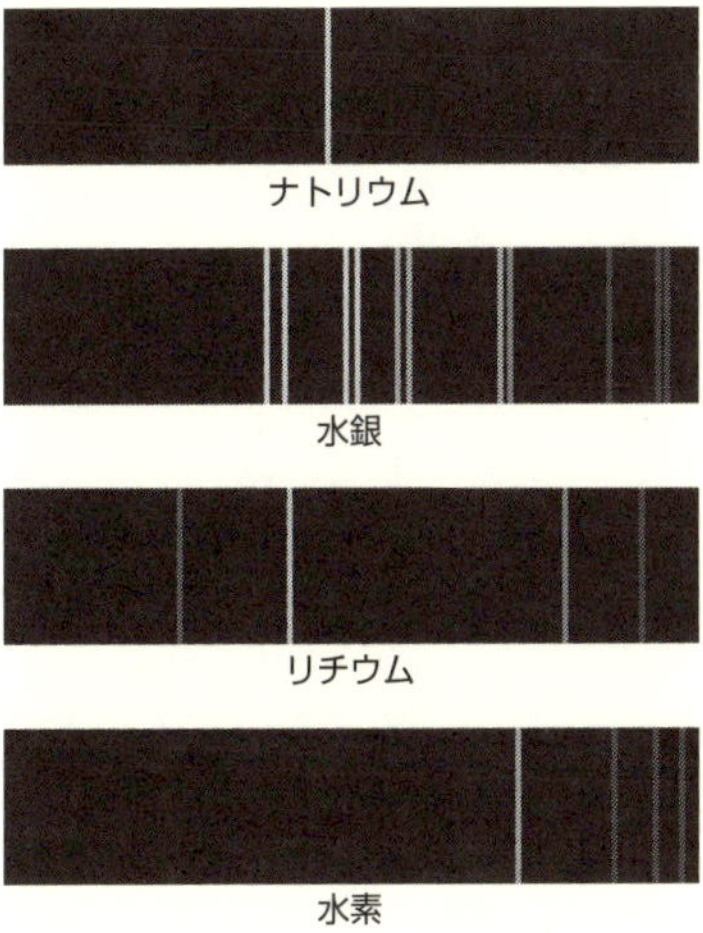

図4－2　元素のスペクトルの例。

が、いったいなぜ、特定の軌道だけなのか？　そもそも、電子が「跳ぶ」とはなにを意味しているのか？

ボーアの主導によってコペンハーゲンに設立された研究所には、この時代のもっとも優秀な若き頭脳たちが集められた。研究所のメンバーは、原子の世界の複雑怪奇な現象を整理し、そこから一貫した理論を引き出すために励んでいた。長く険しい道のりが続いたあと、きわめて若いドイツ人研究者が神秘の扉を開く鍵を見つけた。

量子力学の方程式をはじめて発案したとき、ヴェルナー・ハイゼンベルク（図4－3）は二五歳だった。アインシュタインが三本の代表作を発表したときと、ちょうど同じ年齢である。ハイゼンベルクの議論は、聞く者に目まいを起こさせるような着想にもとづいていた。

ある晩、コペンハーゲンのボーア研究所の裏手にある公園を彼が散歩していたとき、その直観は訪れた。若きヴェルナーは、物思いに耽りながら公園のなかを歩いていた。公園は薄暗かった（これは一九二五年の話である）。ほんの数本の街灯が、地面の上に点々と、小さな光の輪を投げかけているだけだった。四方に広がる夜の闇が、それぞれの光の輪を隔てていた。不意に、前方を通り過ぎるひとりの男性の姿が、ハイゼンベルクの目に映った。ただし、正確にいうなら、「通り過ぎる」ところが見えたのではなかった。ハイゼンベルクが見た男性は、ある街灯の光のなかに現われ、それから闇のなかに姿を消し、少ししてから別の街灯の光のなかに現われ、そしてまた闇のなかに消えていった。このようにして、夜に完全に溶けこむまで、この男性はある光の輪から別の光の輪へ移動を繰り返した。ハイゼンベルクは、「当然ながら」、男性が本当に消えたり現われたりしたとは考えなかった。誰であれ、似たような光景を目にすれば、一本の街灯から別の街灯へと男性がたどった本当の経路を、頭のなかで再構成できるだろう。そもそも、人間というのは重くて、大きくて、ずっしりと中身の詰まった存在である。重くて、大きくて、ずっしりと中身の詰まった存在が、そんなふうに消えたり現われたりするわけがない……。

そう。重くて、大きくて、ずっしりと中身の詰まった存在なら、消えたり現われたりしない……しかし、電子の場合はどうだろう？　これがハイゼンベルクの閃きである。大きな対象にとっての「当たり前」が、電子のように小さな対象にとっては「当たり前でない」としたら？　もし、電子が本当に、消えたり現われたりしているとしたら？　もし、ある軌道から別の軌道への「量子跳躍」が、スペクトルの謎を解明するとしたら？　何かと相互作用を起こしているときと、何かと別の相互作用を起こしているときの狭間では、電子が文字通り「どこにも」存在していないとしたら？

図4－3　ヴェルナー・ハイゼンベルク

もしも電子が、何かと相互作用を起こしたり、何かに衝突したりするときにだけ現われるもので、ある相互作用と別の相互作用の狭間ではいかなる確定的な位置も占めないとしたら？　あらゆる瞬間に確定的な位置を占められるのは、暗闇のなかを幽霊のように通り過ぎ、やがて夜のなかに消えていったあの男のように、重く、大きく、ずっしりと中身の詰まった存在だけであるとしたら……？

このような妄想を真剣に受けとめるには、二十代という若さが必要だった。その妄想から、世界を変革する理論を組み立てようと考えるには、二十代という若さが必要だった。そしておそらく、自然の内奥に潜む構造を、彼のようなやり方で周囲に先駆けて理解するには、やはり二十代という若さが必要なのだろう。時間は誰にとっても同じように過ぎ去るのではないと理解したときの、二十代のアインシュタインのように。そして、コペンハーゲンの夜の公園を散歩していた、二十代のハイゼンベルクのように。おそらく、三十代になってしまえば、人は自分の直観を信用できなくなる……。

ハイゼンベルクは興奮に駆られながら家に帰り、計算に没頭した。しばらくして家から出てきた彼の手には、当惑を引き起こさずにいない理論が携えられていた。ハイゼンベルクの理論は、粒子の運動の基本的な性質を描写したものである。その運動は、あらゆる瞬間における粒子の位置ではなく、ある特定の瞬間における粒子の位置だけをもとに描写されている。特定の瞬間とは、記述の対象となっている粒子が、別の何かと相互に影響を与え合っている瞬間である。

これが、量子論の基礎に置かれた第二の石である。あらゆる事物には、「相関性」の側面が備わっている。本章の冒頭で、量子論を基礎づける考え方は三つあると指摘したが、なかでも「相関性」はもっとも難解な考え方だろう。電子は、つねに存在しているわけではない。電子が存在するのは、何かと相互作用を与え合っているときだけである。何かと衝突したときに、電子はその場に姿を現わす。電子にとって、ある軌道から別の軌道へ「量子跳躍」することは、この世界に存在するための唯一の方法である。電子とは、ある相互作用から別の相互作用への跳躍の総体である。誰の邪魔もしていないとき、電子はどこにも存在しない。ハイゼンベルクは、電子の位置と速度を記述する代わりに、数字の一覧表（数学でいう「行列」）を作成した。この「行列」は、電子が起こしうる相互作用を表現している。ハイゼンベルクは、魔法の算盤を弾く妖術師のようにして、さまざまな数字を掛けたり割ったりしていった。計算から導かれる答えは、観察結果と完全に一致していた。こうして、量子力学の根幹をなす（本当の意味で最初の）方程式が誕生した。それ以来、この方程式はつねに正しい結果を予見してきた。およそ信じがたいことではあるが、今日にいたるまで、ハイゼンベルクの方程式は一度たりとも誤りを犯していない。

ハイゼンベルクの第一の仕事を引き継いだのは、もうひとりの二五歳の青年だった。青年は、方程式を土台にして確固たる足場を組み、数学の力で新しい理論を構築した。その青年とは、英国人のポール・エイドリアン・モーリス・ディラックである。多くの研究者が彼のことを、アインシュタイン以後に生まれた、二十世紀最大の物理学者と見なしている（図４－４）。

図４－４　ポール・ディラック。

その科学的業績にもかかわらず、ディラックはアインシュタインに比べてたいへん知名度が低い。それは一部には、ディラックの科学の洗練された抽象性のためであり、また一部には、この人物の風変わりな性格のためであろう。ディラックは寡黙で、ひどく内気で、感情を表現するのが苦手な青年だった。知人の顔を見分けられなかったり、普通の会話を交わせなかったり、ごく単純な質問さえ理解できなかったりすることがよくあった。傍目には、自閉症のようにも見えただろう。そしておそらく彼は実際に、その症状を抱えていた。[2]

ある講演の席では、こんなことがあった。ディラックが発表しているとき、同業者が口を挟んできた。「わたしにはその公式は理解できない」。ディラックは、束の間の沈黙の後、何事もなかったように話を再開した。そこで、司会者がディラックに声をかけ、今の質問に答える気はないのかと問いかけた。ディラックは、心から驚いたような

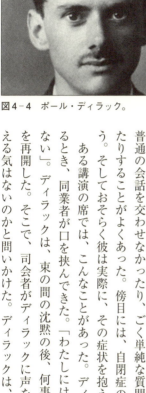

様子でこう返した。「質問？　どの質問ですか？　彼は断定しただけでしょう？」（たしかに、「わたしにはその公式は理解できない」という文は断定であり、質問ではない……）これはけっして、ディラックの尊大さを物語るエピソードではない。誰もが見逃している自然の秘密を見ることができたディラックは、同僚たちが口にする言葉の「言外の意味」が理解できず、あらゆる言葉を額面どおりに受けとった。[3]しかし、そんな彼の手によって、さまざまな直観やら、計算手段やら、曖昧で難解な議論やら、理由は分からないけれどもうまく機能する方程式やらの寄せ集めであった量子力学が、完璧な構築物へ変貌する。単純で、途方もなく美しく、手のつけようのないほど抽象的な構築物である。

「あらゆる物理学者のなかで、ディラックはもっとも純粋な魂をもっている」。そう評したのは、二十歳近く年長のボーアである。ディラックの物理学は、楽器の調べのように透明で晴朗だった。彼にとって、世界は事物から形づくられているのではない。彼の目に映る世界は、抽象的な数学の骨格から構築されていた。この世界になにが現われ、現われたものがどのように振る舞うかは、数学が教えてくれる。論理と直観の奇妙にして幸福な結合が、ディラックの理論を支えていた。あのアインシュタインも、ディラックの人物像には驚きと戸惑いを覚えずにいられなかった。彼はディラックについてこう言っている。「ディラックとはどうもうまくいかない。あの若者は、天才と狂気のあいだの目まいを引き起こすような道を、危うく均衡を保ちながら進んでいる。じつに恐ろしい企てだ」。[4]

今日のエンジニアや、化学者や、分子生物学者は、ディラックの量子力学を日常的に利用したり、参照したりしている。この量子力学においては、あらゆる物体は抽象的な空間によって記述される。質量をはじめとする、いくつかの不変の要素を除き、物体そのものはいかなる属性も持たない。物体の速度、位置、角運動量、電位などは、その物体がほかの物体と衝突したときにだけ発生する。ハイゼンベルクは、電子の位置は特定できないことを看破した。しかし、特定できないのは位置だけではない。ある相互作用から次の相互作用にいたるまでのあいだ、物体のあらゆる変数は特定されない。ディラックの仕事をとおして、「相関性」は量子論における普遍的な性質になった。

ある粒子が、ほかの粒子と相互作用を起こして現われたとき、その物理的変数（速度、エネルギー、運動量、角運動量など……）は、あらゆる値を取りうるわけではない。変数は、ある特定の値だけを帯びる。ディラックは、物理的な変数が取りうる値の計算方法を編み出した。[5] これらの値は、原子から発せられる光のスペクトルと相似の関係にある。先述のとおり、元素の光を分解するとスペクトルの線ができる（これが、科学の世界で初めて確認された「スペクトル」の例である）。その線との類比から、変数が取りうる値の総体は、今日では「変数のスペクトル」と呼ばれている。たとえば、原子核の周りを回る電子の軌道半径は、ボーアの仮説が示すとおりの値（ボーアが計算したスペクトルの値）しか取らない。

さらにこの理論は、次に起こる相互作用において、スペクトルのどの数値が生じるかを教えてくれる。ただしそれは、あくまで「見込み」の数値である。わたしたちは、電子がどこに現われるかを「確実に」知ることはできない。わたしたちにできるのは、電子がここや、またはあそこに現われる「確率」を計算することだけである。この事実は、ニュートン理論と決定的に対立している。ニュートンの力学では、少なくとも原則的には、未来を確実に予測できる。それにたいして、量子力学の世界では、確率が物事の進展を司っている。この「不確定性」が、量子論の基礎に置かれた三つ目の石である。原子の世界は、偶然に支配されている。データが充分にそろっていて、計算の方法も分かっているなら、ニュートン力学を使うことで未来を正確に予見できる。一方、量子力学を使った場合は、ある出来事が起こる「確率」を計算することしかできない。微小なスケールにおける不確定性は、自然に元来備わっている性質である。一個の電子が左右のどちらに動くかを、事前に特定することはできない。その選択は、偶然にゆだねられている。一見したところ、わたしたちが暮らす巨視的な世界では、確実性が有効であるように思える。しかしそれは、微視的なスケールにおける偶然性の生み出す「ゆらぎ」が、きわめて小さいからにすぎない。わたしたち人間が、日常生活のなかでそうしたゆらぎを感知することは不可能なのである。

したがって、ディラックの量子力学は二つの作業を可能にする。第一は、物理的な変数が（有限な選択肢のなかで）どの値を取りうるか計算することである。これを、「変数スペクトルの計算」と呼ぶ。この計算は、事物の本質の奥底にある、「粒性」といううきわめて普遍的な性質を捉えている。粒性は、あらゆる物理的な変数に備わっている。ある対象（原子、電磁場、分子、振り子、岩、天体……）がほかの対象と相互作用を与え合っている瞬間に、その対象の変数がどんな値を取りうるかを、この計算は教えてくれる。ディラックの量子力学が可能にする第二の作業は、「確率」の計算である。ある対象が次に相互作用を起こすとき、Aという値を取って現われるのか、Bという値を取って現われるのかについて、わたしたちはその確率を知ることができる。これを、「遷移《せんい》振幅の計算」と呼ぶ。このような確率が、量子論の鍵となる三つ目の性格、つまり、「不確定性」を表わしている。わたしたちは、唯一絶対の予測ではなく、実現する見込みのある複数の予測しか立てられない。

これが、ディラックの量子力学である。第一が、変数のスペクトルを計算する方法。第二が、ある相互作用において、変数スペクトルのどの数値が生じるのか、その確率を計算する方法。これですべてである。ある相互作用と別の相互作用のあいだでなにが起きているのかという点は、この理論の関心の外にある。

電子やそのほかの粒子を、空間のここやあそこに見いだせる確率は、ぼんやり広がる雲のようなものとしてイメージできる。電子を見られる確率が高い箇所は、雲の色が濃くなっている。この雲を、まるで実在する物体のように視覚化してみることも、時には有益だろう。たとえば、原子核の周りを回る電子を表現した雲は、わたしたちが電子を見ようとしたとき、いちばん電子が現われやすい場所はどこかを教えてくれる。読者のなかには、学校でこの雲を見たことがある人もいるかと思う。教科書に載っていたあの雲が、いわゆる原子軌道である。[6]

ディラックの理論の並外れた有効性は、ただちに衆目の一致するところになった。コンピューターも、分子化学も分子生物学も、レーザーも半導体も、量子力学がなければ成り立たない。物理学者たちは数十年にわたって、毎日クリスマスを過ごしてきたようなものである。どんな新しい問題が生じても、量子力学の方程式がすぐにその答えを教えてくれた（しかも、その答えはいつも正しかった）。人知を超えるかのような不可思議な問題にたいしても、やはり量子力学は解答を提供してのけた。これについては、ひとつの例を挙げれば充分だろう。

わたしたちの身のまわりの物質は、幾千もの異なる素材から形づくられている。しかし、十八世紀から十九世紀にかけて、化学者たちは物質にたいする認識を徐々に深めていった。幾千もあるように思える素材も、じつのところは、百かそこらの単純な元素の組み合わせにすぎない。そのなかには、水素、ヘリウム、酸素などの軽い元素もあれば、ウランのように重い元素もある。メンデレーエフはこれらの元素を重量の順に並べ、あの有名な「周期表」を完成させた。今でも、教室の壁に周期表が貼られている学校は多いだろう。周期表には、世界（地球だけではなく、銀河全体）を形成する元素の特質がまとめられている。だがなぜ、もっと別の元素ではなく、まさしくこれらの元素が世界を作ったのか？　なぜ、元素の並び方には周期が存在するのか？　なぜ、いくつかの元素に固有の性質があるのか？　たとえば、なぜ一部の元素は化合しやすく、そのほかの元素はそうでないのか？　メンデレーエフの周期表の奇妙な構造の裏には、どのような秘密が潜んでいるのか？

ここからが量子力学の出番である。電子の軌道の形態は、量子力学の方程式によって記述されることを思い出してほしい。この方程式には、限られた個数の解しか存在しない。そして、その解はまさしく、水素、ヘリウム……酸素……そして、そのほかあらゆる元素に対応していた！　メンデレーエフの周期表は、量子力学の方程式の解に正確に一致するように構築されていた。元素の性質をはじめ、あらゆる疑問は方程式の解によって説明された。言い換えるなら、元素の周期表の構造に潜む秘密を、量子力学は完璧に読み解いてみせたのである。

かつてピタゴラスやプラトンが胸に抱いた、あらゆる物質をひとつの公式で記述したいという夢が、ついに現実になった。化学の世界の果てしない複雑さは、たったひとつの方程式によってもたらされている！　化学のすべてが、この単一の方程式から生じたといっても過言ではない。そしてこれは、量子力学の数ある応用例のひとつにすぎない。

場と粒子は同じもの

量子力学の一般公式を完成させたほんの数年後、ディラックはこの方程式（一般に「ディラック方程式」と呼ばれるもの）が、電磁場のような「場」にも適用できることに気がついた。さらにディラック方程式は、特殊相対性理論とも矛盾していなかった（一般相対性理論と量子力学の方程式のあいだに一貫性をもたせることは、より困難な作業である。このテーマは後の章で取り上げる）。ディラックはこれらの事実を理解する過程で、自然の描写をなおいっそう、深奥まで単純化させる方法を発見した。それはつまり、ニュートンが提唱した粒子の概念と、ファラデーが導入した場の概念の統合である。

ある相互作用と別の相互作用のあいだで電子の傍らに寄り添っている確率の雲には、「場」と似たところがある。一方で、ファラデーとマクスウェルの場は、光子という粒子によって形づくられている（光の正体は「振動するファラデー力線」であったことを思い出してほしい）。粒子はある意味、空間のなかに場として拡散しており、場もまた、粒子のように相互に影響を与え合っている。ファラデーとマクスウェルが分けて考えていた場と粒子の概念は、量子力学のなかでひとつになる。

ディラックが踏んだ手順はじつに優雅だった。量子力学の方程式は、あらゆる物理的な変数が取りうる値を規定している。この方程式をファラデー力線のエネルギーに当てはめれば、このエネルギーがある特定の値だけを取り、そのほかの値は取らないことが判明する。電磁場のエネルギーは特定の値だけを取る、つまり、エネルギーの「小箱」の総体のように振る舞う。これはまさしく、プランクとアインシュタインが着想したエネルギーの粒子である。プランクとアインシュタインが直観した光の粒性は、ディラックの編み出した量子力学の方程式によって確認された。

電磁波の正体はファラデー力線の振動である。しかし電磁波は、微小なスケールで見れば、光子の大群でもある。光電効果の場合のように、ほかの事物と相互作用を与え合うとき、電磁波は粒子の群れのような振る舞い方をする。光はわたしたちの目に、分割された雨粒として、個別の光子として降り注いでいる。光子は電磁場の「量子」である。

一方で、電子をはじめ、この世界を形づくっているあらゆる粒子は、場の「量子」である。この、ファラデーとマクスウェルの場に似た「量子の場」は、量子の基本性質である粒性や確率の影響下にある。

電子や、そのほか基本的な粒子（これを「素粒子」と呼ぶ）を対象に、ディラックは「場の方程式」を著わした。こうして、ファラデーが導入した粒子と場の区別は、きれいに一掃されてしまった。[7]

一般に、特殊相対性理論と両立する量子論のことを「場の量子論」と呼ぶ。これは、粒子の挙動をめぐる現代物理学の基礎になっている理論である。光子が電磁場の量子であるように、粒子はすべて場の量子である。あらゆる場は、相互作用を起こす際に、量子としての（粒としての）構造をあらわにする。[8]

二十世紀を通じて、基本的な「場」の整理が進み、その作業を通じてひとつの理論が組み立てられた。それが、「素粒子の標準模型」と呼ばれる理論である。この理論は今のところ、重力を除き、[9]場の量子論の領域で取り扱われるあらゆる事象を的確に描写している。二十世紀の物理学者の仕事のかなりの部分が、この模型一式のために捧げられた。それはまた、心躍る発見の旅でもあった。この旅には、ニコラ・ガッビオ、ルチャーノ・マイアーニ、ジャンニ・イオナ゠ラシニオ、グイド・アルタレッリ、ジョルジョ・パリージ、そして、ここには名前を挙げきれない多くのイタリア人物理学者も参加している。とはいえ、今はわたしは、標準模型の発見をめぐる歴史を語るつもりはない。わたしがたどり着きたいのは、量子重力理論である。標準模型は一九七〇年代にひととおり完成した。それは、およそ一五種類の素粒子の場（電子、クオーク、ミューオン、中性子、ヒッグス粒子など）から成り立っている。電磁場をはじめとして、そのなかのいくつかの場は、電磁力や、原子のスケールで作用するそのほかの力を表現している。

はじめのうち、標準模型は学者たちから、あまりまともに相手にされていなかった。標準模型には、どこか間に合わせの理論という風情があったからである。この理論は、一般相対性理論や、マクスウェルとディラックの方程式が備えていた、透きとおるような単純さとは無縁だった。しかし、大方の予想に反して、標準模型の予測はことごとく実証されていった。素粒子をめぐる数々の物理学的実験は、今日までの三〇年以上にわたり、つねに標準模型の正しさを裏づけてきた。なかでも重要なのが、カルロ・ルッビア率いるイタリア人チームによる、Z粒子とW粒子の発見である。ルッビアはこの業績のために、一九八四年にノーベル賞を受賞している。直近の例としては、二〇一三年に世界中を騒がせた、ヒッグス粒子の発見が挙げられる。ヒッグス粒子は、理論を機能させるために導入された標準模型の場のひとつであり、やや作為的な存在と見なされていた。しかし、ヒッグス粒子は実際に観測され、まさしく標準模型が予測したとおりの性質を備えていた[10]（ちなみに、この粒子を「神の粒子」などと呼ぶ向きもあるが、それはあまりにばかばかしい呼称である）。このとおり、量子力学の領域において構築された「標準模型」は、その素朴で飾り気のない名称にもかかわらず、華々しい大勝利を収めてきた。

今日の量子力学は、その「場－粒子」の概念によって、素晴らしく見事な自然の描写を提供している。世界は場と粒子の二つではなく、一つの実体から形づくられている。それはつまり、「量子場」である。時間の流れる空間のなかを粒子が運動するというニュートン的世界観から、わたしたちはずいぶん遠くへ来てしまった。存在するのは、時空間のなかで素粒子をめぐる事象が生じる、量子場という舞台だけである。それは奇妙で、同時に、単純な世界でもある（図４－５）。

量子１　情報は有限である

量子力学は世界について、わたしたちになにを伝えているのか、そろそろ結論めいたものを引きだしておきたい。もっとも、それは簡単な作業ではない。なぜなら、量子力学が扱う概念はおよそ明瞭とはいいがたく、いまだに多くの問題が論争の渦中にあるからである。しかし、前に進み少しでも見晴らしを良くするためには、この作業は避けて通れない。個人的な見解からいえば、わたしたちは量子力学をとおして、事物の本質に備わる三つの側面を理解することができる。それは、本章の冒頭でも述べた、粒性、不確定性、相関性の三点である。今から、この三つの性質について詳しく見ていこう。

まずは、自然の奥底に潜む「粒性」という性質である。物質と光の粒性が、量子力学の核心を成している。それは、かつてデモクリトスによって直観された物質の粒性と、正確に一致するわけではない。デモクリトスにとって原子とは、ごくごく小さな砂粒のようなものだった。それは、量子力学の粒子のように、急に消えたり現われたりすることはない。とはいえ、世界に備わる根源的な性質として粒性を捉えようとする考え方は、やはり古代の原子論に根を張っている。数世紀にわたり積み重ねられてきた実験と、強力な数学とを背景にして、量子力学はつねに正しい予見をもたらす能力を養い、物理学者たちからの大いなる信頼を獲得した。量子論は、アブデラの偉大なる哲学者が、自然の本質をいかに深く見通していたかを示す、雄弁な証拠である。

ここで、ひとつ想像してみてほしい。あなたは、ある物理的現象の計測を行い、その現象がどのような状態にあるか突きとめようとしている。たとえば、振り子の振り幅を計測して、五センチと六センチのあいだであることが分かったとしよう（物理学ではどんな計測も、完璧に正確であるということはありえない）。量子力学が確立される以前は、五センチと六センチのあいだに、振り幅が取りうる値は無限に存在していた（たとえば、5.1センチであったり、5.101センチであったり、5.101001センチであったり……）。したがって、振り子の動きには「無限」の可能性が存在することになる。振り子に関するわたしたちの無知もまた、文字通り「無限」の状態にあるわけである。

一方で、量子力学はわたしたちにこう教えている。五センチと六センチのあいだで、振り幅が取りうる

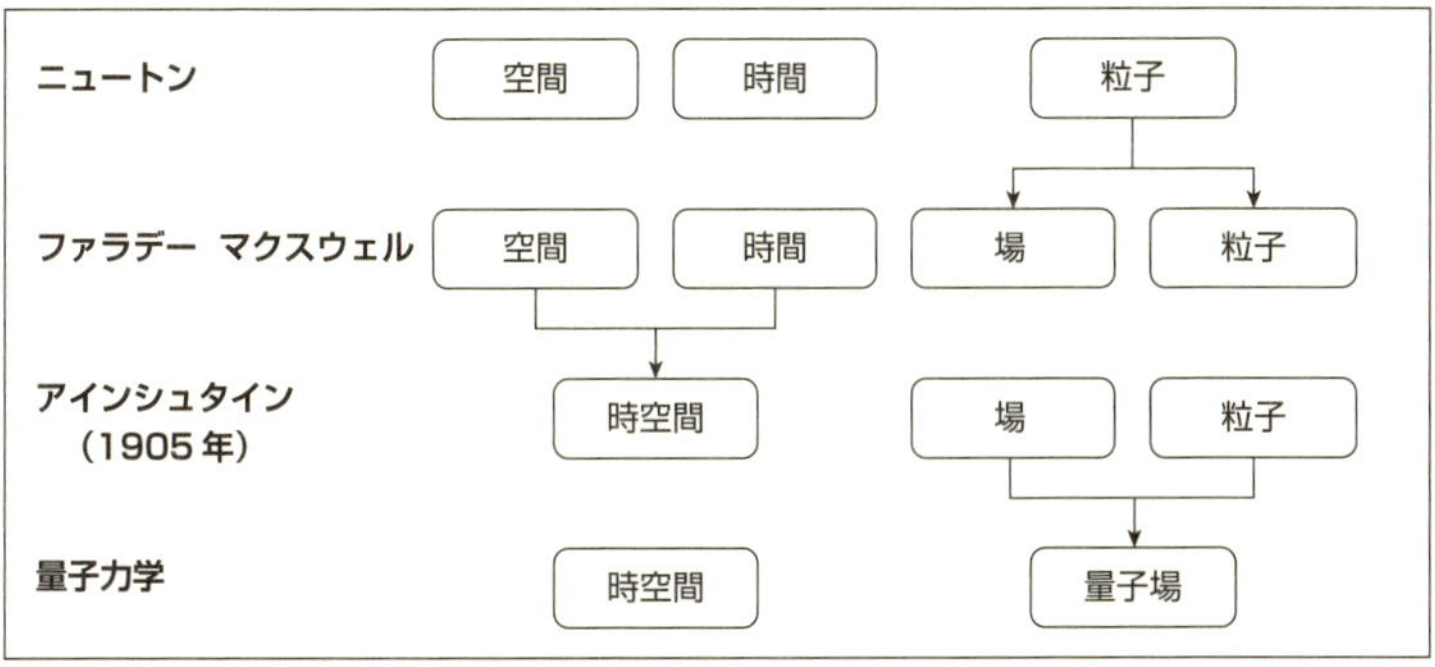

図4－5　世界は何からできているのか？

る値の数は「有限」である。だから、振り子についてわたしたちが所持していない情報の量もまた、「有限」であるといえる。

この議論はあらゆる文脈に適用できる。[11] つまり、量子力学の第一の重要な意義は、ある現象のうちに存在する「情報」の総量に限界を設けたことにある。ここでいう「情報」とは、「ある現象のなかで生じうる、たがいに区別可能な状態」を指している。自然の奥底に潜む粒性が、「無限」にたいして「限界」を設定する。デモクリトスの洞察したこの粒性こそ、量子論を支える第一の側面である。このような粒性があらわになる極小のスケールは、プランク定数hによって規定されている。

量子2　不確定性

この世界は、粒状の量子が間断なく引き起こす事象によって形づくられている。これらの事象は離散的であり、粒状であり、それぞれたがいに独立している。量子的な事象とは、ある物理的な「系（観測の対象となっている事物の総体）」が、別の物理的な「系」とのあいだに起こす、個別の相互作用のことである。電子や、光子や、そのほかの場の量子は、空間のなかで継続的な道筋を進むのではなく、別のなにかと衝突したときにだけ、特定の場所に突如として出現する。量子たちは、いつ、どこに現われるのか？　それを確実に予見する方法はない。量子力学は、世界の核心に、根源的な不確定性を導入した。未来は誰にも予見できない。これが、量子力学によってもたらされた第二の重要な教えである。

量子力学によって記述される世界では、この不確定性があるために、事物の運動は絶えず偶然に左右される。あらゆる変数はつねに「振動」している。あたかも、極小のスケールにあっては、すべてがつねに震えているかのように。世界に遍在するこうした「ゆらぎ」は、わたしたちの目には見えない。それは単純に、これらの振動がたいへんに小さいからである。物事を巨視的に、大きなスケールで観察しても、量子の世界のゆらぎは捉えられない。たとえば今、わたしたちの目の前に、一個の石があるとする。石はその場に静止している。だが、もしわたしたちが、石を構成する原子を観察できるなら、今はここ、次はそこへと、原子が絶え間なく振動している様子が見られるだろう。子細に見つめれば見つめるほど、世界は安定性を失っていくことを、量子力学はわたしたちに教えている。世界とは絶え間ないゆらぎであり、微視的な事象の絶え間ない湧出《ゆうしゅつ》である。不動の石ころではなく、振動と湧出こそが、世界を形づくっている。

古代の原子論は、現代物理学のこうした側面をも先取りしていた。自然の根底には、確率の法則が潜んでいる。もっとも、デモクリトスにはこうした発想はなかった。原子の運動は、原子が被る衝突によって厳密に規定されるとデモクリトスは推論していた（ニュートン力学と同じ考え方である）。それにたいして、原子論の後継者であるエピクロスは、師の厳格な決定論を修正し、古代の原子論に不確定性を導入した。それはちょうど、ニュートンの決定論的な原子論に、ハイゼンベルクが不確定性を導入したのと同様である。エピクロスの考えによれば、原子は時にわけもなく、自らの進路を変えることがある。

原子のそのような振る舞いを、ルクレティウスは美しい詩句で歌っている。原子の進路変更は、「不確かな時に……不確かな場所で」発生する。[12] これはまさしく、量子力学の不確定性である。現代に甦った、自然の内奥に潜む「確率」という性質が、量子力学の描く世界を理解するための第二の鍵である。

では、Aという出発地点にいる一個の電子が、しばらくあとでBという終着地点に現われる確率は、どのように計算したらよいのだろうか？

一九五〇年代、第1章で名前を挙げたリチャード・ファインマンが、この計算を行うためのきわめて効果的な方法を発見している。ファインマンの方法は、A点とB点をつなぐ「あらゆる」経路を、つまり、電子が取りうるあらゆる道筋（まっすぐだったり、曲がっていたり、ジグザグだったり……）を考慮に入れる。まずは、それぞれの経路について計算を行い、その経路の数値を導き出す。そして、確率を導き出すために、これらの数値をすべて足し合わせる。ここで重要なのは、この計算の詳しい仕組みを理解することではない。わたしたちが着目すべきは、AからBへ移動するのに、電子があたかも「取りうるあらゆる経路を」通過したかのように見えるという点である。確率の雲のなかに飛びこんでいった電子は、ふと気づけばB点に移動していて、ふたたび別の何物かと衝突している（図4－6）。

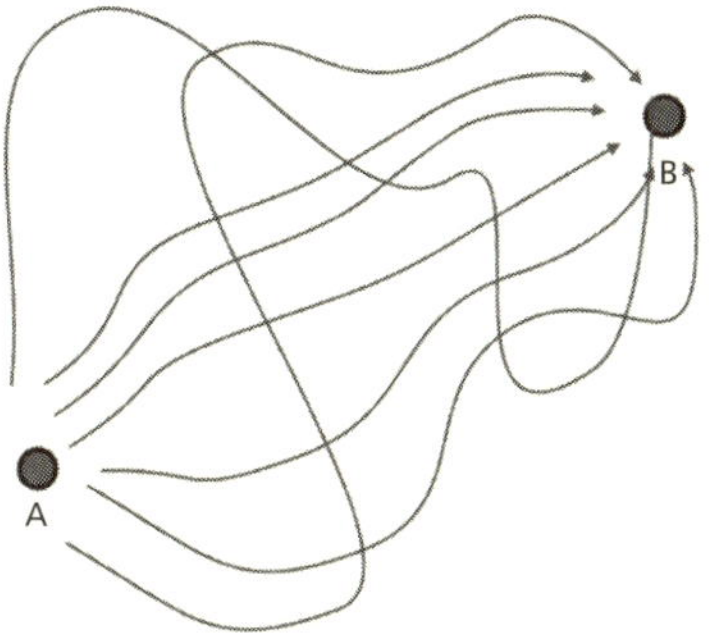

図4－6　AからBに移動した電子は、考えられる「あらゆる」経路を通過したかのように振る舞う。

量子的事象を計算するためのこうした方法は、ファインマンの「経路総和」と呼ばれている。[13] 後にあらためて触れるように、この方法は量子重力理論の分野で、重要な役割を果たすことになる。

量子3　現実とは関係である

世界の本質について量子力学が伝えている三つの側面のうち、第三の側面はもっとも深遠で、もっとも難解な内容を含んでいる。古代の原子論も、この発見にはまったく手をつけていない。

量子論は、事物が「どのようであるか」ではなく、事物が「どのように起こり、どのように影響を与え合うか」を描写する。一例を挙げるなら、粒子が「どこにあるか」ではなく、粒子が「(次に)どこに現われるか」を描写するわけである。実在する事物から成り立つ世界は、起こりうる相互作用から成り立つ世界に変換される。現実は相互作用に姿を変え、そして、現実は関係に姿を変える。[14]

これは考えようによっては、相対性の概念を徹底的に拡張させたものでしかない。早くにはアリストテレスが、わたしたちに知覚できるのは「相対的な」速度だけであることを指摘していた。たとえば、わたしたちが船に乗っている場合、「わたしたちの速度」とは船から見た速度である。同様に、地上にいるわたしたちの速度とは、地球から見た速度にほかならない。わたしたちは、地球が太陽の周りを回っていることに気づかない。それは、かつてガリレオが見抜いたとおり、わたしたちが「相対速度」しか知覚できないからである。速度とは、一個の物体が単独で所有できる性質ではない。速度とは、「ほかの物体と比較したときの」ある物体の運動の性質である。アインシュタインは、相対性の概念の適用範囲を時間にまで拡張させた。二つの事象が同時的であるといえるのは、両者のうち一方の運動の状態を基準にしたときだけである(この点については、第3章の注2を参照)。量子力学はこの相対性を、さらに徹底的に拡張させる。ある対象がもつ「あらゆる」性質は、ほかの対象と比較したときにのみ存在する。自然界で起こる出来事はすべて、関係性という観点からのみ描写される。

量子力学が記述する世界では、複数の物理的な「系」のあいだの関係を抜きにしては、現実は存在しない。事物が関係を選びとるのではなく、関係が「事物」という概念に根拠を与えている。量子力学の世界とは、対象が形づくる世界ではない。それは、極小のスケールでの基礎的な事象の世界である。この基礎的な「事象」を土台にして、事物が構築されている。一九五〇年代に、哲学者のネルソン・グッドマンが、じつに巧みな表現を使って書いたとおりである。いわく、「対象とは、単調な過程である」。しばらくのあいだ同じもので在りつづける（つまり、単調な）過程が、対象を成り立たせている。一個の石とは、しばらくのあいだ自身の構造を維持している、量子のゆらぎの総体である。それはあたかも、海のなかに戻る前に、ほんのしばらく自らの同一性を保っている波のようなものである。

自身の来歴を除き、どんな性質も帯びずに海面の上を走っていく波とは、いったい何なのだろうか？持続する物質によって形成されているのではないという意味で、波は「対象＝単調な過程」ではない。わたしたちの肉体を構成する原子もまた、わたしたちをとおして流れ去っていく。波や、そのほかあらゆる事物と同じように、わたしたちは事象の流出であり、わずかのあいだ単調で在りつづける過程である……。

量子力学は対象を描くのではない。この理論が描くのは、過程と事象である。そして事象とは、ある過程と別の過程のあいだに生じる相互作用のことにほかならない。

したがって、量子力学が発見した世界の三つの側面は、次のように要約できる。

〇粒性。ある物理学的な系のなかに存在する情報の総量は有限であり、それはプランク定数 h によって限定される。

○不確定性。未来は過去から一意的に導き出されるのではない。きわめて厳密な規則に従っているように見える事柄も、現実には統計的な結果にすぎない。
○相関性。自然界のあらゆる事象は相互作用である。ある系における全事象は、別の系との関係のもとに発生する。

量子力学は、あれやこれやの状態にある「事物」ではなく、「過程」をとおして世界について考えるようわたしたちに教えている。過程とは、ある相互作用から別の相互作用への推移を指す。相互作用の瞬間においてのみ、つまり過程の末端においてのみ、「事物」の性質はあらわになる。そして、事物が性質を帯びるのは、ほかの事物との「関係」を考慮したときだけである。しかも、その性質は一意的には予見できない。わたしたちはあくまで、確率にもとづく予測を立てるしかない。

ボーア、ハイゼンベルク、ディラックをはじめとする物理学者たちが、事物の本質の深奥へ飛びこんでいった末に目撃したのは、このような光景だった。

本当に、納得しましたか?

先述のとおり、量子力学は目覚ましい成果をあげた。しかし……賢明にして慎重なるわが読者よ、あなたは本当に、量子力学が言っていることを理解できただろうか? 相互作用を与え合っていないとき、電子はどこにも存在しない……うーん……事物が存在するのは、ある相互作用から別の相互作用へ跳躍するときだけである……うーん……どれもこれも、不合理な話ばかりに思えるのではないだろうか?

じつはアインシュタインも、不合理な話だと思っていた。

アインシュタインは、ヴェルナー・ハイゼンベルクとポール・ディラックが世界の根幹にかかわる発見をしたことを認め、この二人をノーベル賞に推薦している。しかし他方で、アインシュタインは事あるごとに、量子論の提示する不合理な世界観に不満を表明していた。

この事実は、コペンハーゲン学派の若き俊英たちをひどく落胆させた。そんな、あのアインシュタインが？　わたしたちの学問上の父であり、想像しえないことさえ想像する勇気をもつあの人物が、今や身じろぎし、自らがきっかけを作った未知への新たな跳躍を恐れているのか？　アインシュタインはわたしたちに、時間は普遍的ではなく、空間は曲がることを教えてくれた。その彼が、事ここにいたって、世界がそんなにも奇妙なはずはないと主張するのか？

ニールス・ボーアは辛抱強く、これらの新しい考え方をアインシュタインに説明した。そのたびに、アインシュタインは異議を唱えた。ボーアはつねに、最後には返答を見つけ出し、アインシュタインの異議を退けてみせた。講演、書簡、論文などを通じて、二人は何年も議論を続けた。量子論の考え方が矛盾していることを示すために、アインシュタインはある脳内実験を考案した。「光に満ちた箱を想像してみよう。その箱から、ほんのわずかな時間、ただ一個の光子が外に出ていけるようにしたとする……」。アインシュタインの有名な思考実験は、このような出だしから始まる[15]（図4－7）。

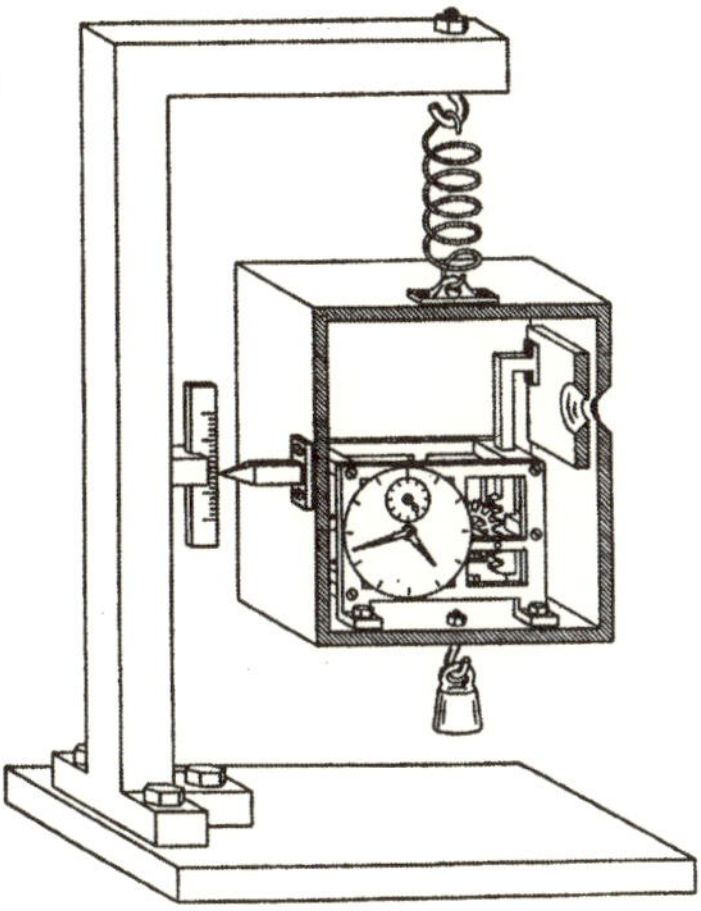

図4－7　ボーアのデッサンをもとに再現した、アインシュタインの脳内実験に登場する「光の箱」。

議論の過程で、二人の巨人のどちらもが、たがいに道を譲り、考えを修正せざるをえなくなった。アインシュタインは、量子論が提示する新しい考え方に矛盾がないことを認めた。しかしボーアも、もともと考えていたほど事態は単純でも明晰でもないことを認めなければならなかった。アインシュタインは、彼にとって肝心な点についてはなかなか譲歩しなかった。彼は、「誰かと相互作用を与え合っている誰か」から独立した、客観的な現実が存在すると確信していた。言い換えるなら、事物は相互作用の渦中においてのみ姿を現わすという、量子論が示す相関性の側面を受け入れようとしなかった。たいするボーアは、現実を解釈するための概念を刷新する、この決定的に新しい方法の有効性を、けっして取り下げようとしなかった。結局、アインシュタインも最終的には、量子論は世界を理解するためのきわめて強力な手段であり、確固たる一貫性を備えていることを認めた。しかし、それでも彼は、世界の仕組みがこんなにも奇妙であるはずはなく、量子論の「背後に」より合理的な説明が隠れているに違いないと考えていた。

量子論の誕生から一世紀が過ぎた今、わたしたちはなおも同じ場所にいる。量子論を操る術にかけては右に出る者のいなかった、あのリチャード・ファインマンでさえ、こんなことを言っている。「量子力学を本当に理解している人間は、この世にひとりもいないと言っていいと思う」。

量子論の方程式と、そこから導き出される結果は、物理学者や、エンジニアや、化学者や生物学者によって、きわめて広範な分野で日常的に利用されている。しかしいまだに、謎は解消されていない。量子論は、ある物理的な系でなにが起きているかではなく、ある物理的な系が別の物理的な系にどのような影響を与えているかのみを描写する。これはいったい、なにを意味しているのだろうか？

相互作用の渦中にない系の本質的な姿は、描写不可能ということなのか？　単純に、この理論にはまだ欠けた部分があるということなのか？　または、（これがわたしの立場であるが）現実とは相互作用でしかないという考え方を、わたしたちは受け入れなければならないのか？ 量子論の本当の意味について、物理学者と哲学者は今も考えつづけている。そして近年、この問題をめぐりますます多くの論文が執筆され、ますます多くの学術会議が開催されている。生誕から一世紀が過ぎた量子論とは、つまるところ何なのか？ 現実の本質を捉えている、透徹した洞察なのか？ 偶然にうまく機能しただけの、単なる過ちなのか？ ピースの欠けた、未完成のパズルなのか？ または、世界の構造にかかわっていて、まだわたしたちが充分に呑みこめていない、何か深遠な事柄の指標なのか？

ここでわたしが提示した量子力学の解釈は、わたしにとって、不合理に思える度合いがもっとも低い解釈である。それは「関係解釈」の名で呼ばれている。バス・ファン・フラーセン、ミシェル・ビボル、マウロ・ドラートといった著名な哲学者たちも、この解釈をめぐり議論を展開している。[16] しかし、量子力学をどう解釈すべきかについて、はっきりしたコンセンサスは得られていない。物理学者や哲学者は、そのほかの解釈法も検討している。ここは、わたしたちが知っていることと知らないことの境界である。研究者たちの意見は、まだまだ一致しそうにない。

量子力学は物理学の一理論でしかないことを、わたしたちは心に留めておく必要がある。ひょっとしたら、もっと深化した世界観が、明日にでも量子力学を修正してしまうかもしれない。今日の研究者のなかには、理論をわたしたちの直観と調和させるように、こじつけの解釈をひねり出そうとしている人びともいる。わたしとしては、量子力学が明白な成功を積み重ねてきた以上、この理論を真摯に受けとめるべきだと考えている。理論のどこを変えるべきか悩むのではなく、わたしたちの直観を制限しているものは何なのか、理論の全貌を見えづらくしているものは何なのかをこそ問わなければならない。

わたしが思うに、この理論が曖昧なのは、量子力学それ自体の責任ではない。責めを負うべきは、わたしたちの限られた想像力である。人間にとって、量子の世界を「見る」ことは困難をきわめる。それは、地中に暮らす盲目の小さなモグラが、ヒマラヤの峰の様子を把握しようとするようなものである。プラトンの神話が伝える、洞窟の奥底に縛りつけられた人びとは、わたしたちの似姿である（図4－8）。

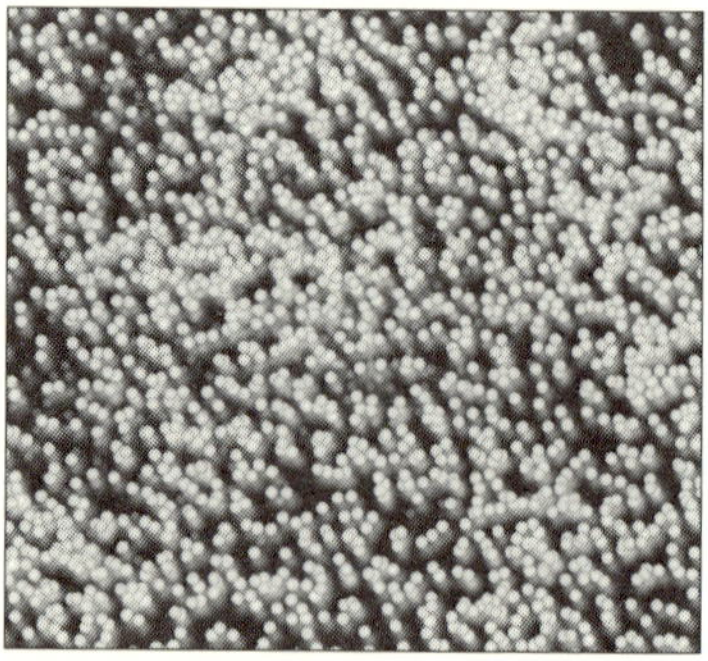

図4−8　光は「場」の波だが、同時に粒状の構造も備えている。

アインシュタインが没したとき、彼の最大のライバルだったボーアは、胸を揺さぶる賛辞を故人に捧げている。数年後、今度はボーアがこの世を去ったとき、誰かがボーアの研究室を訪れ、その場にあった黒板を写真に収める。そこにはひとつの図が描かれていた。アインシュタインの思考実験に登場する、「光に満ちた箱」の絵だった。ボーアは最後まで、より深く考え、より深く理解しようとしていた。最後まで、疑問を捨てなかった。

途切れることのないこの疑問が、より良い科学の奥深き源泉である。

第3部　量子的な空間と相関的な時間

親愛なる読者よ、わたしはこれまで、現代物理学のもつ力や、弱点や、限界について語ってきた。すでにあなたの手元には、現代物理学が描く世界のイメージを理解するための、すべての材料がそろっているはずである。

わたしたちが生きる世界には、屈曲した時空間が広がっている。どのようにしてかは分からないが、それは今から一四〇億年前に、巨大な爆発によって誕生した。以来、時空間はずっと膨張を続けている。この空間は実在する「事物」であり、物理的な「場」である。時空間の力学は、アインシュタインの方程式によって記述される。物質の重みのもとで、空間は折れたり曲がったりする。物質が極度に凝縮されたときには、空間がブラックホールへ呑みこまれていくこともある。

宇宙には無数の銀河が散らばっており、ひとつひとつの銀河に無数の星が散らばっている。銀河を形づくっている物質は、量子場によって形づくられている。量子場は、電子や光子のように、粒子の形態をとって現われる。または、量子場は電磁波のように、波の形で現われることもある。テレビの映像や、太陽の光や、星の輝きをわたしたちに伝えているのは、電磁波である。

原子や光をはじめ、宇宙に存在するあらゆる事物は、量子場によって記述される。量子場は奇妙な存在である。量子場を形成するひとつひとつの粒子は、別のなにかと相互作用を起こすときだけ、ある一点に居場所を定め、その姿をあらわにする。ひとたび相互作用を終えるなり、粒子は「確率の雲」のなかへ溶けこんでいく。世界とは、素粒子が起こす事象の湧出である。波のように振動する、大きく躍動的な空間の海に、素粒子は浸かっている。

世界のこのようなイメージと、このイメージを形づくるわずかな方程式によって、わたしたちの目に映るほとんどすべてのものを記述することができる。

そう。あくまで、「ほとんど」である。肝心な何かが、まだ欠けている。今日のわたしたちが探求しているのは、その何かである。この本の残りのページは、その何かのために捧げられている。

親愛なる読者よ、あなたはページを繰るにつれて、世界についてすでに分かっている事柄から、まだ分かっていない事柄へと進んでいくだろう。わたしはこれから、最先端の物理学が垣間見ている世界を紹介していく。ここから先のページをめくることは、安全が保証された宇宙船の外へ出ていくようなものである。「ほとんど」確かだと思っていた世界が、わたしたちの眼前で揺らぎはじめる。

第5章　時空間は量子的である

わたしたちが現代物理学から得ている豊かな知識の中心には、どこか矛盾した要素が潜んでいる。一般相対性理論と量子力学という、二十世紀の物理学が遺した二つの宝は、世界を理解するうえでも、今日のテクノロジーを成り立たせるうえでも、計り知れない恵みをわたしたちにもたらした。一般相対性理論は、宇宙論、天体物理学、重力波やブラックホール研究の基礎である。一方の量子力学は、原子物理学、核物理学、素粒子物理学、物性物理学をはじめ、多くの分野の研究基盤になっている。

しかし、二つの理論を並置すると、周囲には不協和音が響きわたる。少なくとも、現今の形式においては、二つの理論のどちらもが正しいということはありえない。なぜなら、一般相対性理論と量子力学のあいだには、明白な矛盾が認められるからである。一般相対性理論の重力場は、量子力学を考慮に入れずに記述されている。つまり一般相対性理論は、「量子化された場（量子場）」を想定していない。量子力学はというと、「時空間は曲がる」という点を無視して定式化されている。量子力学の扱う空間に、アインシュタインの方程式は当てはまらない。

ある学生が、午前中に一般相対性理論の講義に出席し、午後に量子力学の講義に出席したなら、この学生は二人の教授を、頭の鈍い手合いと判断せずにはいられないだろう。あるいは教授たちは、一世紀前から主張されてきた科学的知見を、きれいに忘れてしまったのだろうか？　午前と午後の各教授は、たがいに矛盾する二つの世界観を学生に語っている。午前中、世界は「屈曲した」時空間であり、そこではすべてが「連続的」だった。ところが午後には、世界は「平らな」時空間であり、「離散的」なエネルギーをもつ量子がそのなかを飛び交っていると教えられる。

不思議なのは、二つの理論の両方が、恐ろしいほど快調に機能しているという点である。自然界は、一般相対性理論と量子力学の前で、ユダヤの老いた律法学者のように振る舞っている。争いに決着をつけるために、二人の男が律法学者のもとを訪れる。一人目の話を聞いて、老賢人はこう答える。「お前が正しい」。すると二人目が、自分の話も聞いてくれと要求する。律法学者は二人目の話を聞いて、こう答える。「お前も正しい」。そのとき、隣の部屋で聞き耳を立てていた律法学者の妻が、大きな声でこう叫ぶ。「二人とも正しいはずがないでしょうに！」老人は考えこみ、頷き、こう結論を下す。「妻よ、お前も正しい」。二つの理論は、たがいに相反する前提にもとづいているように見える。それにもかかわらず、いかなる試験や実験を重ねてみても、自然は一般相対性理論に「お前は正しい」と言いつづけ、量子力学にも「お前は正しい」と言いつづける。明らかに、わたしたちはなにかを見落としている。

きわめて多くの物理的状況下で、わたしたちは量子力学に特有の予見を無視することができる。微小な量子の粒性が意味をもつには、月はあまりにも大きすぎる。したがって、月の運動を記述するとき、わたしたちは量子のことを（つまりは量子力学のことを）忘れていられる。一方で、空間を有意なほど曲げるには、原子はあまりにも軽すぎる。だから、原子を記述する場合、わたしたちは空間の屈曲を（つまりは一般相対性理論を）無視できる。しかし、空間の屈曲と量子の粒性の双方を考慮しなければならない物理的状況は、たしかに存在する。こうしたケースに遭遇したとき、わたしたちはもはや、まともに機能する物理学理論をもち合わせていない。

その一例が、ブラックホールの内部である。または、ビッグバンが起きた瞬間、宇宙になにが起きていたかという問題も、このケースに該当する。より一般的には、極小のスケールにおける時間と空間の仕組みについて、わたしたちはまだ理解していない。こうした状況においては、これまでに確立された理論は機能不全に陥り、もはやなにも教えてくれなくなる。量子力学は時空間の屈曲を扱えないし、一般相対性理論は量子の振る舞いを考慮できない。ここに、量子重力理論が取り組む問題の起源がある。

二つの理論のあいだに横たわる矛盾は、さらに深刻な問題を提起してくる。アインシュタインは、空間と時間の正体が、重力場という物理的な「場」であることを洞察した。ボーア、ハイゼンベルク、そしてディラックは、あらゆる物理的な場には量子の性格が備わっていることを見抜いた。量子場は粒状であり、確率にもとづく存在であり、相互作用の渦中において姿を現わす。これらの知見を受け入れるなら、空間と時間（つまりは重力場）もまた、このような奇妙な性質を備えた量子的な存在であるという推論が導き出される。

では、量子的な空間とは何なのか？　量子的な時間とは何なのか？　これが、「量子重力」と呼ばれる問題である。

大きな成功を収めた二つの理論が、見かけのうえでは矛盾を抱えている。じつをいうと、これは物理学にとってはなじみのある事態である。こうした状況では、二つの理論を統合する努力によって、世界の理解が格段に深められることが少なくない。事物が地面に落下する仕組みを記述したガリレオの物理学と、惑星の運動を記述したケプラーの物理学を組み合わせて、ニュートンは万有引力を発見した。マクスウェルとファラデーは、電気と磁気についてすでに判明していた知見をまとめ、電磁気の方程式を編み出した。アインシュタインは、ニュートンの力学とマクスウェルの電磁気の見かけ上の対立を解決しようとして、特殊相対性理論にたどり着いた。彼はその後、ニュートンの重力理論と自身の特殊相対性理論の対立を解決するため、一般相対性理論を発見する。

したがって、この種の対立を発見したとき、理論物理学者は幸福を感じる。それはまたとないチャンスである。正しい道を進むためには、わたしたちは次のように問わなければならない。世界について考えるために、これから構築する新たな概念構造を、「双方の」理論がもたらした知見と両立させることは可能だろうか？

量子的な空間や量子的な時間とは何なのかを理解するには、事物にたいするわたしたちの認識方法を根本的に変革する必要がある。わたしたちは、世界を理解するための文法を徹底的に見直さなければならない。大地は空間のなかを飛びまわっており、宇宙には上も下も存在しないことを理解したアナクシマンドロスや、わたしたち人間は天空をすさまじい速度で移動していることに気づいたコペルニクスや、時空間は軟体動物のように歪んでおり、時間の流れ方は場所によって異なることを悟ったアインシュタインのように、わたしたちもまた、これまで自然について学んできた事柄と一貫性をもつ世界観を見つけるために、現実の捉え方を大胆に刷新しなければならない。

量子重力を理解するには、わたしたちになじみのある概念を根幹から修正する必要がある。そのことに最初に気づいたのは、マトヴェイ・ブロンスタインだった。彼の人物像は、夢想と伝説に彩られている。ロシア生まれのこの若き物理学者は、スターリンの時代を生き、やがて悲劇的な最期を迎える（図5－1）。

マトヴェイ――最小の長さの発見

マトヴェイは、レフ・ランダウの青年時代の友人だった（第3章で言及したとおり、ランダウはやがて、ソヴィエト連邦のもっとも偉大な物理学者となる人物である）。両者を知っている研究仲間のあいだには、二人のうち、より優秀なのはマトヴェイだったとする向きもある。ハイゼンベルクとディラックが量子力学の基礎を構築しはじめたばかりのとき、ランダウは、量子を考慮すると電磁場は正しく記述されなくなるという、間違った予測を立てた。量子力学の父ボーアは、ランダウの過ちにすぐに気づき、ランダウの提起した問題を詳しく研究した。そして、量子力学を考慮に入れても、電場をはじめとする諸々の「場」は首尾良く記述されることを示すために、長く詳細な論文を執筆した。[1]

ランダウは、それきりこの件に手をつけなくなった。しかしこの問題は、彼よりわずかに若いマトヴェイの関心を引き寄せた。ランダウの直観は、おそらく正確ではなかったにせよ、なにか重要な知見を含んでいる。マトヴェイはそのように感じていた。空間のあらゆる点において、量子化された電場は正しく記述されることを示したボーアの議論を、マトヴェイは忠実に反復した。ただし彼はその議論を、「電場」ではなく「重力場」に適用してみた（重力場の方程式は、数年前にアインシュタインによって発表されたばかりだった）。すると、驚くべきことに、正しいのはランダウの方だった！　量子を考慮に入れた場合、空間の特定の一点において、重力場を正しく記述することができなくなる。

ここでなにが起きているのかについては、単純な方法で理解できる。空間のなかの、とても、とても、とても小さな領域を観察したい場合を想定してみよう。この作業を実行するには、観察対象である一点に印をつけるために、この領域に何か（例えば粒子）を置かなければならない。ところが、ハイゼンベルクの理解によれば、粒子が空間の一点に留まるのはほんの一瞬だけである。それから、粒子はどこかへ逃げてしまう。小さな領域に粒子を固定させようとすればするほど、粒子が逃げ去る速度は大きくなる（これが、ハイゼンベルクの「不確定性原理」である）。粒子が大きな速度で逃げるということは、粒子が大きなエネルギーをもっているということと同義である。

ここで、アインシュタインの理論を思い出してみよう。エネルギーは空間を屈曲させる。エネルギーが大きくなれば、空間が曲げられる度合いも大きくなる。「とても小さな」領域に「とても大きな」エネルギーを集中させれば、空間の屈曲は「あまりにも」大きくなる。すると空間は、重力崩壊を起こす天体のように、ブラックホールのなかに吸いこまれていく。粒子がブラックホールの内部に落ちてしまえば、もはやそれを観察することはできない。したがって、もはや当初の意図のように、空間のある領域を固定するのに粒子は利用できない。要するに、空間のなかの、小さな、小さな、どこまでも限りなく小さな領域は、わたしたちには測定できない。なぜなら、もしそれを実行しようとすると、この領域はブラックホールのなかに消えてしまうから。

図5－1　マトヴェイ・ブロンスタイン。

数学の力を少しばかり拝借すれば、この議論はより正確になる。結論は、次のように一般化できる。量子力学と一般相対性理論を併せて考慮した場合、両理論からは、「空間の分割には限りがある」という仮説を導き出せる。あるスケールを下回る領域では、いかなる存在にも手が届かない。あるいはむしろ、そのような領域には、いっさいなにも存在しない。

そのスケールとは、具体的にはどれくらいの大きさなのだろう？　計算はじつに簡単である。ブラックホールに吸いこまれずに済む、粒子の最小の寸法を計算するだけでよい。そして、その結果はたいへんにシンプルである。世界に存在する「最小の長さ」は、次の数式で表現される。

$$L_P = \sqrt{\frac{\hbar G}{c^3}}$$

　この等式の右辺では、根号記号のなかに、自然界に存在する三つの定数が記されている。いずれも、わたしたちがすでに出会ったことのある定数である。ニュートンの定数Gについては、第2章で言及した。これは、重力のスケールを規定する定数である。cは光の速度であり、第3章で相対性理論について解説しているときに登場した。光の速度cは、「拡張された現在」の幕開けを告げる定数である。プランク定数$\hbar$は、第4章の量子力学をめぐる議論のなかに顔を出している。この定数は、量子の粒性のスケールを規定する。[2] 三つの定数の存在は、わたしたちが今、重力（G）、相対性理論（c）、量子力学（$\hbar$）の三者に関係した何かを前にしていることの証である。

　この等式によって定められた長さL_Pは、「プランク長（プランクの長さ）」と呼ばれている。しかし、わたしとしては、「ブロンスタイン長」と呼びたいところである。この長さを数字で表現するなら、だいたい、一センチの一〇億分の一〇億分の一〇〇万分の一程度である（10のマイナス33乗センチ）。これはもう……小さいとしか表現のしようがない。このスケールでは、空間と時間は性質を変える。空間と時間は別の何かに、「量子化された空間と時間」になる。問題は、それが何を意味しているのかという点にある（プランク長の小ささをイメージするために、ひとつ具体的な例を挙げよう。仮に、一粒のクルミの殻を、わたしたちの目に映る全宇宙と同じサイズに拡大したとする。それでも、わたしたちにはまだプランク長が見えないだろう。それほど極端に拡大された世界にあっても、プランク長は、もともとのクルミの殻より百万倍も小さいのである）。

マトヴェイ・ブロンスタインは、ここに記したすべての事柄を一九三〇年代に理解し、簡潔で明晰な二本の論文を発表した。際限なく分割できる連続体として空間を捉えるかぎり、量子力学と一般相対性理論は両立しないことを、マトヴェイの論文は立証していた。[3]

しかし、物理学とは別個に、ある厄介な問題があった。マトヴェイとレフは、正真正銘の共産主義者だった。二人は、人類の解放としての革命を信じていた。革命によって、不正のないより良い社会が構築され、巨大な格差という、今なお世界のいたるところで増殖をつづけている問題が解決されると確信していた。二人はレーニンを熱烈に支持していた。スターリンが権力の座についたとき、マトヴェイとレフは困惑した。二人はやがて政権に批判的になり、ついには敵対的になった。彼らはスターリンを批判する文章を書いた……これは、自分たちが望んでいた共産主義ではない……二人が生きたのは、苦難に満ちた時代だった。ランダウは、どうにかして切り抜けた。簡単ではなかったが、ともかくも危機を逃れた。

空間と時間の概念は根本的に修正されなければならないことを、誰より先に理解したその数年後、マトヴェイはスターリンの秘密警察によって逮捕され、死刑を宣告された。一九三八年二月十八日、訴訟が行われたその日のうちに、マトヴェイは処刑された。[4] 三十代を迎えたばかりだった。

ジョン——確率の雲

マトヴェイ・ブロンスタインの早すぎる死の後、二十世紀の多くの偉大な物理学者たちが、量子重力のパズルを解く作業に挑戦した。ディラックも、人生の最後の数年間をこの問題に捧げている。量子重力理論をめぐる現代の仕事の多くは、ディラックが導入した考え方や手法に支えられている。これらの手法のおかげで、後にあらためて言及する、時間のない世界を描写できるようになる。リチャード・ファインマンもまた、この難問に立ち向かったひとりである。ファインマンは、自身が発展させた電子や光子に関する計算手法を、一般相対性理論に適用させようとした。だが、この試みはうまくいかなかった。電子や光子は「空間のなかの量子」であり、量子重力はそれとは別の何かである。「重力子」を記述するだけでは充分ではない。必要なのは、「量子化された空間」そのものを記述することである。

量子重力のパズルを解きほぐそうと努めながら、手違いのような形で別の問題を解決してしまい、その功績によりノーベル賞を受賞した物理学者も幾人かいる。たとえば、一九九九年にノーベル賞を受賞した、オランダの物理学者ヘーラルト・トホーフトとマルティヌス・フェルトマンである。二人の受賞は、核力（原子核を構成する核子間に働く力）の記述に利用されている理論の有効性を証明した功績に拠っている。しかし、彼らのもともとの研究目的は、量子重力にかかわる一理論の有効性を証明することだった。核力という別の力にかかわる理論の研究は、言ってみれば……予行演習のようなものである。「予行演習」が、二人にノーベル賞をもたらした。しかし、彼らの構築した量子重力理論の有効性は、結局証明されなかった。

量子重力のパズルに挑戦した物理学者の一覧表は、かなりの長さになるだろう。そのリストに目を通せば、二十世紀の物理学が築いた名誉ある歴史が想起されるはずである。または、失敗つづきだったことを思えば、それは不名誉な歴史なのかもしれない。長らく、熱狂と鬱屈の期間が交互に到来した。それでも学者たちの探求は、たんなる空回りだったわけではない。数十年のあいだに少しずつ、概念は明晰になっていった。手探りのまま行ったり来たりを繰り返すうちに、技術と概念は強化され、そこから生まれる結果は大きく成長していった。このゆっくりとした構築作業には、きわめて多くの担い手が関係している。ここで、そうした人物たちの貢献をひとつひとつ振り返ろうとすれば、たんに名前を羅列するだけの退屈な作業になりかねない。ひとりひとりが、粒なり石なりを加えることで、この構築物を大きくしていったのである。

ただひとり、あの偉大な英国人クリス・アイシャムの名前だけは挙げておきたい。哲学者であると同時に物理学者でもあり、永遠の少年ともいうべき心性を備えていたアイシャムは、この集団的な構築作業を長年にわたって主導してきた人物である。ある雑誌に掲載された、量子重力に関する彼の論文を読んで、わたしはこのテーマに恋をした。量子重力の問題解決はなぜ困難であるのか、そして、わたしたちは空間と時間の概念をどのように修正すべきなのか、その論文は解説していた。そこには、当時の研究者が探索していたすべての道の俯瞰《ふかん》図が、透きとおるような明晰さで描かれていた。わたしはこの論文をとおして、それぞれの道で見つかった結果と困難を知ることができた。空間と時間について、そもそものはじめから考えなおす必要があるという指摘は、大学三年生だったわたしをひどく惹きつけた。その魅力は、神秘の霧が少しずつ薄らいできても、けっして減ることはなかった。まるで、ペトラルカのソネットにある言葉のように……「受けたる傷は、癒されることなし」。

量子重力の研究の発展にほかの誰よりも大きく貢献したのは、ジョン・ホイーラーである。百歳近くまで生きた彼は、二十世紀の物理学の発展を逐一見守ってきた伝説的な研究者である（図5－2）。ホイーラーは、コペンハーゲンでニールス・ボーアに師事し、やがてボーアの共同研究者になる。また、アインシュタインが合衆国に移住してからは、アインシュタインとも共同研究に取り組んでいる。ホイーラーの教え子のなかには、リチャード・ファインマンをはじめ、優れた物理学者が何人もいる……ホイーラーは、二十世紀の物理学の中心に位置する人物といえるだろう。彼は燃え立つような想像力に恵まれていた。いかなる事物も外に出ることがかなわない空間に「ブラックホール」の名を与え、それを人口に膾炙《かいしゃ》させたのは、ほかならぬこのホイーラーである。ホイーラーの業績としてとくに広く知られているのは、量子的な時空間をいかに捉えるかをめぐる、数学的というよりは直観的な研究である。極小のスケールでの空間概念の修正を要請する、重力場の量子的性質に関するブロンスタインの論文を、ホイーラーは徹底的に読みこんだ。彼が追い求めていたのは、量子的な空間について思考するためのイメージだった。ホイーラーはその空間を、相異なる幾何学図形が重なり合ってできた雲のようなものとしてイメージした。それは、量子としての電子が溶けこんでいく「確率の雲」に似た存在である。

　空高くを飛ぶ飛行機から、海を見下ろしている自分を想像してみてほしい。あなたは広大な海面を目にするだろう。それはまるで、青く平らな一枚の板のように見えるはずである。ここで、飛行機の高度をぐっと下げ、海面を近くから観察することにしよう。今度はあなたは、海面を吹き抜ける風にあおられる、大きな高波を目撃する。さらに海面に近寄ると、波が砕け、海面のあちらこちらに泡が浮かんでいるのが見えてくる。ジョン・ホイーラーが想像した空間も、これに似た性質を備えている。わたしたちが生きているスケールは、プランク長のスケールと比較してあまりにも巨大である。このように巨大なスケールでは、空間は平坦で滑らかであり、ユークリッド幾何学によって問題なく記述される。しかしプランクのスケールまで目盛りを下げれば、空間は細かく切り刻まれ、ぶくぶくと泡立っている。

　この空間の泡立ち（つまり、相異なる幾何学図形から成る確率の波）を描写する方法を、ホイーラーは探し求めた。一九六六年、ノースカロライナ州に暮らす若き同僚ブライス・ド・ウィットが、重要なヒントをもたらした。[6] ホイーラーはよく出張をして、できるかぎり頻繁に研究仲間と顔を合わせるようにしていた。飛行機を乗り継ぐために、ノースカロライナ州にあるローリー・ダーラム空港で数時間を過ごす必要があったとき、ホイーラーはブライスに、空港まで会いにきてほしいと頼みこんだ。空港にやってきたブライスは、単純な数学的工夫を用いて得られた「空間の波動関数」のための方程式を披露した。[7] ホイーラーは熱狂した。このときの会話から、一般相対性理論の「軌道方程式」の一種が生まれた。この方程式を使えば、ある特定の屈曲した空間が観察される確率を計算できると二人は考えた。ホイーラーはずっと、それを「ド・ウィットの方程式」と呼んでいた。ド・ウィットはずっと、それを「ホイーラーの方程式」と呼んでいた。ほかの研究者はみな、それを「ホイーラー゠ド・ウィット方程式」と呼んでいる。

図5－2　ジョン・ホイーラー。

着想は素晴らしかった。二人が示した方向性は、量子重力理論を構築する際の指針になった。しかし、この方程式は多くの問題をはらんでいた。しかも、そのいずれもが深刻な問題ばかりだった。なによりもまず、この方程式には数学的な欠陥が認められた。この方程式を使って計算を行おうとした研究者たちは、意味のない無数の解が得られることにすぐに気づいた。この方程式をうまく機能させるには、あちこちを手直しする必要があった。

しかし、それよりも問題なのは、この方程式はどのように解釈されるべきなのか、この方程式は本当のところなにを意味しているのかという点が、まったく不明瞭だということだった。研究者をもっとも当惑させた側面のひとつに、この方程式が時間を変数に含んでいないという点が挙げられる。時間の流れのなかで展開する事象を計算したいとき、どうやってこの方程式を使えばよいのか？　時間を変数に含まない物理学理論とは、いったいなにを意味しているのか？　以後の数年間、量子重力の研究は、この問題の周りを行きつ戻りつすることになるだろう。方程式をより良く定義し、それが何を意味しているのか理解するために、物理学者たちはこの方程式を右に左にとこねまわしつづける。

ループの最初の歩み

霧が晴れてきたのは、八〇年代の終わりごろである。驚くべきことに、ホイーラー＝ド・ウィット方程式が抱えていた問題にたいし、いくつかの解決策が現われたのである。それからしばらく、密度の濃い議論と、激しい熱気に満ちた思索が展開された。わたしはこの時期、まずはニューヨーク州のシラキュース大学に籍を置き、インド出身の物理学者アベイ・アシュテカのもとで研究に取り組んでいた。それから、アメリカ出身の物理学者リー・スモーリンを訪ね、コネチカット州のイェール大学に籍を移した。アシュテカは、ホイーラー＝ド・ウィット方程式をより単純な形に書き換える仕事に貢献し、スモーリンは、ワシントンから程近いメリーランド大学のテッド・ジェイコブソンと同時期に、この方程式の奇妙な解を最初に予見してみせた。

この解は奇妙な性質を備えていた。それは、空間のなかの「閉じられた線」が、方程式の解を左右するという性質である。閉じられた線は「輪」の形状をしている。英語でいうならば、ループである。それ自体として完結している閉じられた線を計算の対象にするなら、ホイーラー＝ド・ウィット方程式の解を求めることが可能だった。これはなにを意味しているのか？　ホイーラー＝ド・ウィット方程式の解の意味が少しずつ明らかになるにつれ、大きな興奮が研究者たちを包みこんだ。そうした雰囲気のなかで、やがて「ループ量子重力理論」へ発展することになる最初の仕事が生み出される。これらの解にもとづき、一貫性のある理論が少しずつ構築されていった。「ループ理論」という名称は、方程式の解を導くための「閉じられた輪」に由来している。

　今日では、中国から南アメリカ、インドネシアからカナダにいたるまで、世界中に散らばる何百もの科学者がこの理論を研究している。多くの物理学者の手でゆっくりと築かれてきたこの理論は、「ループ理論」や「ループ量子重力理論」の名で呼ばれている。ここから先の各章は、この理論のために捧げられている。ループ理論の研究は、ほとんどあらゆる先進国（ただしイタリアは除く）で進められている。いくつかの研究グループでは、たいへんに優秀な若いイタリア人が活躍している（その全員が、国外の大学で研究しているのである。思わず溜め息をつきたくなる）。ループ理論は、現代物理学の基礎研究が模索している唯一の方向性というわけではない。しかし多くの研究者が、ループ理論こそもっとも有望であると判断している。[8] この理論が切り開く世界のパノラマはじつに奇妙で、見るものに困惑を引き起こさずにはいない。わたしは第6章と第7章で、そのパノラマを描写してみたい。

第6章　空間の量子

前章は、量子重力の基礎となるホイーラー＝ド・ウィット方程式の解を、ジェイコブソンとスモーリンが発見したという話で終わった。それ自体として完結している閉じられた線、つまり「ループ」が、この方程式の解を左右する。ホイーラー＝ド・ウィット方程式の解は、いったいなにを意味しており、なにを表現しているのか？

読者は「ファラデー力線」を覚えているだろうか？　それは、電気の力を周囲に運ぶ線である。ファラデーが想像する世界では、この線が空間をいっぱいに満たしていた。ファラデー力線こそ、「場」という概念の起源である。ここまで覚えているようなら、さっそく前に進むとしよう。さて、ホイーラー＝ド・ウィット方程式の解のなかに現われる閉じられた線であるが、これは「重力場のファラデー力線」にほかならない。

しかし、ファラデーの着想と比較すると、ここには二つの新しい要素がある。

第一の要素は、わたしたちが今、量子力学の世界を相手にしているということである。量子論においては、すべてが離散的であり、すべてが「量子化」されている。ファラデーが思い描く世界で、力線は蜘蛛《くも》の巣のように張りめぐらされていた。ただし、巣の糸がどこまでも限りなく（つまりは「無限」に）細いため、この巣は継ぎ目のない連続的な存在として捉えられていた。量子力学の世界では、ファラデー力線はよりいっそう、現実の蜘蛛の巣に近くなる。つまり、たがいに区別できる「有限な」数の線によって、力線の蜘蛛の巣が形づくられる。方程式の解が示す個別の各線が、蜘蛛の巣を形成しているいずれかの線に該当する。

より重要な第二の要素は、わたしたちが重力を相手にしているということである。つまり、アインシュタインが洞察したとおり、わたしたちが考察すべきなのは空間のなかに浸かっている場ではなく、空間の構造そのものである。「量子重力場のファラデー力線」は、空間を織り成している糸のような存在といえる。はじめのうち、量子重力の研究はこの線に焦点を当てていた。わたしたちが生きている「絡まり合う」三次元空間はどのように生じているのかを解明するため、物理学者たちは知恵を絞った。図6－1は、空間の離散的な構造という、量子重力の研究から引き出される直観的な着想を、視覚的に表現したものである。

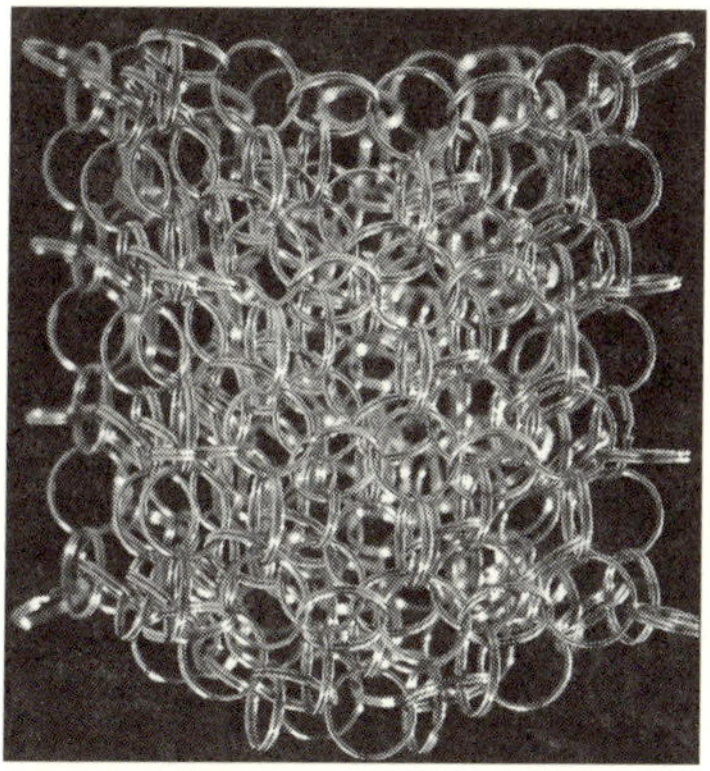

図6－1　絡まり合う輪（ループ）からできた3次元の編み目のように、量子のファラデー力線が空間を織り成している。

ほどなくして、アルゼンチン人のホヘイ・プリンやポーランド人のジュレク・ルヴァンドウスキのような、優れた若手研究者の直観と数学的技量のおかげで、方程式の解の物理的な意味を理解する鍵が、これらの線の触れ合う点に潜んでいることが分かってきた。こうした点は「節」と呼ばれ、ある節から発した線が別の節にいたるまでの部分は、英語の表現を借りて「リンク（つなぐもの）」と呼ばれる。たがいに触れ合っている線全体が、「グラフ」と呼ばれるものを形づくる。「グラフ」とは、図6−3が示しているような、リンクによって結びつけられる節の総体である。物理学者が行ったある計算は、節がないかぎり、物理的な空間は体積をもたないことを示していた。言い換えれば、空間の体積は線のなかではなく、グラフの節のなかに存在している。一本一本の線が、個々の体積を「つないでいる」わけである。

もっとも、この展望がはっきりと開けるまでには、なお数年の時間を要した。まずは、ホイーラー＝ド・ウィット方程式の数学的欠陥を修正し、正しい計算を実行できるように方程式を改良する必要があった。この作業が進められた結果、方程式から正確な解を引き出すことが可能になり、「グラフ」がもつ物理的な意味が明らかになってきた。鍵となるのは、体積と面積のスペクトルである。

体積と面積のスペクトル

どこでも良いから、空間のある領域を切り取ってみたとする。たとえば、あなたが今、椅子に座ってこの本を読んでいる部屋の体積を思い浮かべてみよう（あなたが室内で読書しているとしての話だが）。その空間は、どの程度の大きさだろう？　部屋の空間の寸法は、体積によって表現される。体積とは幾何学的な量であり、空間の幾何学的形状に由来している。しかし、幾何学的な形状をもつこの空間とは、（かつてアインシュタインが理解したように、そして、わたしが第3章で解説したように）じつのところ「重力場」にほかならない。つまり、体積とは重力場の変数である。部屋の体積は、床と壁と天井に囲まれた領域に、「どれだけの重力場が存在しているか」を表わしている。

しかし、物理的な量である以上、重力場によって表現される体積もまた、ほかのあらゆる物理量と同じく量子力学の法則に従う。第4章で、振り子の振り幅を例にとって説明したとおり、物理量が取りうる値の数は有限である（五センチと六センチのあいだに、振り幅の候補が無限に存在しているわけではない）。物理量の一種である体積にも、同じ議論が当てはまるはずである。物理量が取りうる値の一覧は「スペクトル」と呼ばれる。したがって、「体積のスペクトル」が存在しているに違いない（図6－2）。

ディラックは、あらゆる変数のスペクトル（つまり、変数が取りうる値の一覧）を計算する方法をわたしたちに遺してくれた。この方法を応用すれば、わたしたちは体積のスペクトルを、つまり、体積が取りうるあらゆる値を計算することができる。計画するのにも、実行するのにも、この計算はたいへんな時間を要した。研究者にとっては、忍耐の時間だった。九〇年代半ば、ついに計算は完了した。そして、かねてから予測していたとおり（ファインマンはつねづね、「計算とは、答えが分かってから行うものだ」と言っていた）、体積のスペクトルは離散的だった。体積は、「離散的な小箱」からのみ形成されうる。電磁場のエネルギーが、光子という「離散的な小箱」から形成されているのと同じ話である。

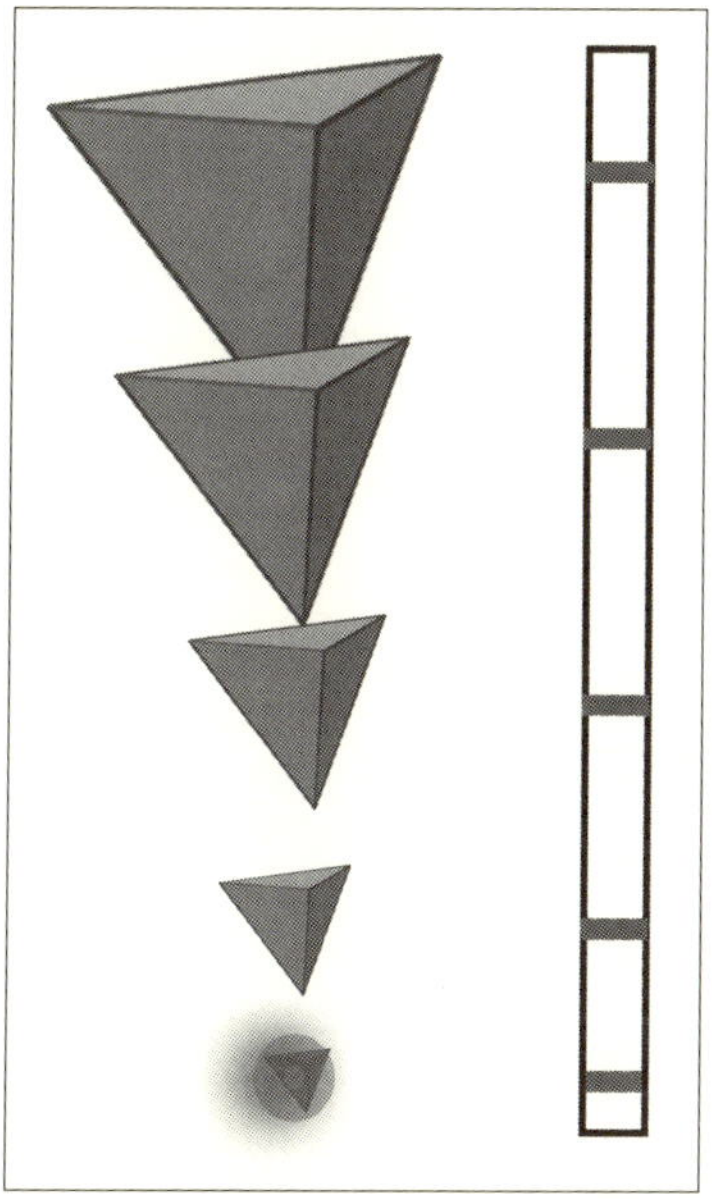

図6－2　体積のスペクトル。自然界に存在しうる正四面体の体積は、限られた特定の値しか取らない。いちばん下の、もっとも小さな正四面体は、自然界に存在するなかでもっとも体積の小さな四面体である。

グラフの節は、体積を形づくる離散的な小箱に相当する。それは、光子と同じく（任意ではなく）特定の大きさしかもつことができない。そして、その値は計算によって導き出される。数式では、グラフの節はn、各節がもつ体積はv^nと表現される。節は、空間を形成する「量子」である。グラフのあらゆる節は、「空間の量子的な粒」にほかならない。節と、そこから生じる体積の構造は、図6－3のように描写される。

つい先ほど、わたしは「リンク」という概念に言及した。一個のリンクは、重力場のファラデー力線を構成する一個の量子である。リンクがなにを表わしているのか、今なら理解できる。二つの節を、空間の中の二つの小さな「領域」として想像してみてほしい。隣り合う二つの領域は、小さな表面によって隔てられる。この表面の寸法こそ、わたしたちが「面積」と呼んでいるものである。体積につづき、空間の量子的な網の目を特徴づけている第二の量は、それぞれの線（リンク）に結びつけられた「面積」である。[1]

面積もまた、体積と同様に、物理的な変数である。したがって、面積はスペクトルをもっており、ディラックの方法を使えばその値を計算できる。計算結果はじつにシンプルである。ディラックのスペクトルがどのように機能するか、せめて一度は読者に見てもらうために、ここにその数式を掲載してみよう。面積Aが取りうる値は、次の公式によって与えられる。アルファベットのjは、整数と「半整数（奇数の1/2に等しい数）」を表わしている。具体的には、0、1/2、1、3/2、2、5/2、3……といった数である。

$$A = 8\pi L_P^2 \sqrt{j(j+1)}$$

この数式の構成要素について、少し詳しく見ていこう。Aとは、空間の二つの粒を隔てている表面の

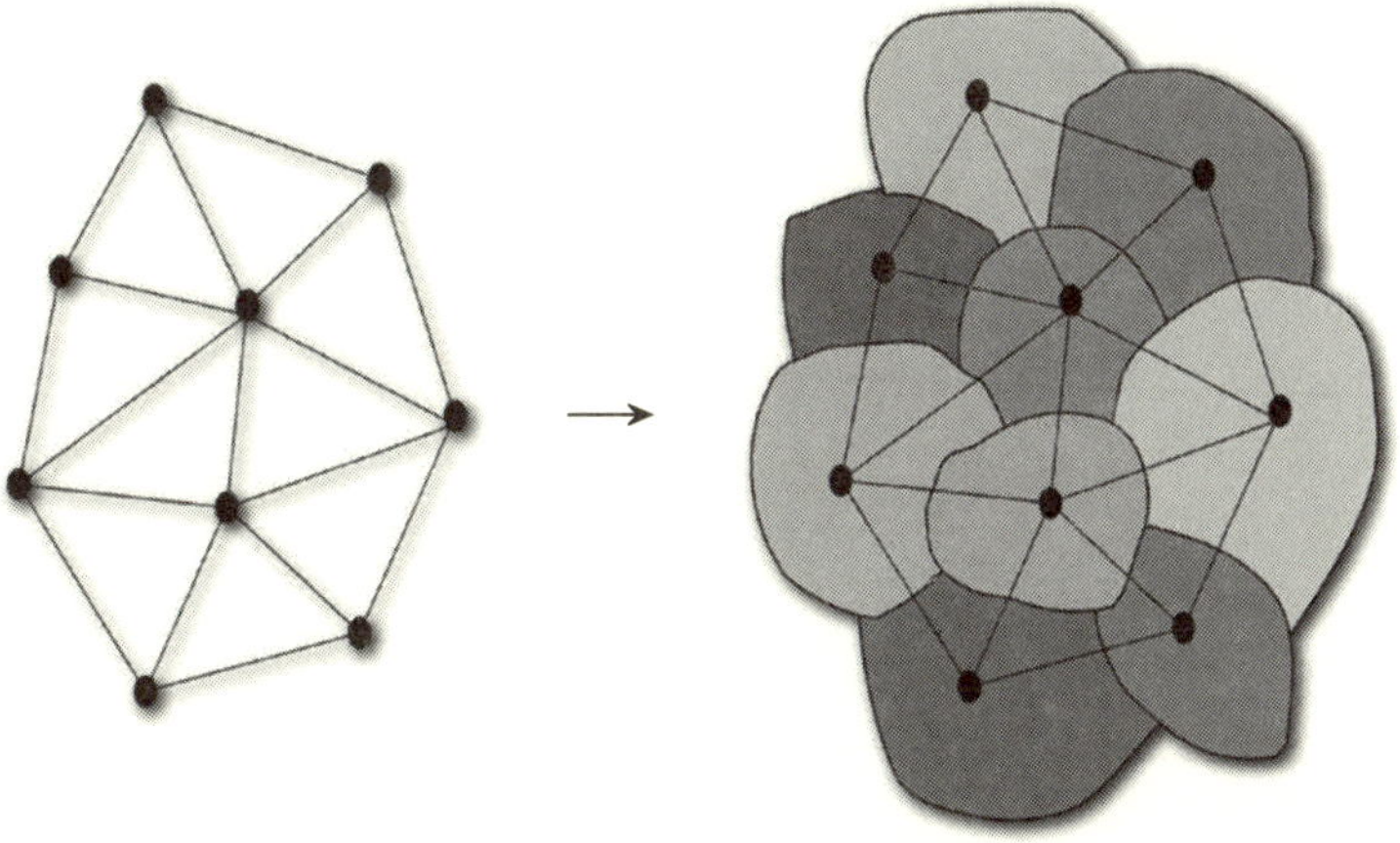

図6－3 （左）リンクが結びつける節によって、グラフが形づくられる。（右）グラフが表現する空間の粒。互いに隣り合う空間の粒を、リンクが表現している。隣接する空間の粒は、面によって区切られている。

面積である。8は数字の八であり、なにも特別なところはない。πは、小学校で習うあのπである。円周率を表現する定数であり、どういうわけかは知らないが、物理や数学の公式に頻繁に顔を出す。L_Pは、先にも触れた「プランク長」である。きわめて小さな長さであり、量子重力にかかわる現象はこのスケールで発生する。L_P^2はL_Pを二乗したもの、つまり、一辺の長さがプランク長に等しい小さな正方形の面積に相当する。つまり$8\pi L_P^2$とは、単純に、「小さな」面積を表わしている。それは、一辺の長さが一センチの一〇億分の一〇億分の一〇億分の一〇〇万分の一程度の正方形の面積である（$8\pi L_P^2$は、だいたい10^{-66}平方センチほどである）。根号記号とそのなかの要素が、この公式を興味深いものにしている。心に留めておくべきは、jが整数か半整数を表わすという点である。表6－1は、jの値に対応する根号の項の値（概算値）を示している。

表の右側の列の数値に$8\pi L_P^2$を掛けることで、表面の面積が取りうる値を求められる。これらの値は、原子核の周りを回る、電子の軌道の研究に登場した数値と同じ性質をもっている。量子力学は、電子が特定の軌道にしか存在できないことを示していた。今回のケースの鍵となるのは、ここで求めた値のほかには、面積は「存在しない」という点である。たとえば、「$8\pi L_P^2 \times 1/10$」という面積をもつ表面は存在しない。つまり面積は連続的ではなく、粒状（離散的）である。どこまでも限りなく小さな面積は、存在しない。空間が連続的に見えるのは、わたしたちの目が、空間の量子のきわめて小さなスケールを捉えられないからである。それは、布地と糸の関係に喩《たと》えられる。シャツの生地をじっくりと眺めれば、小さなスケールでは、布地を織っている個別の糸が見えてくるはずである。

たとえば、この部屋の体積を測った結果、一〇〇立方メートルだったとしよう。このとき、実際にはわたしたちは、この部屋に含まれる空間の粒（または、正確を期するなら「重力場の量子」）を数えている。一般的な寸法の部屋に含まれている空間の粒の個数は、だいたい一〇〇桁にのぼる。または、この本の一ページあたりの面積を測定したところ、二〇〇平方センチだったとする。このとき、本当の意味でわたしたちが数えているのは、ページの上を縦横無尽に横切っている網の目のリンクの個数、つまり、ループの個数である。この本の一ページあたりの面積は、およそ七〇桁の個数のリンクから形成されている。

長さや、面積や、体積の測定とは、つまるところ、たがいに区別可能な要素（粒）を数え上げていく作業である。こうした考えはすでに十九世紀に、あのリーマンによっても示唆されていた。連続的に屈曲する数学的空間の理論を発展させたこの数学者は、物理的な空間については、連続的であると捉えるよりも離散的であると捉えた方が合理的であることを見抜いていた。

ここまでの議論を要約してみよう。ループ量子重力理論（または単純に「ループ理論」）は、一般相対

j	$\sqrt{j\ (j+1)}$
1/2	0.8
1	1.4
3/2	1.9
2	2.4
5/2	2.9
3	3.4
—	—

表6－1　面積 A を算出するためのスピンの対応表。

性理論と量子力学を、細心の注意を払いつつ結びつけようとする試みである。ループ理論は、たがいに両立するよう手直しされた一般相対性理論と量子力学のほかに、いかなる仮説も利用していない。だが、その帰結はきわめて革新的である。

一般相対性理論はわたしたちに、空間は堅固で不動な箱ではなく、電磁場のように動的な何かであることを教えてくれた。わたしたちは、つぶれたりよじれたりする巨大な軟体動物のなかに浸かっている。こうした性質をもつあらゆる場は「量子からできている」、つまり、細かい粒状の構造をもっているということを、量子力学はわたしたちに教えてくれた。自然全般に関わるこれら二つの発見から、どのような結論を引き出すことができるだろうか？

ただちに引き出されるのは、次のような結論だろう。物理的な空間も、場である以上は、量子からできている。量子重力場（つまり空間）もまた、ほかの量子場を特徴づけているのと同じ粒状構造によって特徴づけられる。したがってわたしたちは、「空間もまた粒である」という予測を立てることができる。光の量子が存在したのと同じように、「空間の量子」が存在するという予測を立てることができる。光の量子は光を形づくる電磁場の量子であり、あらゆる粒子は量子場の量子である。空間は重力場であり、重力場の量子は「空間の量子」であると考えられる。それはつまり、空間を形づくる粒状の構成成分である。

これが、ループ理論から導き出されるもっとも重要な予測である。空間は連続的な存在ではない。空間を無限に分割することはできない。空間は、「空間の原子」によって形成されている。その原子はきわめて小さい。もっとも小さな原子核より、一〇億×一〇億倍も小さいのである。

ループ理論を使えば、空間は粒状の原子構造をもっているという着想を方程式に翻訳し、数学的に正確な方法で表現できる。空間の量子的な構造を記述し、正確な寸法を計算することが可能になる。ループ理論は数学的表現をとおして、「空間の基礎を形づくる原子」を描写する。この原子の振る舞いを特定するには、ディラックによって考案された量子力学の方程式を、アインシュタインの重力場に適用すればよい。

ループ理論はとりわけ、体積の問題を重要視する。体積（たとえば立方体の体積）は、どこまでも限りなく小さな値を取れるわけではない。この世には、最小の体積が存在する。最小の体積よりも小さな空間は、存在しない。つまり、体積を形づくる最小の「量子」が存在する。それが、空間を形づくる基礎的な原子である。

空間の原子

第1章で紹介した、アキレウスと亀の話を覚えているだろうか？　歩みの遅い亀に追いつく前に、アキレウスは無限個の道のりを走破しなければいけない。こうした考えは、ゼノンには受け入れがたいものだった。数学が、この困惑を解消させる答えを提供した。どんどん短くなる無限個の区間をつなげれば、結局は、有限の区間と同じ長さになる。

しかし、わたしたちが生きている現実の世界で、本当にこのとおりのことが起きているのだろうか？　自然界では本当に、アキレウスと亀のあいだに、どこまでも限りなく小さな区間が存在しているのだろうか？　一ミリの一〇億分の一〇億分の一〇億分の一〇億分の一の長さについて語ったり、それをさらに無数の区間に分割しようと考えたりすることに、はたして意味があるのだろうか？

幾何学的な量をめぐる量子スペクトルの計算を参照するなら、この質問への回答は否定的なものになる。どこまでも限りなく小さな空間の欠片は、存在しない。空間には、それ以上は分割できない下限が備わっている。きわめて小さなスケールではあるものの、分割の下限は存在している。これが、一九三〇年代にマトヴェイ・ブロンスタインが直観した事柄である。もっとも、この時点ではまだ、議論は概算的なものでしかなかった。面積と体積のスペクトルの計算が完了したのは、ごく最近の話である。一般相対性理論へ応用されたディラック方程式にのみもとづくこの計算が、マトヴェイの着想を証明し、数学的な表現によって定式化しなおした。

空間は粒状である。亀に追いつこうとするアキレウスが、無限回の移動をこなすことはない。なぜなら、有限な寸法をもつ粒からできた空間においては、「どこまでも限りなく小さな移動」というものは存在しないからである。英雄はすぐに亀に近づき、最後にはひと飛びで追いついてしまうだろう。

けれども、親愛なる読者よ、よくよく考えてみるならば、これこそレウキッポスとデモクリトスが提示した回答ではなかっただろうか？　もちろん、彼らが語っていたのは「物質」の粒状構造についてである。この二人が「空間」をどのように捉えていたのかという点は判然としていない。残念ながら、第1章でも慨嘆したとおり、彼らの書いたものはすべて散逸している。わたしたちは、ほかの書き手の引用に含まれている、曖昧な内容で満足するしかない。それはまるで、『神曲』の内容を、中学生向けの短縮版から復元しようとするようなものである。[2] とはいえ、後にアリストテレスによって取り上げられたデモクリトスの議論を注意深く検討すれば、そこに重要な知見が含まれていることが見てとれる。デモクリトスは、広がりをもたない点の集まりが連続的な存在を形づくるという考えを、不合理であるとして退けていた。これはまさしく、量子重力場としての空間に当てはまる議論である。わたしに確信があるわけではない。しかし、もしデモクリトスに、どこまでも限りなく小さなスケールの空間を測定することに意味はあるのか、そして、どこまでも限りなく小さな点による連続的な集合体として空間を捉えるべきなのかと問いかけたなら、デモクリトスはただ一言、このように答えるのではないだろうか。

「分割できる寸法には下限があることを、思い出しなさい」。この偉大なるアブデラの哲学者は、それ以上は分割できない基礎的な原子こそが物質を形づくっていると考えていた。物質をめぐる考察が空間にたいしても当てはまることを、ひとたびデモクリトスが悟ったなら（そもそも、空間はそれ自体の性質を、つまり、「なんらかの物理」を備えていると言っていたのは、デモクリトス自身である）、おそらく彼はためらいなく、次のように結論をくだすだろう。「空間もまた物質と同じく、それ以上は分割できない基礎的な原子から形づくられている」。わたしたちは確かに、デモクリトスが指し示した方角を進んでいる。

当然ながら、わたしはなにも、二千年におよぶ物理学の歩みはすべて無意味だったとか、実験も数学も無益であるとか、デモクリトスの思想には現代科学がもつ確実性が宿っているとか主張したいわけではない。そんなことはありえない。今日までにわたしたちが理解してきた事柄は、実験と数学という骨格によって支えられている。しかし、世界を理解するための概念的な枠組みを拡張させるには、新しい考え方を探求するだけでなく、過去の巨人たちがもっていた奥深く力強い直観を参照することも必要である。デモクリトスは、そうした巨人のうちのひとりである。そして、わたしたちの時代の新たな巨人は、過去の巨人の肩に腰かけているわたしたちが、自分たちの手で創りあげていかねばならない。

　ともあれ、今は量子重力に話を戻そう。

スピンの網――空間の量子の状態

　空間の量子的な状態を記述する「グラフ」は、各節に割り当てられた体積vと、各線に割り当てられた半整数jによって性質が決定される。これらの数字が割り当てられたグラフのことを、「スピンの網（スピンネットワーク）」と呼ぶ（図6－4）。物理学の世界では、半整数は「スピン」と呼ばれている。というのも、回転する事物をめぐる量子力学のなかに、半整数が頻繁に登場するからである（スピンとは、「回転する」という意味の英語）。スピンの網は、重力場の量子的な状態、つまり、「空間が取りうる量子的な状態」を表わしている。それは粒状の空間であり、この空間における体積や面積は離散的である。

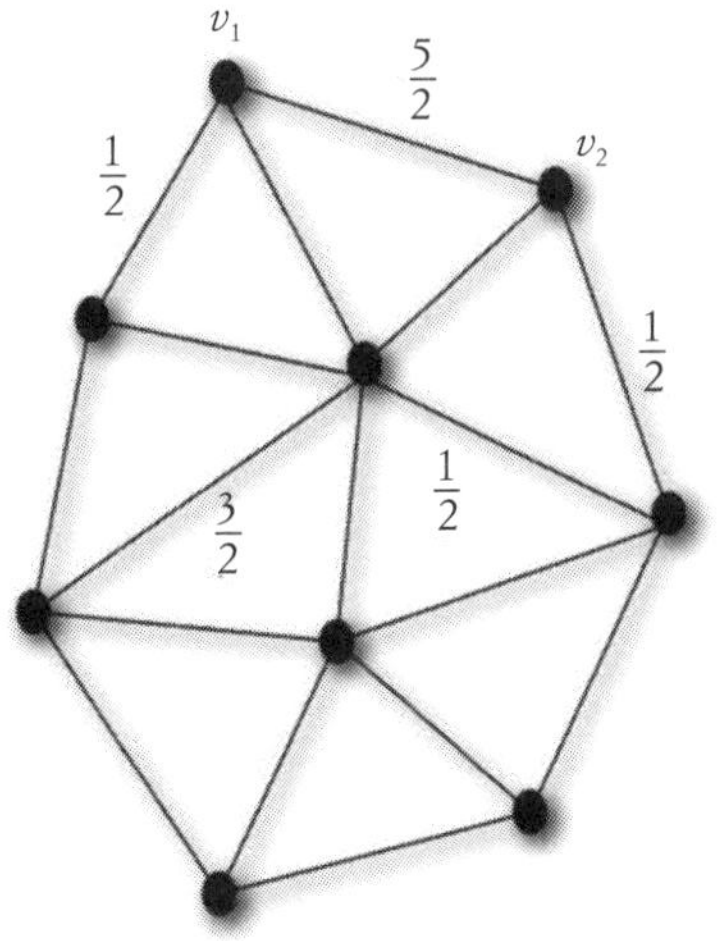

図6－4　スピンの網（スピンネットワーク）。

　有限な数の線から構成される網の目は、物理の教科書や論文のなかで、空間を近似的に表現する手段としてよく使われる。だがスピンの網は、空間を「近似的に」表現したものではない。小さなスケールでは、空間は本当に粒状の形をしている。これが、量子重力の核心である。

電磁場の量子である光子と、「空間の量子」であるグラフの節のあいだには、ある決定的な違いがある。光子が空間のなかに存在している一方で、空間の量子はそれ自体が空間を形づくっている。光子は「どこにあるか」によって性質が描写される。[3] それにたいして、空間の量子は居場所をもたない。なぜなら、この量子はそれ自体が「場所」だからである。空間の量子は、場所とは異なる別の情報によって性質を描写される。それは、どのような空間の量子と隣り合っているかという情報である。つまり、「誰のそばに誰がいるのか」に着目する必要がある。この情報は、グラフのリンク（節と節をつなぐ線）によって表現されている。一つのリンクが結ぶ二つの節は、隣り合う二つの空間の量子である。それは、言い方を換えるなら、たがいに触れ合う二つの空間の粒とも表現できる。この「たがいに触れ合う」という状況が、空間の構造を形づくっている。

繰り返すが、節と線によって表現されるこれら重力の量子は、「空間のなかにある」のではなく、それ自体が「空間そのもの」である。重力場の量子的な構造を記述しているスピンの網は、空間のなかに浸かっているわけでも、空間のなかに暮らしているわけでもない。リンクによってのみ、あるリンクと別のリンクの関係性においてのみ、個々の空間の量子は所在を特定される。

ある空間の粒から隣の空間の粒まで、リンクをつたって移動する自分の姿を想像してみよう。粒から粒へと移動して輪を描き、出発地点まで戻ってくれば、わたしは「ループ」を描いたことになる。このループが、理論の名称の由来である。わたしは第4章で、矢印を使って空間の曲率を測定する方法を紹介した。方角を固定した矢印を携えて閉じられた輪を進み、出発地点まで戻ってくる。そのとき、出発したときと比べて矢印の向きがどれだけ変わっているかを調べれば、空間の曲率を測定できる。ループ理論の数学は、グラフ上で完結しているループの曲率を特定する。これによって、時空間の曲率を、つまり、重力場の力の大きさを計算することが可能になる。[4]

わたしはここまで、量子力学の基盤を成す三つの性質のうち、「粒性」に焦点を当てて話してきた。読者にはここで、残り二つの性質も思い出してみてほしい。まずは、事物の展開は「確率」にもとづくものでしかないという性質である。スピンの網の「展開」は、偶然に左右される。わたしたちには、それぞれの展開の確率を計算することしかできない。この点については、時間をテーマにした次章で詳しく見ていこう。

量子力学がもたらした発見はもうひとつある。わたしたちは、事物が「どのようにあるか」を考えるべきではない。着目すべきなのは、事物が「どのように影響を与え合っているか」である。これはつまり、スピンの網を実体として、世界をおおう格子《こうし》のようなものとして捉えてはいけないということを意味している。わたしたちはこの網を、空間が事物にもたらす影響として捉えなければならない。ある相互作用と別の相互作用のあいだでは、電子はどこにも存在しないともいえるし、確率の雲のなかのあらゆる場所に存在するともいえる。同じように、空間を、ある特定のスピンの網と同一視してはいけない。空間とは、可能性として考えられるあらゆるスピンの網をおおっている、確率の雲のようなものである。

極小のスケールにおける空間とは、たがいに影響を与え合っている重力の量子（グラフ節）の波打つ湧出であり、その全体が事物に影響を及ぼしている。この相互作用のなかで、重力の量子はスピンの網として、個別の関係をもつ粒として姿を現わす（図6－5）。

空間とは、関係という糸の絶えざる湧出から生じる織物である。一本の糸は、それ自体としては、どの部分にも、どんな場所にも存在しない。糸自体が、相互作用のなかで、場所を創り出すのである。空

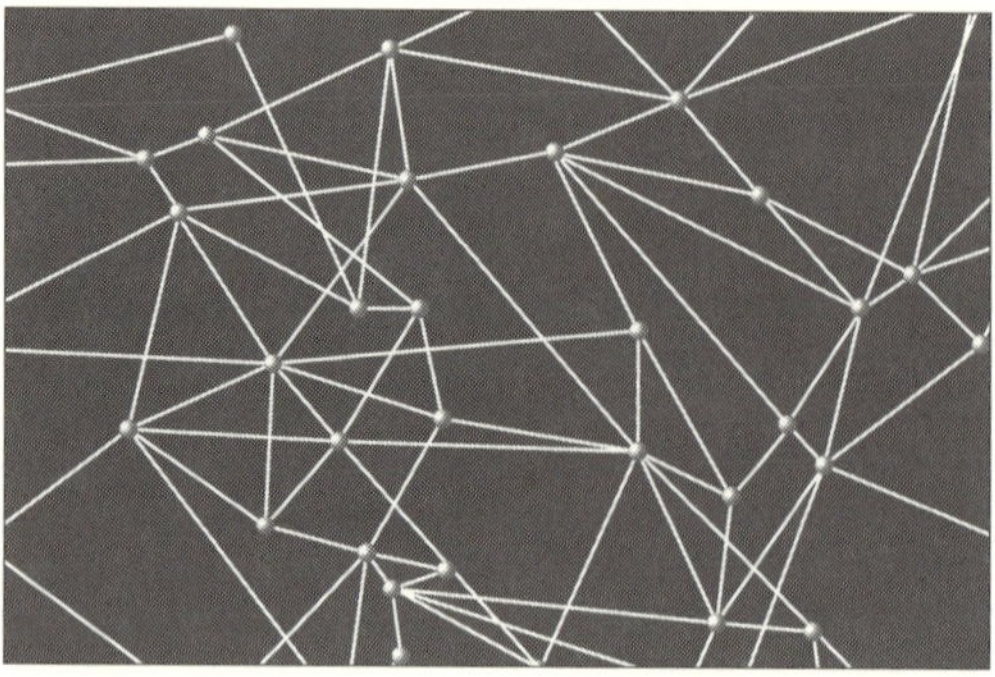

図6－5　極小のスケールでは、空間は連続的な構造をもたない。空間は、有限個の要素が相互に連結されることで形づくられている。

間は、個々の重力の量子の相互作用から生み出される。

わたしたちは量子重力の核心までたどりついた。空間は、空間の量子から形成され、離散的な構造を備えている。[5] しかし、これは最初の一歩でしかない。次の一歩は、時間にかかわっている。次章の主役は、時間である。

第7章　時間は存在しない

誰であろうと、事物の運動から切り離して
時間を知覚することはできない
ルクレティウス『事物の本質について』[1]

鋭い読者は、前章を読みながら、わたしが時間にまったく言及しようとしないことに気づいただろう。しかし、アインシュタインが一世紀以上前に示したように、時間と空間は分けられない。わたしたちはこの二つを、時空間という単一の存在として捉える必要がある。そろそろ、見取り図のなかに時間を呼び戻す頃合いである。

時間と向き合うための勇気が湧くまで、量子重力の研究は長いあいだ、空間の問題にばかり取り組んできた。時間について考える方法は、ここ十五年のあいだにようやく明らかになってきたばかりである。それをこれから説明してみよう。

事物を内包する無定形の容れ物としての空間は、量子重力理論の台頭によって物理の世界から姿を消した。事物（量子）は空間のなかに在るのではない。量子は、自身と隣り合っている量子のなかに在る。空間とは、隣近所との関係性の織物である。

物理学は、（ニュートン力学の前提となる）不活性な容れ物としての空間という概念を捨てた際に、現実のなかを次々と継起する不活性な流れとしての時間（つまり、どこでも、誰にとっても、つねに一様に流れつづける時間）という概念も捨てた。同じように、事物を内包する連続的な空間という概念が消えるなら、現象の発生過程のなかを流れる連続的な時間という概念も消えてしまう。これが、量子重力理論の前提である。

ある意味で、物理学の基礎理論には、もはや空間は存在しない。重力場の量子は、空間の「なかに」あるのではない。同様に、物理学の基礎理論には、もはや時間は存在しない。重力の量子は、時間の「なかで」展開するのではない。むしろ、量子の相互作用の結果として、時間が生じてくるのである。先に述べたとおり、ホイーラー＝ド・ウィット方程式は時間を変数として含んでいなかった。時間もまた、空間と同じように、量子重力場から生じているに違いない。

じつをいえば、これはすでに一般相対性理論が示唆していた知見である。この理論は、時間を重力場の一側面として捉えている。だがアインシュタインの時空間は、量子を無視して構築されている。アインシュタインの時空間は、現実の歴史の連なりをおおっている、ぐにゃぐにゃと曲がる織物のような存在である。しかし、量子力学を考慮に入れたとたんに、わたしたちは考えを改めざるをえなくなる。あらゆる現実が共有している、粒性、相関性、確率にもとづく不確定性という側面を、時間もまた備えているはずである。こうして、わたしたちがこれまで「時間」と呼んでいたものとはまるで異なる、新しい「時間」の相貌があらわになる。

量子重力理論によってもたらされる、この第二の概念的な帰結は、前章で解説した空間の消失よりもさらに極端な主張をはらんでいる。これから、その内容に挑戦してみよう。

時間はわたしたちが考えているようには流れない

自然界の時間は、わたしたちが共有している時間の概念とは異なる。この点は、一世紀以上も前から明らかにされていた。特殊相対性理論と一般相対性理論によって、こうした認識は確固たるものになった。今日では、時間にたいするわたしたちの先入観の誤りは、実験室で簡単に確認できる。

たとえば、第3章で解説した、一般相対性理論が示す第一の結論を思い出してみよう。二つの時計を用意し、両者が完全に同じ時間を表示していることを確認してから、一方を床の上に、もう一方を家具の上に置く。三〇分ほど待ってから、あらためて二つを見比べてみる。それぞれの時計は、同じ時間を表示しているだろうか?

第3章に書いたとおり、答えはノーである。わたしたちの腕時計や、携帯電話に搭載された時計には、この違いをはっきり認識させてくれるほどの精度はない。けれども、物理学の研究室には多くの場合、時間の不一致を示すのに充分なほど正確な時計が備わっている。床の上に置かれた時計の時間は、家具の上に置かれた時計の時間よりも遅れているはずである。

なぜ、このようなことが起こるのだろうか？　それは、時間がどこでも同じように流れているわけではないからである。時間の流れは、ある場所では速くなり、ある場所では遅くなる。地表に近づき、重力[2]が強くなればなるほど、時間の流れはゆっくりになる。第3章では、海と山に暮らす双子の例を取り上げた。長いあいだ離ればなれに暮らしていた双子が久しぶりに再会したとき、二人の「老い」の程度は少しだけ食い違っている。もちろん、その影響は極度に小さい。この双子が、たとえ生涯を海と山で暮らしたとしても、二人のあいだに流れる時間の差は、一秒にさえ遠く及ばない。しかし、たとえわずかであろうとも、この差はたしかに存在する。時間は、ふだんわたしたちが考えているようには流れていない。

時間のことを、世界の営みを分節する、宇宙規模の巨大な時計のようなものとして考えてはいけない。時間が局所的なものであることは、一世紀も前に判明している。宇宙に存在するあらゆる事物は自身に固有の時間をもっており、その時間を規定しているのが重力場である。

しかし、重力場の量子的な性質を考慮に入れるなら、この局所的な時間でさえもはや機能しなくなる。さまざまな仕方で流れる時間も、極小のスケールにおける量子的な事象を順序づけることはできない。

それにしても、「時間が存在しない」というのは、いったいどういう意味なのか？

はじめに強調しておくべきことは、「時間」と「変化」の関係についてである。量子重力理論の基盤を形づくる方程式（ホイーラー＝ド・ウィット方程式）が、時間を変数に含んでいないからといって、それはなにも、万物が不動であり、この世界は不変であるということを意味しているのではない。むしろ、方程式における時間の不在は、世界のいたるところに変化が分布していることを意味している。ただし、量子的な事象が展開する過程は、万物にとって共通の、一瞬一瞬の積み重ねのなかに位置づけられるのではない。空間の量子をめぐる極小のスケールに、唯一絶対の指揮者はいない。宇宙でたったひとりの、普遍的な時間を刻む指揮者が、自然の舞踊のリズムを定めているわけではない。あらゆる過程は、身近な過程と手を取り合って、自分のリズムに従いながら自由に踊っている。時間の流れは世界の内側にあり、時間は世界の内部で生まれる。時間の起源は、量子的な事象の関係性である。量子的な事象とは世界そのものであり、各事象がそれぞれに固有の時間を生成する。

本当のところをいえば、時間の不在が意味することは、そこまで複雑ではない。ここから先のページで、もう少し詳しく見ていこう。

脈拍と燭台——ガリレオの時間

古典物理学のほとんどの方程式には時間が登場する。慣習的に、変数としての時間はアルファベットの「t」で表現される（t は time の頭文字である）。古典力学（ニュートン力学）の方程式は、事物が時間のなかでどのように変化するかを教えてくれる。過去の時間になにが起きたかを知っているなら、未来の時間になにが起きるかを予見できる。わたしたちが、ある物理的な変量（たとえば、ある対象の位置Aや、ある振り子の振り幅Bや、ある物体の温度Cなど）を測定したとする。すると、方程式はわたしたちに、これらの変量A、B、Cが、時間のなかでどのように変化するかを教えてくれる。関数 $A(t)$、$B(t)$、$C(t)$ は、時間 t において、これらの変量が初期状態と比較してどれだけ変化したかを描写している。

地上の物体の運動は、時間の関数 $A(t)$、$B(t)$、$C(t)$ によって記述される。そのことを最初に理解したのが、ガリレオ・ガリレイである。ガリレオは、この関数を表現する方程式を編み出した。科学史における最初の物理法則は、ガリレオが発見した落体の運動をめぐる数式である。ガリレオの方程式は、物体の高さ x が、時間 t の変遷とともにどのように変化するかを表わしている（$x(t)=\frac{1}{2}at^2$）。

この法則を、まずは発見し、のちには証明するにあたって、ガリレオは二つの要素を測定しなければならなかった。つまり、物体の高さ x と、時間 t である。時間を測るには、当然ながら、「時計」が必要だった。

ガリレオが生きた時代に、正確な時計は存在しなかった。だが、まさしくそのガリレオによって、正確な時計を設計するための鍵が発見される。ガリレオは若かったころ、同じ振り子が一度揺れるのに要する時間は（たとえ振り幅が狭まっても）つねに同一であることを発見した。したがって、振り子が揺れる回数を数えるだけで、時間は簡単に測定できる。現代のわたしたちからすると、当たり前の話に思えるかもしれない。だがガリレオ以前は、誰ひとりこの方法に気づかなかった。科学とはそういうものである。

ただし、事はそう単純ではない。

伝承によるとガリレオは、絢爛《けんらん》たるピサの大聖堂のなかにいるとき、時間の測定方法を直観したらしい。彼はそこで、吊り下げ式の巨大な燭台《しょくだい》がゆっくりと揺れる様子を観察していた。その燭台は、今日でも同じ場所に吊り下がっている（ちなみに、この伝承は虚偽である。というのも、件《くだん》の燭台が大聖堂に吊るされたのは、ガリレオの発見よりも後の出来事だから。とはいえ、魅力的な伝承ではある。または、確かなことはいえないが、この燭台が吊られる前にも別の燭台がぶら下がっていたのかもしれない……）。ガリレオはミサのあいだ、司祭の言葉ではなく、燭台の動きにばかり気を取られていた。燭台の振動を見つめながら、ガリレオは自身の脈拍を数えていた。ガリレオは興奮を覚えずにいられなかった。というのも、一回の振動につき、脈がつねに同じ回数を打っていることに気づいたからである。燭台の動きが遅くなり、振り幅が小さくなっても、一度の振動のあいだに脈が打つ回数はまったく変わらなかった。ガリレオはこの観察をもとに、振り子の一回あたりの振動時間はつねに一定であると推論した。

たいへん魅力的な物語である。だがよくよく考えてみると、すっきりとしない気持ちがあとに残る。そしてこの違和感が、時間をめぐる問題の核心を形成している。違和感の中身を言葉にするなら、次のようになる。「ガリレオはどうやって、脈の打つ時間が一定であることを知ったのだろう?」[3]

ガリレオの発見からさして時を経ないうちに、西洋の医師たちは治療の一環として、患者の脈拍を数えるようになる。そのとき医師が時計として利用していたのは、ほかならぬ振り子であった。要するに、振り子の振動が規則的であることを確かめるのに脈を利用し、脈が規則的であることを確かめるのに振り子を利用しているわけである。これは循環論法ではないのか? この事態はいったいなにを意味しているのか?

振り子の振動時間を測っているときも、脈が打つ時間を測っているときも、じつのところわたしたちは、「時間そのもの」を測っているわけではない。わたしたちはつねに、振動や、脈拍や、そのほかさまざまな物理的な変量A、B、Cを計測し、しかる後に、ある変量と別の変量を比較している。つまり、わたしたちが計測しているのは、A(B)、B(C)、C(A)といった関数である。わたしたちは、一回の振動ごとに何回の脈が打つかを測ることができる。腕時計の針が一目盛り動くたびに、振り子がどれだけ振動するか測ることができる。鐘楼《しょうろう》の大時計にたいして、自分の腕時計の動きがどれくらいずれているか測ることができる……万物を支配する「真の時間」として、変数tが存在すると想定することは有益である。しかし、わたしたちはこの変数を、直接には計測できない。物理的な変量をめぐるあらゆる方程式は、この「観測できないt」を軸にして書かれている。これらの方程式は、tの値の変化に伴い、事物がどのように変化するかを教えてくれる。一回の振動に要する時間や、一回の動悸に要する時間は、変数tを含む方程式によって算出される。ある変量から見た別の変量の変化（たとえば、振り子が一回振動するあいだに脈が打つ回数）を計算するには、こうした方程式を利用すればよい。わたしたちは、そうして得られた計算結果を、現実の世界から引き出された観察結果と突き合わせる。計算による予測が観察結果と合致したなら、この入り組んだ図式は正しく機能していると推定できる。そして、たとえ直接に計測できなくとも、時間 t を変数として利用することは有益であるという結論にいたるだろう。

言い換えるなら、変数としての時間とは、観察から導き出された結果ではない。それはあくまで、仮定のうえでの存在である。

こうした点を、ニュートンは完全に理解していた。変数としての時間を設定することの有効性を見抜いた彼は、時間と物理的変量をめぐる図式を明快な形に整理した。ニュートンは自著のなかで、次のように断言している。わたしたちには、「真の」時間 t を計測することはできない。しかし、それが存在すると「仮定」すれば、自然を理解し描写するにあたって、きわめて有効な図式を組み立てられる可能性がある。

ここまでが、量子重力理論について語るための地ならしである。あらためて、先ほどの問いを取り上げてみたい。「時間は存在しない」という主張は、いったいなにを意味しているのか？　答えは次のように要約できる。きわめて小さな事物を相手にするとき、ニュートンの図式は機能しなくなる。ニュートンの図式はたいへん役に立つが、スケールの大きな事象にしか当てはまらない。

わたしたちにとってなじみの薄い領域を含め、世界をより包括的に理解したいと望むのなら、わたしたちはニュートンの図式を手放さなければならない。それ自体として流れゆき、あらゆるものがそれを基準に展開していく時間 t という概念は、量子の世界では有効性を失う。万物が時間 t のなかで展開する方程式では、この世界を記述できない。

わたしたちがなすべきことは単純である。わたしたちは、自分が「本当に」観察している変量だけを検討し、そのうえで、これらの変量の関係性を記述しなければならない。つまり、$A(t)$、$B(t)$、$C(t)$ といった、実際には観察できない「時間 t」を含む関数ではなく、A(B)、B(C)、C(A) など、変量と変量の関係を表わす方程式を記述すべきなのである。

ここで、脈拍と燭台に話を戻そう。これから先、わたしたちの考察の対象となるのは、「時間のなかで変化する」脈拍や燭台ではない。わたしたちにとって重要なのは、「一方が他方にたいして」どのように変化しうるかを示す方程式である。こうした方程式は、鼓動が脈打つ時間 t や、燭台が振動する時間 t については語らない。わたしたちが記述すべきなのは、燭台が振動するあいだに何回の鼓動が脈打つかを、時間 t について言及せずに直接に示す方程式である。

「時間のない物理学」とは、時間について言及せずに、脈拍と燭台についてのみ語ろうとする物理学である。

こうして書いてみると、単純な変化である。だが、この発想の転換が、大いなる跳躍を実現させた。わたしたちはこの世界を、「時間のなかで変化するもの」としてではなく、もっと別のなにかとして捉えなければならない。事物は、ある事物と別の事物の関係においてのみ変化する。根本的な次元では、時間は存在しない。「流れゆく時間」とは、わたしたちにとってなじみ深い巨視的な視点に立った場合のみ意味をもつ、大まかな概念である。世界を概略的にしか捉えられないわたしたちの眼差しが、時間という概念を支えている。

量子重力理論によって記述される世界は、わたしたちがよく知っている世界とは遠く隔たっている。そこにはもはや、世界を「収容する」空間も、事象の発生を「順序づける」時間も存在しない。この世界に存在するのは、空間と物質の量子が絶えず相互作用を与え合っている、基礎的な過程だけである。わたしたちは、持続的な空間と時間が自分たちを取り巻いていると思っている。だが、それは幻想である。わたしたちを形づくり、わたしたちを取り巻いているのは、基礎的な過程の絶え間ない湧出にほかならない。アルプスの山間に横たわる穏やかで透明な湖が、無数の水分子の機敏なダンスによって形づくられているのと、ちょうど似たような話である。

時空間の握り鮨

では、こうした着想をどうやって量子重力理論に適用するのか？　世界の容れ物としての空間も、世界の流れを順序づける時間も存在しない場所で、どうやって変化を記述するのか？

まずは、通常の物理的過程が、空間と時間のなかにどのように位置づけられているかを考えてみよう。たとえば、二つのビリヤードの球が、緑色の卓上で衝突する過程を思い浮かべてみてほしい。赤の球が黄の球に近づき、衝突し、両者はたがいに反対方向へ遠ざかっていく。この過程は、あらゆる過程と同じように、空間の限られた領域（たとえば、一辺が二メートルのビリヤード台）で発生し、限られた時間（たとえば三秒）だけ継続する。量子重力理論を利用してこの過程を扱うには、過程のなかに空間と時間そのものを含めて考える必要がある。

つまり、二つの球だけでなく、球を取り巻くすべてのものを記述しなければならない。そこには当然、ビリヤード台や、台に置かれているほかの物体が含まれるが、それだけではない。赤の球が動きはじめた瞬間から、過程が終わったとわたしたちが判断する瞬間まで、すべての時間にわたり各物体が「浸かっていた」空間もまた、記述の対象になる。空間と時間は、アインシュタインが「軟体動物」と呼んだ重力場であることを、ここで思い出しておこう。わたしたちは重力場も、つまり「軟体動物」の切れ端も、記述の対象に含めなければならない。世界に存在するあらゆる事物は、アインシュタインの巨大な軟体動物に浸かっている。球が衝突する過程を記述するには、軟体動物の一部を小さく切り取る必要がある。一個の鮨《すし》のような形をしたこの領域に、球の衝突や、そのまわりのすべてのものが含まれている。

こうして得られるのが、図7－1に示したような、時空間の箱である。数秒間にわたり継続する数立方メートルの空間が、時空間の有限な小片を形成している。注意してほしいのは、この過程は時間の「なかで」起こるのではないということである。箱は時空間の「なかに」あるのではなく、箱自体が時空間を「含みこんでいる」。空間の量子は空間の「なかに」存在しているのではないのと同じく、この過程は時間の「なかの」過程ではない。第6章で述べたとおり、重力の量子は「空間のなかにある」のではなく、それ自体が「空間そのもの」である。同じように、この過程は「時間のなかにある」のではなく、それ自体が「時間そのもの」に相当する。

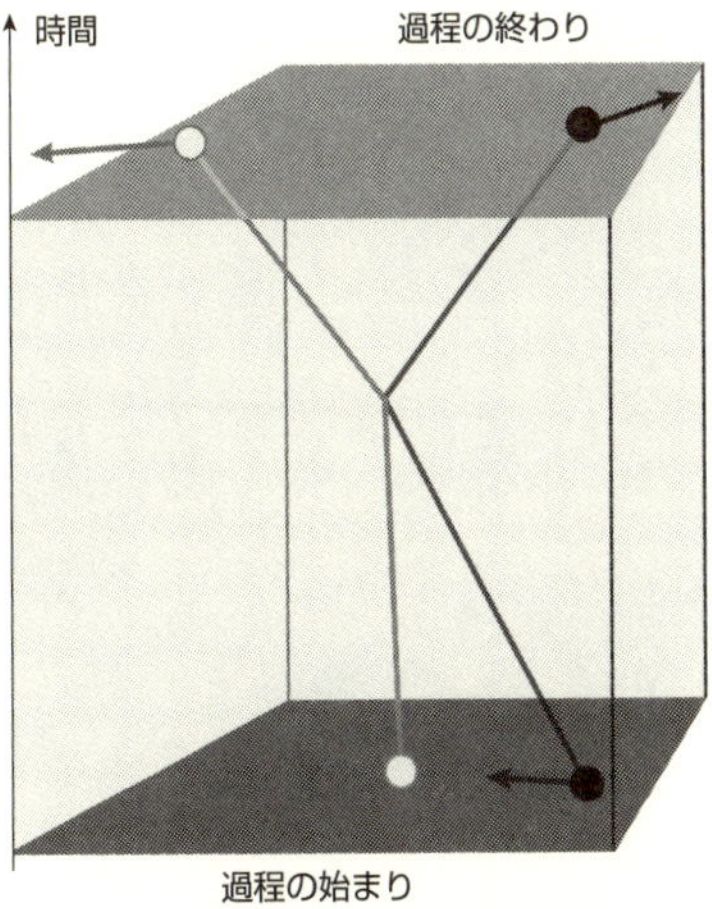

図 7－1　時空間の一領域で、静止している白い玉に黒い玉がぶつかり、黒い玉は跳ね返され、白い玉が動きだしている。この図では、箱が時空間の一領域を表現している。箱の内部には、2つの玉がたどった経路が描かれている。

量子重力の働きを理解するには、二つの球をめぐる物理的過程だけでなく、時空間の箱に内包される全過程を考慮しなければならない。重力場（時空間）をはじめ、球を取り巻くすべてのものが考察の対象である。

ハイゼンベルクに端を発する着想に、ここで立ち返ってみよう。量子力学は、過程の最中になにが起こるかは教えてくれない。量子力学が示すのは、過程の始まりと終わりで生じうるさまざまな状態を結びつける確率である。今回の場合では、過程の始まりと終わりの状態は、時空間の箱の「末端」で起きるすべての事象によって定義づけられる。

では、ループ量子重力理論の方程式は、わたしたちになにを教えてくれるのか？　この方程式が指し示すのは、箱の「末端」で起こりうるすべての状態の確率である。言い換えるなら、二つの球が時空間の箱に入り、やがて出ていく仕方をめぐる、さまざまな状況の確率でもある。

この確率をどうやって計算するのか？　量子力学について解説しているときに言及した、ファインマンの「経路総和」を思い出してほしい。量子重力理論の領域においても、同じ方法で確率を計算できる。つまり、同じ末端をもつあらゆる「行程」を勘定に入れるのである。相手にしているのが時空間の力学である以上、わたしたちはここで、同一の末端をもつ「生じうるあらゆる時空間」を考察しなければならない。

二つの球が入ってくる始まりの末端と、両者が出ていく終わりの末端のあいだには、唯一絶対の時空間や、二つの球の確定的な経路は存在しない。これが、量子力学の教えである。そこにあるのは量子の「雲」であり、起こりうるあらゆる時空間と、起こりうるあらゆる経路が、この雲のなかで共存している。二つの球が、ある仕方や別の仕方で出ていく様子が観察される確率は、起こりうるあらゆる時空間を足し合わせることで計算される。[4]

スピンの泡――量子の時空間構造

第6章で述べたように、量子的な空間が網状の構造をもっているなら、量子的な「時空間」はどのような構造をもっているのだろうか？　前節で触れた計算に登場する「箱」の形をした時空間とは、実際

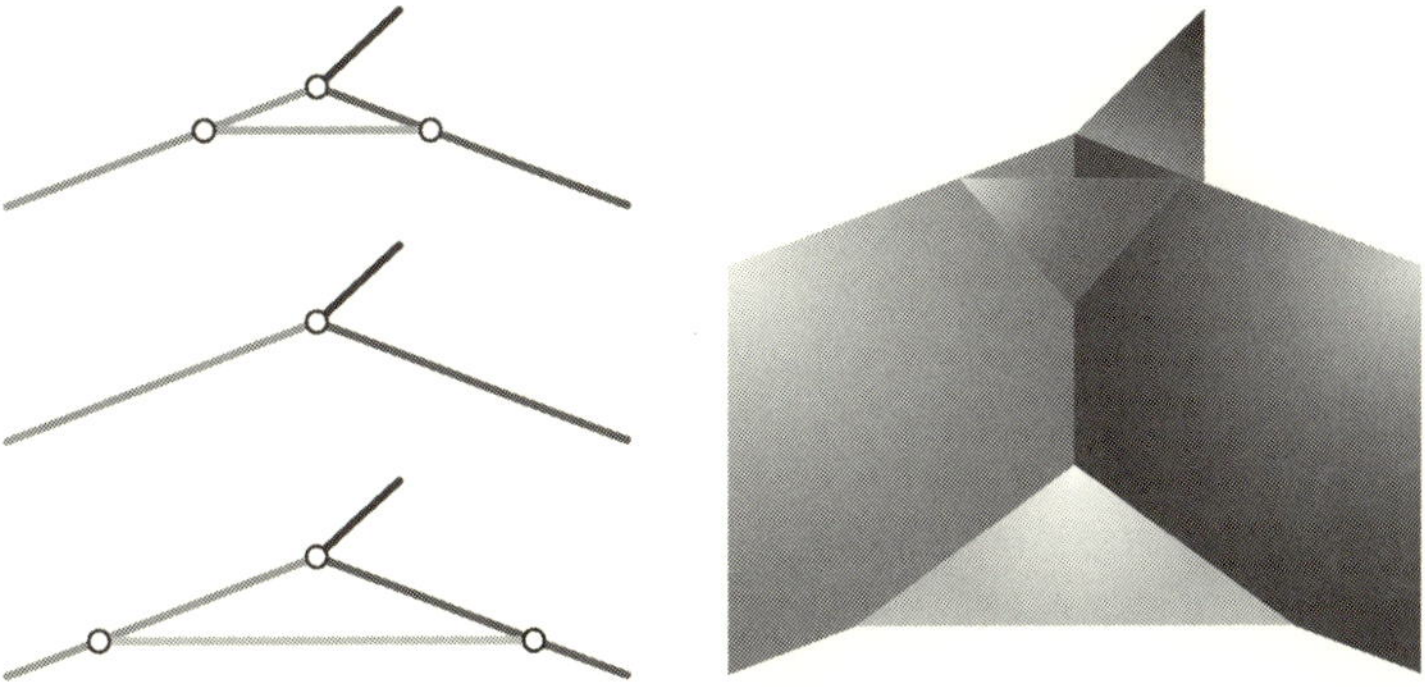

図7－2　（左）展開するスピンの網。３つの節が１つになり、その後ふたたび３つに分かれている。（右）この過程が描き出すスピンの泡（スピンフォーム）。

のところどのようなものなのか？　わたしたちは量子的な時空間を、「網の歴史」、または、「網の歩み」と表現できるだろう。網を手にもち、それを動かすところを想像してみてほしい。カメラを使って、網の結び目の動きを記録したとする。すると、図７－１に示した球と同じように、網の結び目は線を描いているだろう。そして、それぞれの結び目をつなぐ「リンク」は、網の動きに伴い、一つの面（たとえば三角形）を描いているはずである。しかし、量子的な空間の場合、話はそれにとどまらない。一個の粒子が、二個やそれ以上の数の粒子に分割されることがあるのと同じように、一つの結び目（節）が開かれた結果、二つやそれ以上の結び目が生じることがある。反対に、二つやそれ以上の結び目が合流して、単一の結び目を形づくることもある。こうして、ある過程のなかで展開していく網は、図７－２に示したような軌跡を描く。

図７－２の右側に示したイラストは、「スピンの泡（英語ではスピンフォーム）」と呼ばれている。なぜ「泡」なのか？　もう一度、図７－２をよく見てほしい。イラストの図形は、線の上で出会う面によって形づくられ、各線の交点が図形の頂点を形づくっている。これはまさしく、石鹸の泡と同じ構造である

図7−3　石鹸の泡。

（図7−3）。石鹸の泡と泡は線の上で出会い、そうした線と線の交わる点が泡の頂点を形づくる。量子的な時空間が「スピンの泡」と呼ばれるのは、網の目を形づくる各線にスピンが割り振られているからである。したがって、この泡を形づくる各面にも、スピン（つまり半整数j）が割り振られていることになる。

　ある過程の確率を計算するには、時空間の箱のなかに認められる、「生じうるすべてのスピンの泡」を足し合わせなければならない。生じうるすべてのスピンの泡とは、言い換えるなら、同じ末端を共有するすべてのスピンの泡ということである。スピンの網は、箱の末端で姿を現わす。ある過程のなかに入っていく物質や、ある過程のなかから出てくる物質があらわになるのも、やはりこの末端である。

　ループ量子重力理論の方程式は、固定された末端におけるスピンの泡の総和という形式で、過程の確率を表現する。この方法を使えば、原則的には、あらゆる事象の確率を計算することが可能になる（正確を期するなら、この泡の頂点の構造は、図7−2に示したものよりも幾分か複雑である。図7−4に示したイラストの方が、より実態に近いといえる）。

素粒子の標準模型

　素粒子の標準模型を構成する場の量子論のうち、今日までに素晴らしい成果をあげている理論は二種類ある。一つ目は、ファインマンによって構築された量子電磁力学という理論である（Quantum Electro-

Dynamicsの頭文字を取って、QEDとも呼ばれる）。この理論では、計算を行う際に、粒子と粒子のあいだで生じる基礎的な過程を表現している「ファインマン・ダイアグラム」という図表の数字を利用する。図7－5のイラストは、ファインマン・ダイアグラムの一例である。この図は二つの粒子を、つまり「たがいに影響を与え合う二つの場の量子」を表現している。まず、左側の粒子が崩壊して二つの粒子に分裂する。そのうちの一つが、さらに二つに分裂したあとで、ふたたび合わさって一つになり、右の粒子と合流する。ファインマン・ダイアグラムは、こうした過程を延々と表現したものである。したがって、この図は場の量子の「歴史」を表わしている。

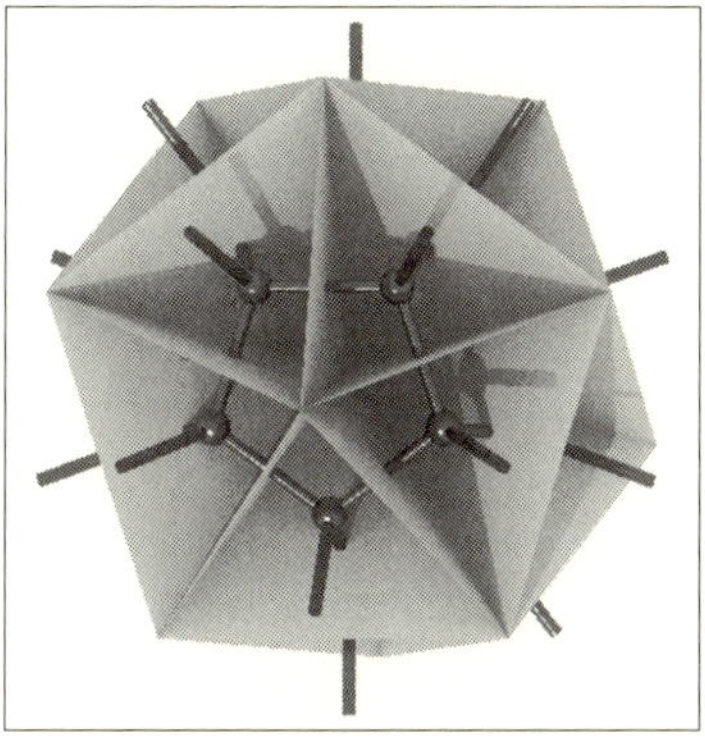

図7－4　スピンの泡の頂点の形状（Greg Egan提供）。

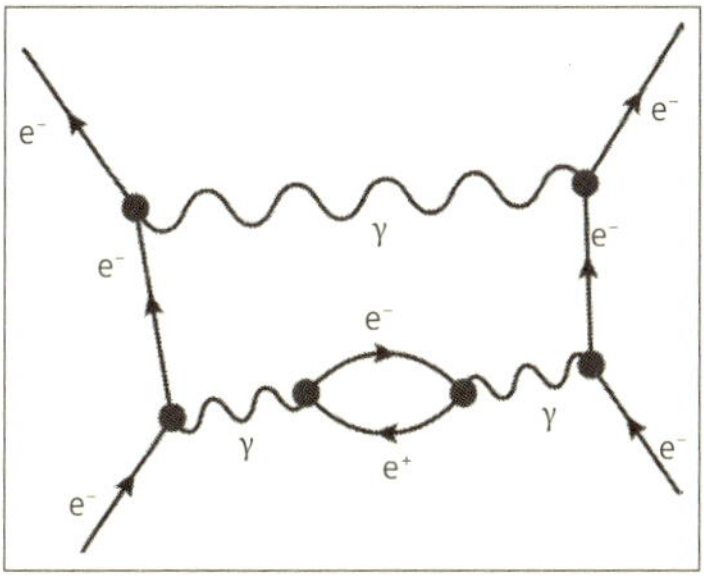

図7－5　ファインマン・ダイアグラム。

　場の量子論のなかで、うまく機能している二種類目の理論は、量子色力学、またはQCD（Quantum Chromo-Dynamics）と呼ばれている。量子色力学は量子電磁力学と同様に、素粒子の標準模型の一構成要素である。この理論は、例えば、陽子の内部においてクオークとクオークのあいだに働いている力を記述する。量子色力学の分野には、多くの場合、ファインマン・ダイアグラムの手法を適用することができない。しかし、さまざまな計算を可能にする別の手法が存在する。それは「格子《こうし》ゲ

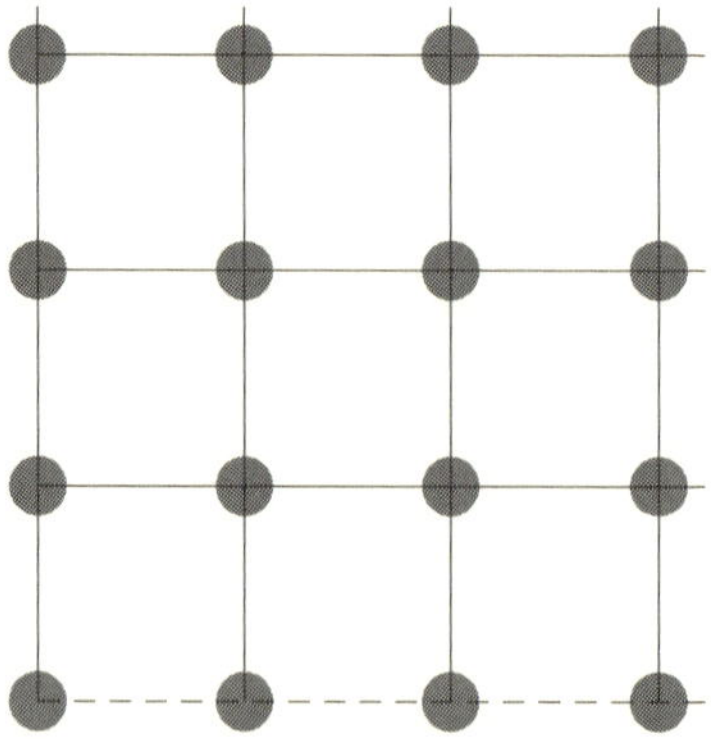

図7－6　物理的な時空間を概算的に表現した格子。

ージ理論」と呼ばれる手法である。格子ゲージ理論は、連続的な物理空間を「格子」として捉えることで、空間を近似的に捉えようとする（図7－6）。量子重力理論のケースと異なるのは、この格子が、空間の本当の描写とは見なされていないという点である。格子はあくまで、計算を行うための「近似的な」存在である。技術者が橋の強度を計算する際、限られた要素だけをもとにおおよその数値を求めるのと同じ話である。

ファインマン・ダイアグラムと格子ゲージ理論は、場の量子論が誇るもっとも効果的な計算手法である。

しかし、量子重力理論の発展に伴い、思いもよらない事態が起きる。二つの計算手法の区別がなくなり、一つになってしまったのである。図7－2に示した時空間の泡（スピンフォーム）は、量子重力理論にもとづき物理的な過程を計算する際に利用される。この泡は、ファインマン・ダイアグラムとしても、計算に用いる格子としても解釈できる。

なぜ、時空間の泡をファインマン・ダイアグラムと見なせるのか？　それは、両者がともに、量子の歴史を表現するものだからである。ただし、量子重力理論が扱うのは、空間のなかを動きまわる量子ではなく、空間そのものを形づくる量子である。したがって、相互作用をとおして量子が描く「図（ダイアグラム）」は、「空間のなかの粒子」の運動ではなく、「空間そのもの」の歴史を表わしている。そして、このような量子の歴史は、量子色力学（ＱＣＤ）の計算に用いられる「格子」とたいへんに似通ってい

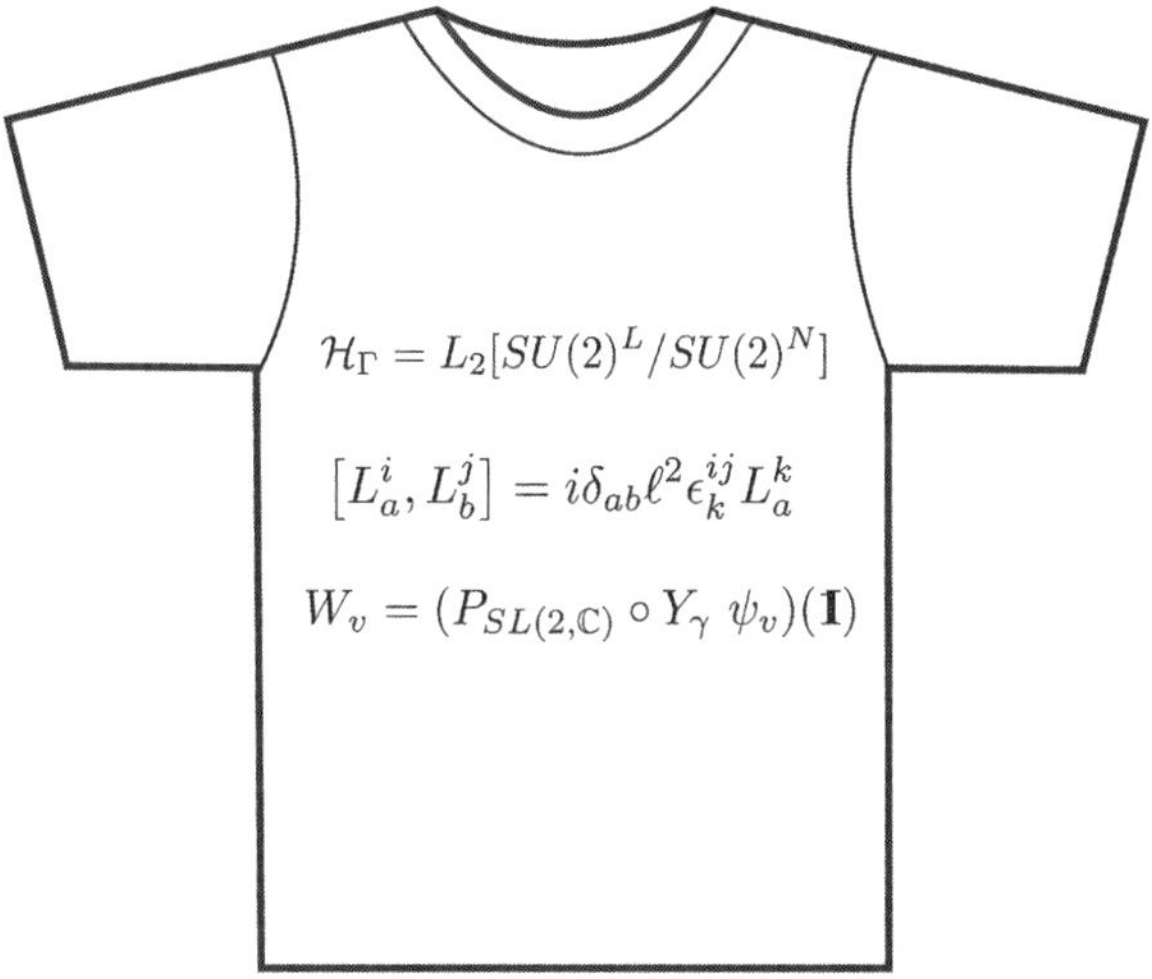

図7－7　一枚のＴシャツに書きこまれたループ量子重力理論の方程式。

る。違いを挙げるとすれば、ＱＣＤの格子が空間を近似的に表わしたものであるのにたいし、量子重力理論の「時空間の泡（スピンフォーム）」は、極小のスケールにおいて実際に空間に備わっている粒状構造を表現しているという点である。量子電磁力学の計算手法も、量子色力学の計算手法も、より包括的な計算手法のなかの個別事例にすぎなかった。包括的な手法とはつまり、量子重力理論における、スピンフォームの総和を求める手法である。

アインシュタインの方程式を紹介したときと同じように、ここでもやはり、量子重力理論を表現する方程式の完全な形を、どうしても紹介しておきたい。もちろん、かなり高度な数学を学び、相当量の専門的な文章を読まなければ、この方程式を読み解くことはできないが……。

一枚のＴシャツに方程式の全体を書きこめないようであれば、その理論は信用するに値しないと言った人物がいる。これが、そのＴシャツである（図７－７）。

この三つの方程式は、前章と本章でわたしがつづってきた世界の描写を、数学の形に書き換えたものである。[5] 当然ながら、この方程式が本当に正しいのかどうか、はっきりしたことは誰にもいえない。まだ修正が必要だろうし、または、根本的な変更を迫られるかもしれない。しかし、わたしにはこの方程式が、今のところもっとも的確に世界を描写しているように感じられる。

空間とはスピンの網である。そこでは、「節（結び目）」が基礎的な粒子を、「リンク（結び目と結び目をつなぐ線）」が近隣に存在する粒子たちの関係性を表わしている。スピンの網が、ある状態から別の状態へと変化する過程によって、時空間が形成される。スピンの泡の総和を計算することで、スピンの網の変化の過程が導き出される。一個のスピンの泡は、スピンの網（つまり粒状の時空間）がたどりうる想像上の行程を表現している。スピンの網の結び目は、ほどけたり合わさったりして、刻々と姿を変える。

空間と時間を生み出す、微視的なスケールでの量子の湧出が、わたしたちを取り巻く巨視的な現実の、見かけ上の安定性を支えている。一立方センチの空間も、一秒の時間も、極小の量子の泡が躍るように湧出した結果なのである。

世界は何からできているのか？

事象の背後にある空間が姿を消し、時間が姿を消し、古典的な意味での粒子が姿を消し、古典的な意味での場が姿を消した。なら、世界は何からできているのか？

今や答えは単純である。粒子とは、量子場の量子である。光は、場の量子の一種から形成されている。空間とは場のことにほかならず、空間もまた量子的な存在である。この場が展開する過程によって、時

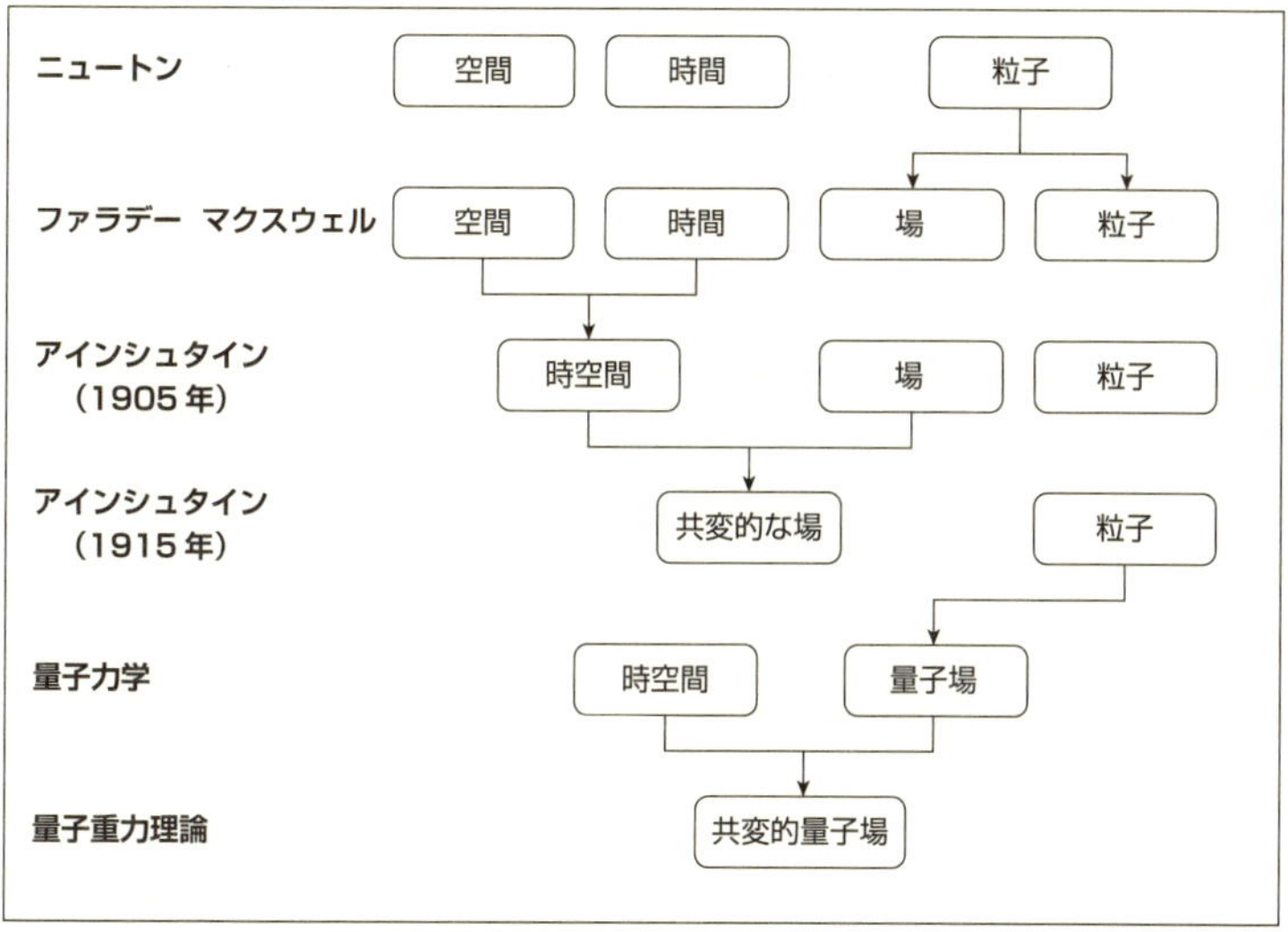

図 7－8　世界は何からできているのか？　今や世界は、共変的量子場というたった一つの素材から形づくられている。

間が生まれる。要約するなら、世界はすべて、量子場からできている（図7－8）。

これら量子場は、時空間の「なかに」あるのではない。量子場は、いうなれば、別の量子場にもたれかかって存在している。場と場が幾重にも重なり合って、この世界を形成している。大きなスケールでわたしたちが知覚している空間と時間は、これら量子場の一種（重力場）に由来する、ピントの外れた大まかなイメージである。

場の背景にあるのは場であって、「場の支持体」としての時空間を想定する必要はない。場は時空間に浸かっているのではなく、場によって時空間が生み出される。こうした場のことを、「共変的量子場」と呼ぶ。世界は何からできているのか？　近年、この問いにたいする答えは劇的に単純になった。この世界を構成するすべてのもの、つまり、粒子も、エネルギーも、空間も時間も、たった一種類の実体が表出した結果にすぎない。その実体が、共変的量子場である。
最初の科学者にして最初の哲学者であるアナクシマンドロスは、万物を形づくる根源的な実体が存在すると仮定し、その実体を「アペイロン」と命名した。共変的量子場は、今日のわたしたちが獲得した、「アペイロン」のもっとも有力な候補である。[6]
アインシュタインの一般相対性理論によれば、空間は連続的で屈曲している。一方で、量子力学が扱う離散的な量子は、平板で均質な空間のなかに分布している。しかし、一般相対性理論と量子力学を隔てていた壁は、量子重力理論の台頭によって崩れ去った。見かけ上の矛盾は、もはや存在しない。時空間の連続性と空間の量子のあいだに成り立つ関係は、電磁波と光子のあいだに成り立つ関係と完全に一致する。電磁波とは、光子を大きなスケールで捉えたときのおおよその姿であり、光子とは、電磁波が互いに影響を与え合うときの手段である。同様に、連続的な空間と時間とは、重力の量子の力学を大きなスケールで捉えたときのおおよそのイメージであり、重力の量子とは、空間や時間が互いに影響を与え合うときの手段である。量子重力場を矛盾なく記述するには、ほかの量子場を記述するときとまったく同じ数学を利用すればよい。
空間と時間の概念は刷新された。両者はもはや、世界を縁取る普遍的な構造ではない。空間と時間は、大きなスケールにおいてはじめて現われる、近似的な存在である。認識の主体と客体は不可分であるというカントの言葉は、おそらく正しい。だが、ニュートン的な空間と時間が、認識の「ア・プリオリ（先天的）な」形式でありうるというカントの判断は、残念ながら間違っている。カントはニュートン的な空間と時間を、世界を理解するのに不可欠の文法と見なしていた。実際にはこの文法もまた、わたしたちの認識が深まるにつれて、徐々に変化してきたのである。

一般相対性理論と量子力学のあいだには、かつて考えられていたほど深刻な対立は存在しない。それどころか、両者を子細に検討すれば、二つの理論はたがいに手を取り、深いところで通じ合っていたことが分かってくる。アインシュタインの屈曲した空間を成り立たせている関係性は、量子力学における系と系の関係性を成り立たせている相互作用に等しい。空間と時間は量子場の一側面であり、外部の空間という「足場」をもたなくとも量子場は成立する。こうした事実が明らかになるにつれ、二つの理論のあいだに認められる矛盾は弱まっていった。一般相対性理論と量子力学は、たがいを補強し合う、同じコインの両面のような関係をもっている。

今日、ループ量子重力理論は、わたしたちを取り巻く現実を解釈するに当たって、物理的世界の基本構造を以上のように捉えている。

この物理学は、つづく第4部で見ていくとおり、「無限の消失」というきわめて重要な成果を生み出した。どこまでも限りなく小さな寸法は、もはや存在しない。連続的な空間を背景に定義づけられていた場の量子論にとって、無限の概念は足かせにほかならなかった。ところが無限は、空間の連続性という、物理的に誤った前提に由来する概念であるために、退場を余儀なくされた。重力場の力があまりにも強くなり、アインシュタインの方程式が成り立たなくなる特異点は、無限の消失とともに姿を消す。このような特異点が設定されてしまうのは、単純に、場の量子化を無視していたせいだった。モザイクの欠片は、少しずつ、自らの居場所を見出していった。本書の最後の数章では、ループ量子重力理論から導き出される、いくつかの物理的な帰結を紹介していきたい。

世界の基礎を形づくるこれらの実体は、空間のなかや時間のなかに存在しているわけではない。そうではなく、それら自身が、たがいに関係を築きながら、空間と時間を織り成している。このような考え方は、じつに奇妙で難解に聞こえるかもしれない。しかし、かつてアナクシマンドロスが、おそらくわたしたちの足元には、わたしたちの頭上に広がっているのと同じ空しか存在しないと言ったとき、人はそれを奇妙に感じなかっただろうか？　かつてアリスタルコスは、月や太陽が小さな球のように見えるのは、両者がきわめて遠くに浮かんでいるせいであると直観した。実際には、月と太陽は小さな球どころか、たいへん大きな天体である。そのアリスタルコスが、月や太陽までの距離を計測しようと試みたとき、周囲の人間は彼の言葉をまともに受けとめただろうか？　または、星と星のあいだに広がる半透明の雲の正体は、途方もなく遠くにある星々の海であることに、ハッブルが気づいたときは……？

　わたしたちを取り巻く世界は、何世紀にもわたって拡大を続けてきた。眼差しの届く距離が遠くなるにつれ、世界にたいするわたしたちの理解は深まっていく。世界はつねに、わたしたちが想像するより広大である。わたしたちは世界の多様さに圧倒され、自分たちの世界観の貧しさに呆然とする。けれども同時に、わたしたちが提示する世界の描写はより深遠に、より単純になっていく。

　わたしたちは、地中に暮らす盲目の小さなモグラである。このモグラは、世界についてほとんどなにも知らない。それでも、わたしたちは学びつづける……。

　［……］これらすべては、たんなる幻想を超えた何かが働いたしるし。話の筋も通ってくる。いずれにしても、それらはある意味、奇妙であり素晴らしくもある［……］[7]

第4部　空間と時間を越えて

第3部では、量子重力理論の基礎を要約し、そこから生じる世界のイメージを紹介した。

本書の締めくくりとなる第4部では、この理論から導き出されるいくつかの帰結について語っていきたい。ビッグバンやブラックホールのような事象を、量子重力理論はどのように解釈するのか。わたしはまた、この理論を実証するために行われているさまざまな実験の現状についても論じていく。たとえば、多くの物理学者からその存在を予見されながら、いまだに観測されていない「超対称性粒子」を例に、自然がわたしたちになにを伝えようとしているのか考えてみたい。

最後に、わたしたちが世界を理解するにあたって、いまだ欠けているように思える要素を取り上げ、今なお曖昧模糊としている概念について考察していく。最後の議論の鍵となるのは、「熱力学」と「情報」である。量子重力理論のような、空間も時間もなしに成立する理論において、熱力学と情報はどんな役割を果たすのだろうか。こうした考察を経ることで、時間の発生についての理解を深められるはずである。

これらの議論は、「わたしたちが知っていること」の最前線へわたしたちを導いていく。読者はそこで、「わたしたちがまったく知らないこと」に直面する。そのときわたしたちは、美しく、大きく、計り知れないほどに深い神秘を目の当たりにする。

第8章　ビッグバンの先にあるもの

「先生」――アインシュタインとローマ教皇の過ち

時は一九二七年にさかのぼる。イエズス会士から教育を受け、前年（一九二六年）には修道士になるための誓いも立てたベルギーの若き科学者が、アインシュタインの方程式を研究していた。この科学者は、アインシュタインよりもわずかに早く、この方程式が宇宙の膨張（または収縮）を予見していることを理解した。この結論を軽率にも退け、宇宙の膨張（または縮小）というアイデアをなんとかして消し去ろうとしたアインシュタインとは異なり、ベルギーの修道士は方程式の予見を真剣に受けとめた。そこで彼は、当時ようやく手に入るようになりつつあった、銀河の観測データを収集してまわった。

今日のわたしたちが「銀河」と呼んでいるものは、当時はまだ「星雲」と呼ばれていた。というのも、望遠鏡のレンズをとおして見える銀河は、星と星のあいだに広がる乳白色の「雲」のような姿をしていたからである。その正体が、はるか遠くに浮かぶ無数の星から成る巨大な島々であり、わたしたちの地球が浮かぶ銀河と同類であることは、いまだ明らかになっていなかった。ともあれ、ベルギーの若き修道士は、宇宙は膨張しているという考えが、観測データに合致することを理解した。わたしたちの銀河

図8−1　ヘンリエッタ・レヴィット。

を取り巻くほかの銀河は、空に向かって思い切り投げつけられたかのように、すさまじい速度で遠ざかっている。わたしたちの銀河からの距離が遠ければ遠いほど、離れていく速度はより大きい。宇宙全体は、風船のように膨張している。

修道士の直観は二年後に、アメリカの天文学者ヘンリエッタ・レヴィット（図8−1）とエドウィン・ハッブルによって証明された。レヴィットは、星雲と星雲の距離を計測する手法を発見し、星雲がわたしたちの銀河の外側の、はるか遠方に存在していることを実証した。ハッブルは、レヴィットが発見した手法とパロマー天文台の大型望遠鏡を利用して、銀河が遠ざかっているという事実を示す正確なデータを積み上げた。

もっとも、若き修道士は一九二七年の段階で、すでに決定的な結論にたどりついていた。わたしたちの目に、空高く飛んでいく石が見えたとする。これはつまり、石は数秒前はもっと低い場所にあり、なにかが石を上に押したということを意味している。今、わたしたちの目には、たがいに遠ざかっていく銀河と、膨張する宇宙が見えている。これはつまり、かつては銀河はもっと近くに集まっており、宇宙は今よりも小さかったということを意味している。なにかが、宇宙が膨張するための最初の一押しを与えたのである。ベルギーの若き修道士は、原初の宇宙はきわめて小さく圧縮されており、一種の巨大爆発によって膨張が始まったのだと推定した。修道士はこの状態を「原初の原子」と呼んだ。今日の物理学者はそれを「ビッグバン」と呼んでいる。

この修道士の名を、ジョルジュ・ルメートル（図8－2）という。フランス語では、「ルメートル」は「先生」という意味になる。名前と人物像がここまでぴったりと一致する例も珍しい。とはいえ彼は、高圧的なところが少しもない、内気で控え目な「先生」だった。宇宙の膨張を最初に発見したのはハッブルなのかルメートルなのかという点が問題になったとき、ルメートルはけっして自身の功績を言い立てようとしなかった。それでも、ルメートルの思索は天高くそびえ立ち、わたしたちは今もなお、その影のなかで暮らしている。ルメートルの人生にまつわる二つのエピソードが、彼の深遠な知性を物語っている。一つ目はアインシュタインに、二つ目はローマ教皇にかかわるエピソードである。

図8－2　ジョルジュ・ルメートル。
©Archives Georges Lemaître, Louvain

すでに述べたとおり、アインシュタインは当初、宇宙の膨張というアイデアに強い懐疑を抱いていた。宇宙は不動であると信じて育ってきた彼にとって、それ以外の宇宙像をすんなりと受け入れることは容易ではなかった。このとおり、巨人もまた先入観に足を取られ、過ちを犯すことがある。ルメートルはアインシュタインと面会し、予断を捨てるように彼を説得した。アインシュタインは、なかなか納得しなかった。ついに彼は、ルメートルにこう言い放った。「きみの計算は正しいが、きみの物理学は憎たらしい」。そんな彼も、ほどなくして、正しいのはルメートルであると認めざるをえなくなった。アインシュタインの誤りを正すとは、誰にでもできる仕事ではない。

そして、似たようなことがまた起こった。アインシュタインは自身の方程式に「宇宙定数」を導入した。それは小さな、しかし重要な修正だった。アインシュタインは、この定数の導入によって、自身の方程式が静的な宇宙と両立するようになるという（間違った）希望を抱いていた。宇宙が静的ではないことを認めてからというもの、アインシュタインは宇宙定数を嫌悪するようになった。すると、またしてもルメートルは、アインシュタインの考えを改めさせようとした。宇宙定数が宇宙を静的にすることはない。しかし、この定数には確固たる役割があり、この定数を消去する理由はどこにもない。今回も、ルメートルが正しかった。宇宙定数は、宇宙の膨張の加速度を表現していた。この加速度が実際に計測されたのは、ごく最近の話である。二度にわたり、アインシュタインは間違いを犯し、ルメートルは正解を見抜いていた。

宇宙はビッグバンから生じたという考えが世の中に広まりはじめたころ、教皇ピウス十二世は、ビッグバン理論が創世記の記述を裏づけているとする公式声明（一九五一年十一月二十二日付け）を発表した。[1] 教皇の姿勢に大いなる危惧を抱いたルメートルは、教皇の科学顧問に連絡を取った。ビッグバンのことは忘れ、神による世界の創造とビッグバンの関係について公の場で言及しないよう、ルメートルは教皇庁を懸命に説得した。科学と信仰をこのような形で混同することはばかげている。ルメートルはそう確信していた。聖書は物理学についてなにも知らないし、物理学は神についてなにも知らない。[2] ピウス十二世は納得し、二度とこの件については触れなかった。教皇の誤りを正すとは、誰にでもできる仕事ではない。

もちろん、今回のケースでも、正しいのはルメートルだった。今日では、ビッグバンは本当の始まりではなく、ビッグバンの前に別の宇宙があったとする説が有力になっている。もし、ルメートルが教皇を説得しておらず、ビッグバンこそ神による創造であるとする教義が採択されていたとしたら、カトリック教会は今ごろ、どれほどの困惑を味わっていたことだろう。「フィアト・ルクス（光あれ）」はあと一歩で、「もう一度、光あれ」に書き換えられるところであった！

アインシュタインと教皇の過ちを指摘し、双方に間違いを認めさせ、いずれのケースでも正しい道筋を提示するとは、並大抵の仕事ではない。「先生」とはよく言ったものである。

ビッグバンをめぐっては、すでに多くの証拠が集まっている。遠い昔、宇宙はすさまじく高温で、途方もなく圧縮されており、それから突然に膨張を始めた。高温で濃密な初期状態から出発する宇宙の歴史を、今日のわたしたちは詳細に再構築することができる。この初期状態からいかにして、原子や、元素や、銀河や、天体や、わたしたちが目にしている宇宙が形成されたのか、今日のわたしたちは明快に答えられる。二〇一三年、人工衛星プランクは、宇宙を満たしている放射線の観測を完了した。その結果は、ビッグバン理論の正しさをあらためて裏づけることになった。熱くて濃い炎の球だったときから数えて、およそ一四〇億年のあいだに、わたしたちの宇宙になにが起こったのか。巨視的な視点に立つのなら、わたしたちはこうした問いかけにたいして、理に適《かな》った回答を提示できる。

はじめのうち、「ビッグバン理論」という名称には、どこか滑稽《こっけい》な響きがあった。なぜなら、もともとはこの名前は、あまりに突拍子もない着想をからかうために、この理論の批判者たちが発案したものだったからである。しかし結局、誰もがその存在を認めざるをえなくなった。今から一四〇億年前、宇宙は圧縮された火の玉だった。

しかし、高温で濃密なこの初期状態よりも前には、いったいなにが起きていたのか？

時間をさかのぼるにつれ温度は上がり、物質とエネルギーの密度も上がっていく。途方もない圧縮の末に、プランク長のスケール（つまり、この世界に存在しうる最小のスケール）に達する地点が、まさしく一四〇億年前である。このスケールでは、量子力学を無視することができないために、一般相対性理論の方程式は有効性を失う。こうしてわたしたちは、量子重力理論が支配する王国に足を踏み入れることになる。

量子宇宙論

したがって、一四〇億年前になにが起こったのかを理解するには、量子重力理論が必要になる。この点について、ループ理論はなにを教えてくれるのか？

はるかに単純化した形で、類似の状況について考えてみよう。古典力学に従うなら、原子核に向かっていく一個の電子は、やがて核に飲みこまれて消えてしまう。だが、現実にはこうした事態は発生しない。この意味で、古典力学は不完全である。電子の振る舞いを正しく把握するには、量子の効果を考慮しなければならない。現実の電子は量子的な対象であるため、明確な軌道をたどらない。電子を正確な一点に留めておくことは不可能である。むしろ、正確に位置づけようとすればするほど、電子はどこかへ逃げ去ってしまう。もし、一個の電子を原子核のそばに留めておこうと望むなら、わたしたちにはせいぜいのところ、電子をもっとも寸法の小さな原子軌道に引きとめておくことしかできない。それ以上、電子は原子核に近づけない。きわめて短い瞬間だけ、そこからさらに近づいたとしても、電子はたちまち別の場所へ逃げ去ってしまう。つまり量子力学は、現実の電子が原子核の内部に落ちていくことを妨げている。まるで、電子が原子核に限りなく近づいたとき、量子的な性質を帯びた反発力が電子を押し返しているかのようである。量子論が成り立つからこそ、物質は安定していられる。量子論が成り立たなければ、あらゆる電子は原子核の内部に落ちていく。結果として、この世界には原子も、わたしたちも、なにひとつ存在しなくなるだろう。

同じ議論が、宇宙にたいしても当てはまる。収縮し、自らの重みに押しつぶされ、途方もなく小さくなった宇宙を想像してみよう。量子力学以前の理論、つまりアインシュタインの方程式によれば、この宇宙は無限に押しつぶされる。そうして最後は、原子核に飲みこまれる電子のように、一点となって消失する。これが、アインシュタインの方程式によって予見される、「点」としてのビッグバンである。量子力学を無視すれば、自然とこのような結論に到達する。

しかし、量子力学を考慮に入れれば、宇宙の収縮にも限度があることが判明する。それはあたかも、量子的な反発力によって、宇宙が跳ね返っているかのような状況である。収縮過程にある宇宙が、広がりをもたない「点」まで縮むことはない。宇宙はどこかで反発し、巨大爆発に後押しされるようにして、ふたたび膨張を始める（図８－３）。

わたしたちの宇宙がたどった歴史は、これに似た反発の結果であった可能性が高い。英語ではこの巨大な反発を、「ビッグバン」の代わりに「ビッグバウンス」と呼んでいる。ループ量子重力理論の方程式を宇宙に適用すれば、このような結論が得られると考えられている。

ただし、「反発」という表現を、文字通りに受け取ってはいけない。これはあくまで比喩である。電子に話を戻すなら、わたしたちが電子を原子核に可能なかぎり近づけようとした場合、電子はもはや粒子ではなくなる。代わりに、わたしたちは電子のことを、確率の雲として捉えられる。こうなると、電子の正確な位置はもはや存在しない。宇宙の場合も同じである。ビッグバンのさなかの決定的な移行過

図8－3　宇宙の反発。（Francesca Vidotto 提供）

程においては、わたしたちはもはや、明確に記述された空間や時間を想定することはできない。わたしたちの考察の対象になるのは確率の雲だけであり、空間と時間はその雲のなかですっかり姿を消してしまう。ビッグバンの前後では、確率が泡立つ雲のなかに、世界はきれいに溶解する。そして、量子重力理論の方程式なら、こうした確率の雲を記述することができる。

今日の物理学者は、わたしたちの宇宙が生まれる前には、別の宇宙が存在していたと考えている。空間と時間が確率のなかで溶解する量子的な局面を経た末に、ひとつの宇宙が崩壊し、新しい宇宙が生まれたのである。

ここまでくると、「宇宙」という言葉の意味は曖昧になってくる。仮に、「宇宙」とは「存在するすべてのもの」であるとするなら、第二の宇宙が存在することは語の定義に反している。しかし現代の宇宙論において、「宇宙」という言葉は別の意味を獲得する。この言葉は、数多《あまた》の銀河に満たされた、わたしたちの周りに広がる時空間の連続体を指し示している。量子重力理論を利用すれば、わたしたちは時空間の連続体の地理や歴史を学ぶことができる。言葉の意味をこのように定義するなら、第二、第三の「宇宙」が存在してもさしつかえない。とりわけ、この時空連続体が海の波のように砕け、量子的な確率の雲のなかで散り散りになる「地点／時点」までさかのぼって歴史を再構成できるなら、このすさまじく熱い泡の向こうに、わたしたちを取り巻いているものとだいたい似たような時空連続体が広がっていたとしても、なんら不思議な話ではない。

宇宙がビッグバンの局面を通過し、収縮から膨張へ移行していく過程の確率は、前章で紹介した手法を使って計算することができる。「時空間の箱」を利用して、収縮する宇宙と膨張する宇宙をつなぐ「スピンの泡」の総和を求めるのである。[3]

ここに記した内容はすべて、いまだ研究の途上にある。だが驚くべきことに、今日のわたしたちはすでに、こうした事象を記述できる方程式をもっている。わたしたちは恐る恐る、ビッグバンの先にあるものを（今のところは理論の側からだけだが）垣間見ようとしている。

第9章　実験による裏づけとは？

わたしたちの宇宙の先に存在しているかもしれないものを、理論的に探究すること。これが、量子重力理論にもとづく宇宙研究の主たる目的である。だが、量子重力理論の宇宙論への応用を研究する意義は、それだけにとどまらない。この研究は、量子重力理論が正しいのか間違っているのか、その答えをわたしたちに教えてくれる可能性がある。

科学はなぜ正常に機能するのか？　それは、仮説と議論、直観と想像、方程式と計算を経たあとに、自分たちの考えが正しかったか否かを、わたしたちが判断できるからである。科学理論は、わたしたちがいまだ観察していない事物について、なんらかの予見を提示する。わたしたちは、その予見の成否を事後的に検証できる。これが科学の力であり、科学に信頼性を与えている要因である。わたしたちは、ある理論が正しいか否かを検証できる。この意味で、科学はそのほかの思索と異なる。科学以外の分野では、誰が正しく誰が間違っているかという問題はきわめて厄介であり、ときに無意味でさえある。

ルメートルは、宇宙は膨張しているという考えを支持し、アインシュタインはそれを信じなかった。この場合、二人のうちどちらかが正しく、どちらかが間違っているわけである。アインシュタインの業績も、名声も、科学の世界への影響力も、圧倒的な権威も、ここでは一顧だにされない。観察が、アインシュタインの過ちを証明し、そして対決は終わった。正しいのは、どこの馬の骨とも知れないベルギーの修道士だった。科学的な思考には、科学しかもちえない力がある。

科学史をめぐる社会学は、科学的な知見の発展過程がいかに複雑であるかを明らかにした。この点については、科学もまた、ほかのあらゆる知的営みと同様である。科学の歩みは時として、不合理な思索に足をすくわれる。権力闘争に巻きこまれることもあれば、さまざまな文化的・社会的影響力に振り回されることもある。しかし、たとえ科学の発展が世俗的なしがらみと無縁でいられないとしても、ポストモダニズムの考えに染まった一部の論客や、文化相対主義者や、そのほか有象無象の手合いによる極端な主張とは反対に、科学的思考の実践的かつ理論的な有効性は、いささかも揺らぐことはない。科学的思考は、事実に基礎を置いている。だからこそ、最終的にはほとんどのケースにおいて、誰が正しく誰が間違っているのかを、完全な明晰さをもって結論づけることができる。あの偉大なアインシュタインでさえ、ときにはこう言わなければならないのである（そして実際、彼はこのとおりのことを口にしている）。「ああ、わたしが間違っていた！」

とはいえ、科学を単に、「計測可能な予見を実行するための技術」と捉えるのは間違っている。一部の科学哲学者は、科学を数字による未来予測に矮小化している。わたしにいわせれば、これは見当違いな誤解である。この種の学者たちは、手段と目的を取り違えている。検証可能な量的予測は、仮説を精査するための手段にすぎない。科学研究の目的は、未来を予測することではなく、世界の仕組みを理解することである。世界をめぐるイメージや、世界について考えるための概念的な手段を、科学は構築し、発展させようとする。科学とは、「技術」を提示するより前に、まずもって「見方」を提示する営みなのである。

わたしたちは、検証可能な予見のおかげで、自分たちがいつ間違いを犯したのか突きとめることができる。観察にもとづく証拠をもたない理論とは、いまだ審査に合格していない理論である。審査はいつまでも終わらない。一つや、二つや、三つの実験をパスしたからといって、一個の理論が完全に証明されたことにはならない。理論から導き出される予見の正しさが明らかになるにつれ、その理論は少しずつ信頼性を獲得していく。一般相対性理論や量子力学のような理論は、はじめのうち、多くの物理学者を当惑させた。ところが、実験と観察が重ねられるうちに、およそ信じがたく奇怪な予見でさえ、じつは正しかったことが分かってきた。こうして、これらの理論はゆっくりと、信頼性を勝ち取っていった。

実験による裏づけは重要である。だが、わたしたちは必ずしも、新しい実験データがなければ前に進めないわけではない。科学が進歩するのは、新しい実験データが得られたときだけだという考えは、社会に広く流布している。もしそれが本当なら、なんらかの新しい計測結果がないかぎり、量子重力理論を導きだす望みはなかったことになる。しかし、それは事実に反する。コペルニクスは、なにか新しいデータを利用しただろうか？　いっさい、なにも。それは、プトレマイオスも同じである。では、ニュートンはどうだろう？　彼はなにか新しいデータを所有していただろうか？　ほとんど、なにも。ニュートン力学の原材料は、ケプラーの法則とガリレオの観測結果である。一般相対性理論を発見するのに、アインシュタインは新しいデータを必要としただろうか？　いっさい、なにも。一般相対性理論の原材料は、特殊相対性理論とニュートンの物理学である。物理学はけっして、新しいデータが利用できるようになったときだけ進歩するのではない。

コペルニクスや、ニュートンや、アインシュタインや、そのほか多くの物理学者がしたことは、既存の理論に基礎を置き、自然の広大な領域をめぐる経験的な知識を統合することだった。科学者たちはこのようにして、より優れた方法で理論を組み合わせ、理論の内容をより深く把握する方法を発見してきたのである。

量子重力理論の研究が最善の道を進むためには、こうした点を忘れてはならない。たしかに、科学の諸分野においてはつねに、経験的な事実が知の起源になる。しかし、量子重力理論の基礎となるデータは、新しい実験によってもたらされたものではない。この理論の土台になっているのは、すでにわたしたちの知が（部分的には一貫した形で）構築してきた論理体系である。量子重力理論が利用する「実験データ」は、一般相対性理論と量子力学である。量子重力理論は、これら既存の理論を足がかりにして、離散的な量子と屈曲した空間が共存する世界がどのように成り立っているのかを、首尾一貫した見地から理解しようとする試みである。わたしたちは、このような作業をとおして、未知の領域に眼差しを向ける。

ニュートンや、アインシュタインや、ディラックは、こうした試みの先駆者である。巨人たちが成し遂げた輝かしい成功が、わたしたちを勇気づけてくれる。わたしたちはなにも、巨人たちの背丈に追いつこうとあがくことはない。そうではなく、後世に生まれた利点を活用して、巨人たちの肩に腰かければよいのである。そのとき、わたしたちは巨人たちより、さらに遠くを見ようと試みるだろう。どのような手段を選ぶにせよ、わたしたち人間は、試みずにはいられない生き物だから。

兆候と証拠を分けて考えることが重要である。兆候とは、シャーロック・ホームズの推理に利用され、謎に満ちた事件を解決に導く要素である。証拠とは、裁判官の判断に利用され、犯罪者を牢獄へ導く要素である。正しい理論に向かって、正しい道を進むためには、兆候が必要である。発見された理論が本当に優れたものかどうかを判断するには、証拠が必要である。兆候がなければ、わたしたちは間違った方向に進むだろう。証拠がなければ、わたしたちはいつまでも疑念を抱きつづけるだろう。

量子重力理論はまさしく、このような状況に置かれている。今のところ、この理論は幼少期の段階を脱していない。理論的な枠組みは堅固になり、基礎となる概念は明快になりつつある。兆候は、充分に信頼の置けるものである。しかし、確固たる証拠が欠けている。量子重力理論はまだ、審査に合格していない。

自然が語りかけていること

しかし、わたしの見るかぎり、自然は好意的な合図を発しているようである。

本書で紹介してきた理論のほかに、現在もっとも盛んに研究されているのは、いわゆる「超ひも理論」である。ジュネーヴに拠点を置くＣＥＲＮ（欧州原子核研究機構）は、ＬＨＣ（大型ハドロン衝突型加速器）と呼ばれる新型の素粒子加速器を擁《よう》している。超ひも理論の分野（またはその関連分野）の研究に取り組んでいる物理学者の大部分は、ＬＨＣが実用化されるなり、超ひも理論が要請する未発見の粒子、つまり超対称性粒子が観測されるだろうと想定していた。超ひも理論が成り立つためには、この粒子の存在が確認されなければならず、そのため「ひも論者」たちは、超対称性粒子の発見を期待していたのである。一方のループ量子重力理論は、超対称性粒子が存在しなくとも問題なく成立する。こうしたわけで「ループ論者」たちはむしろ、この粒子は見つからないだろうと予測していた。

ＬＨＣが稼働してから現在にいたるまで、超対称性粒子は観測されていない。この結果は、多くの研究者に深い失望をもたらすこととなった。二〇一三年にヒッグス粒子の存在が確認されたときの大騒ぎが、この失望をなおのこと際立たせている。超対称性粒子は、多くのひも論者が想定していたエネルギーの範囲内には存在していなかった。もちろんこれは、決定的な証拠ではない。わたしたちはまだ、決定的な答えからは遠く離れた場所にいる。しかしわたしには、二つの選択肢を前にした自然が、ループ論者に有利となるささやかな兆候を提供してくれたように思えてならない。

素粒子物理学の分野において、二〇一三年に得られた重要な実験結果には、以下の二つが挙げられる。一つ目は、ジュネーヴのCERNでヒッグス粒子が確認されたことであり、この報らせは世界中のマスメディアを賑わせた（図9－1）。二つ目は人工衛星プランクの測定データであり、それは二〇一三年にまとまった形で公開された（図9－2）。この二つが、自然が最近になってわたしたちに与えてくれた兆候である。

この二つの結果のあいだには共通点がある。それはつまり、どちらもまったく驚きに値しない結果だったということである。ヒッグス粒子の発見は、量子力学にもとづく素粒子の標準模型を支持する確固たる証拠である。今回の発見は、三〇年前に発表された予測の正しさを裏づけている。「プランク」の測定結果は、宇宙項を加えた一般相対性理論にもとづく、宇宙論的標準模型を支持する確固たる証拠である。二つの結果は、最先端の技術と、莫大な費用と、多くの科学者の尽力のもとに得られたものである。ところがわたしたちは、二つの結果を前にして、あらかじめ抱いていた宇宙の発展経過のイメージを強化しただけだった。そこには何の驚きもなかった。むしろ、こうした驚きの欠如こそが、驚嘆に値するものだった。なぜなら、多くの研究者は驚きを待ち構えていたのだから。物理学者がCERNに期待していたのは、ヒッグス粒子ではなく超対称性粒子だった。物理学者の多くは、プランクの観測データと宇宙論的標準模型のあいだに、何らかの不一致が生じるものと期待していた。そうした不一致が、代替となるなんらかの宇宙論を、一般相対性理論に替わる新たな理論を提示してくれるのではないかと期待していた。

現実は違った。自然がわたしたちに告げた内容はシンプルだった。「一般相対性理論と量子力学は正しい。量子力学の分野において、標準模型は正しい」。これですべてだった。

今日、じつに多くの理論物理学者が、新たな理論を求めて勝手気ままな仮説を立てている。その人たちの口癖が、「想像してみよう……」というものである。わたしには、このような科学の手法が良い結果をもたらすとは思えない。世界がいかにして成り立っているのか手がかりもなしに「想像」するには、わたしたちの空想はあまりに貧弱である。わたしたちが所有している手がかりとは、わたしたちが利用できる兆候とは、成功を収めた理論と実験データであり、それ以外の何物でもない。いまだ想像できていない事柄は、こうしたデータや理論から見つけ出してくるべきである。コペルニクスも、ニュートンも、マクスウェルも、アインシュタインも、そうして科学を発展させてきた。彼らは決して、新たな理論を「想像しようと試みる」ことはなかった。しかしわたしの見るところ、今日ではあまりに多くの物理学者が、好んで想像の世界に浸かっている。

二〇一三年の実験データは、自然の声を借りて、わたしたちに以下のように語りかけているようである。「新たな場や、奇妙な粒子や、追加の次元や、別の対称性や、平行宇宙や、ひもやその他いろいろな事柄を、夢見ることはやめなさい。問題となるデータはシンプルです。一般相対性理論、量子力学、標準模型。肝心なのは、これらを正しい仕方で結びつけること〈だけ〉です。そうすれば、あなたたちは次の一歩を踏み出せるのです」。これこそ、ループ量子重力理論が指し示している方向性である。なぜなら、ループ量子重力理論は、先行する理論からのみ導き出される仮説だから。一般相対性理論、量

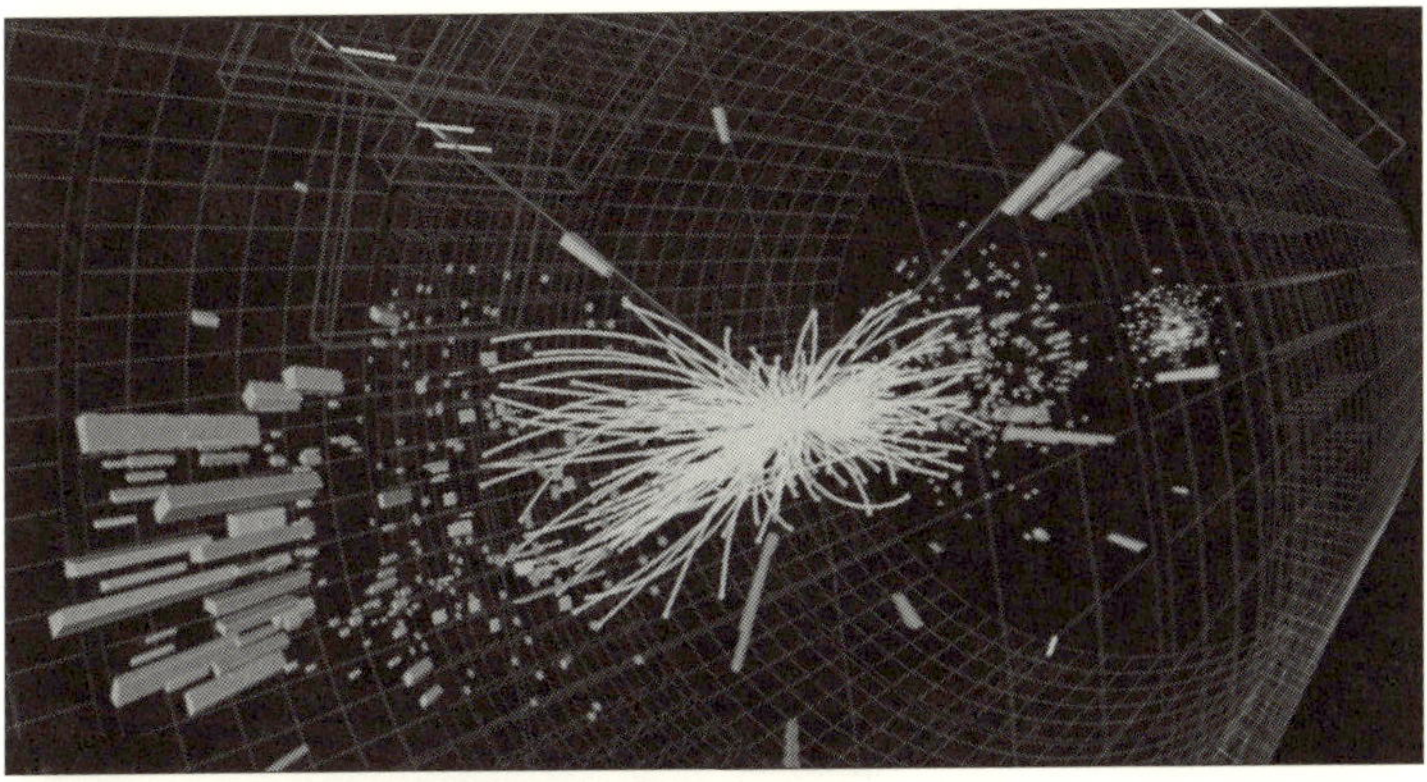

図9−1　CERNが捉えたヒッグス粒子の形成を示す事象。

図9−2　人工衛星プランク。

子力学、標準模型との両立性。ループ量子重力理論が根拠としているのは、これだけである。ループ理論が示唆している、空間の量子化や時間の消失といった極端な概念上の帰結は、根拠のない仮説ではなく、二十世紀の二大理論を真剣に検討し、そこから結論を導き出そうとした帰結なのである。

しかし、あらためて繰り返すなら、いまだ確かな証拠は得られていない。たとえば超対称性粒子は、人類がまだ到達していない微小なスケールに存在しているかもしれない。そして、じつをいえば、ループ量子重力理論が正しかったとしても、超対称性粒子が存在する可能性は残るのである。したがって、期待された領域に超対称性粒子が存在しないと分かってから、ひも論者の表情がやや暗くなり、ループ論者の表情がやや明るくなったことが事実だとしても、それはあくまで「兆候」であって、「証拠」ではない。

より確実な理論の裏づけを探すには、どこか別の場所を探す必要がある。そうすることで、原初の宇宙につながる窓が開けるはずである。その窓から見える景色が、（願わくはそう遠くない未来に）理論の予見を裏づけてくれるだろう。あるいはひょっとしたら、理論の予見が間違っていたことを、その窓は教えてくれるかもしれない。

量子重力理論につながる窓

原初の宇宙の、量子的な状態からの移行を記述できる方程式があるなら、原初の量子的な事象が今日の宇宙にどのような影響を与えているのか計算できる。今日の宇宙には、原初の事象の痕跡がふんだんに残されている。宇宙全体は、「宇宙背景放射」と呼ばれる放射線に満たされている。原初の高温の名残である光子の海が、今なお宇宙全体に広がっているのである。

言い換えるなら、銀河と銀河のあいだに広がる莫大な空間をおおう電磁場を、静的な虚無として捉えてはいけないということである。宇宙をおおう電磁場は、嵐のあとの海面のように震えている。宇宙全体に広がっているこの振動が、先述の宇宙背景放射である。近年、さまざまな人工衛星によって、この放射線の研究が進められている。具体的には、ＣＯＢＥ（一九八九年打ち上げ）、ＷＭＡＰ（同二〇〇一年）、プランク（同二〇〇九年）といった衛星たちである。図９－３のイラストは、この放射線の微細なゆらぎを視覚的に表現している。この放射線の構造をつぶさに研究することで、わたしたちは宇宙の歴

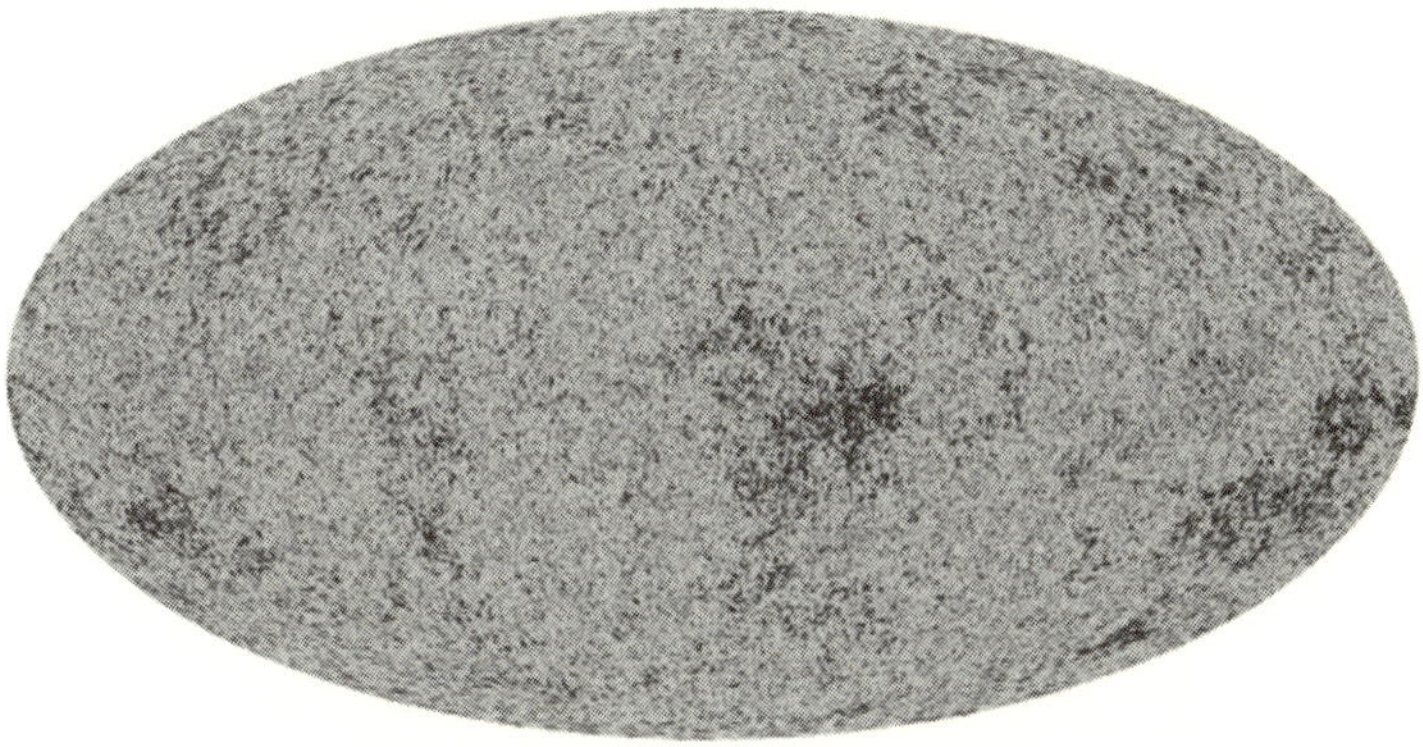

図9－3　宇宙背景放射のゆらぎ。これは、今日の知見から想定される最初期の宇宙のイメージである。今から140億年前に、このゆらぎが生み出されたと考えられる。この種のゆらぎの統計値から、量子重力理論の予見の裏づけが発見されるのではないかと期待されている。

史を再構築できる。もしかしたら、放射線の構造の裂け目に、原初の宇宙の量子的な痕跡が潜んでいるかもしれない。

ループ量子重力理論をめぐり、もっとも活発に研究が行われている分野のひとつでは、原初の宇宙における量子の振る舞いが、人工衛星から送られてくるデータにどのように反映されているのかを調べている。この作業から得られた結果は、いまだ暫定的ではあるものの、研究者たちを勇気づける内容を含んでいる。確実ではないが、より正確な計算とより精密な計測が実現すれば、ループ理論の正否を見定めるための、決定的な試験を行うことができるだろう。

二〇一三年、アベイ・アシュテカ、イヴァン・アグッロ、ウィリアム・ネルソンの三名が、このテーマに関する論文を共同で発表した。論文は、ある仮説にもとづき、宇宙背景放射のゆらぎの統計的な分布のうちに、原初の宇宙の「反発（第8章で言及したビッグバウンス）」が残響を留めていると推定している。図9－4は、計測の現状を示している。アシュテカ、アグッロ、ネルソンの予想は黒線で、実験データは灰色の点で表わされている。見てのとおり、現状の実験データからは、三名が予見した黒線のカーブが正しいのかどうか判断できない。ループ理論に課すべき試験は、計測の進展とともに具体化しつつあるものの、終着地点はまだ遠い。そもそも、この三名が計算の前提とした仮説の正否さえ、研究者たちは確信をもって答えられないのである。したがって、状況はなおも流動的である。だが、たとえばわたしのように、量子的な空間の秘密を理解するのに人生を捧げている人間は、物理学者の観察、計測、計算が精密になっていく過程を、不安と希望に胸を震わせながら注視している。そして、わたしたちは正しかったのか、それとも間違っていたのか、自然が告げ知らせてくれる瞬間を待ち構えている。

重力場もまた、原初のすさまじい熱気の痕跡を帯びているはずである。重力場、つまり空間それ自体もまた、海面のように震えているはずである。つまり、「重力場の背景放射」もまた存在しているはずであり、それは電磁場の「宇宙背景放射」よりも長い歴史をもっているはずである。なぜなら、重力波は電磁波よりも物質からの干渉を受けにくいと考えられるため、電磁波が自由に行き来できないようなきわめて圧縮された宇宙のなかでも、重力波はほかの物質にじゃまされることなく移動できるからである。

アメリカのＬＩＧＯという観測所の検出器が、すでに重力波を直接に観測している。長さ数キロメートルの二本のアームがＬ字型に組み合わさって、検出器を形成している。この検出器は、レーザーを利用して、三つの定点の距離を精密に測定する。重力波が通過するとき、空間はほんのわずかに伸びたり縮んだりする。検出器のレーザーが、このかすかな変化を明るみに出す。[1] ＬＩＧＯで観測された重力波は、天体物理学に関連する一事象に由来するものだった。それはつまり、二つのブラックホールの衝突

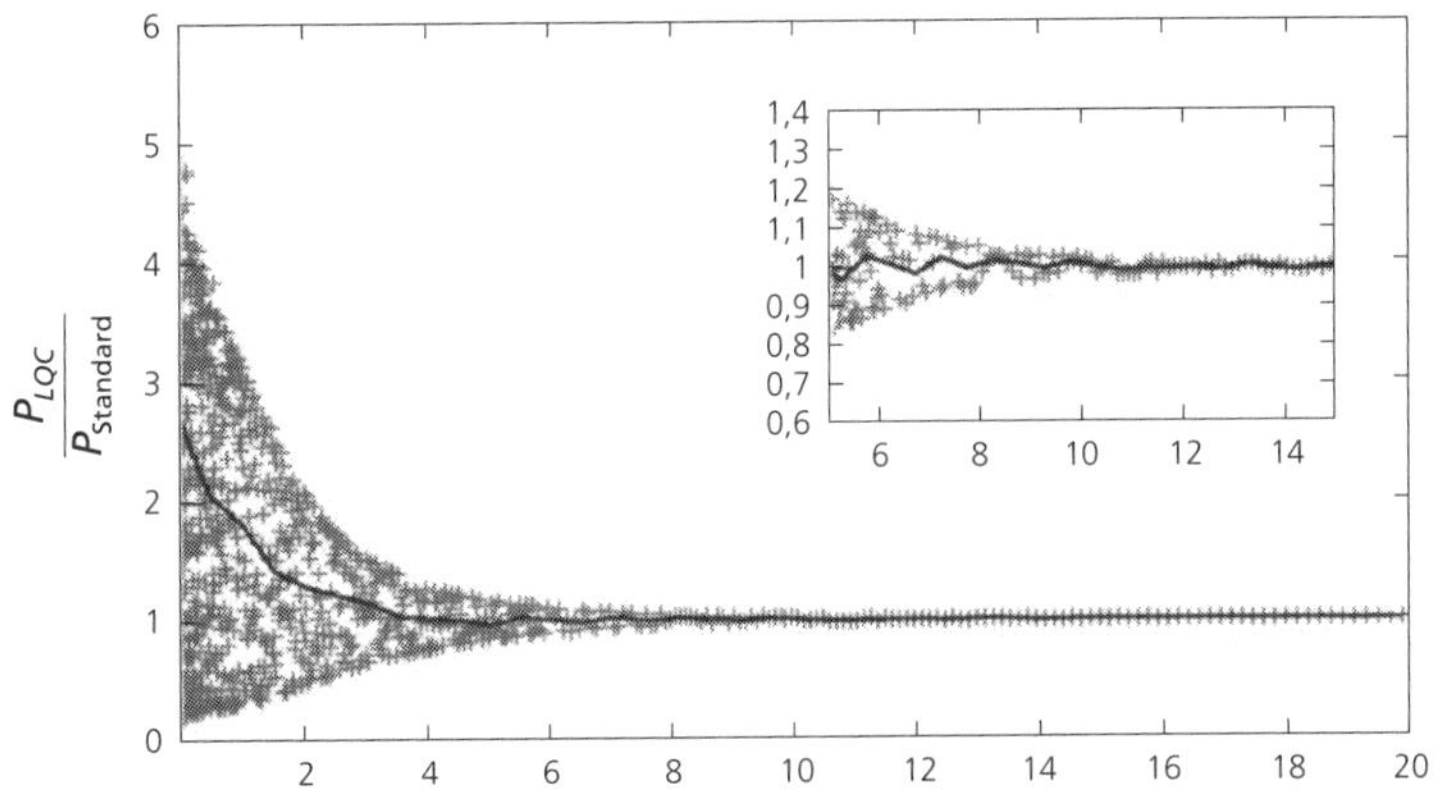

図9－4　ループ量子重力理論から引き出された、宇宙背景放射のスペクトルの予測値（黒い実線）。灰色の点は、いまだ正確さを欠く現段階における実験データ。A. Ashtekar、I. Agullo、W. Nelson提供

である。量子重力理論を援用せずとも、一般相対性理論さえあれば、この事象を完全に記述できる。

もうひとつ、いまだ準備段階ではあるが、より野心的なＬＩＳＡという試みがある（数年前に、「発展型のＬＩＳＡ」という意味をこめて、ｅＬＩＳＡに改名されている）。これは、ＬＩＧＯと同じ観測を、はるかに大きなスケールで実現するための計画である。予定としては、三つの人工衛星を、地球のまわりではなく太陽のまわりの軌道に投入することになっている。人工衛星は、小型の惑星のようにして、地球とある程度の距離を保ちながら、太陽のまわりを回る地球を追いかけていく。三つの人工衛星は、たがいの距離を計測するレーザー光線によって結びつけられている。重力波の通過によって、わずかに変化する衛星間の距離を、レーザーが観測する仕組みである。ｅＬＩＳＡの計画が実現すれば、天体やブラックホールから発せられる重力波だけでなく、ビッグバンの直後に発生した原初の重力波の背景放射をも観測できる可能性がある。これらの波が、量子的な「反発」の真相を、わたしたちに

伝えてくれるはずである。

今から一四〇億年前、わたしたちの宇宙の起源において生じた出来事の痕跡を、わたしたちはきっと、地球のまわりの空間の小さなさざ波のうちに見出すことができる。空間と時間の本質をめぐるわたしたちの推論の正否は、そのとき明らかにされるだろう。

第10章　ブラックホールの熱

ブラックホールは、わたしたちの宇宙に数多く点在している。ブラックホールのまわりでは、空間の曲率があまりにも大きくなるため、空間そのものが崩壊し、時間がまったく流れなくなる。ブラックホールは、たとえば、自身を構成するすべての水素を燃やしつくした天体が、自らの重みに耐えきれなくなってつぶれたときに形成される。

多くの場合、崩壊する天体はほかの天体と連星の関係にある。ブラックホールと、あとに残された片割れの天体は、たがいに引力を及ぼし合いながら公転をつづける。ブラックホールはそのあいだ、もう一方の天体を構成している物質をどんどんと吸いこんでいく（図10－1）。

天文学者はこれまでに、太陽と同程度の寸法（と質量）をもつブラックホールをいくつも発見している。だが、さらに巨大なブラックホールも存在する。わたしたちの銀河を含め、ほとんどの銀河の中心には、こうした巨大ブラックホールが浮かんでいる。

わたしたちの銀河の中心にある巨大ブラックホールについては、かなり詳しいところまで研究が進められている。それは、太陽のおよそ一〇〇万倍の質量をもっている。太陽のまわりを惑星が公転しているのと同じように、いくつもの天体がこのブラックホールのまわりを回っている。時おり、この巨大な怪物に、ある天体が近づきすぎてしまうことがある。すると、この近づいた天体は重力によってばらばらに解体され、サメに狙われた小魚のようにして、巨大ブラックホールに飲みこまれる。太陽の一〇〇万倍も重量のある化け物が、わたしたちの太陽やその惑星を、瞬く間に飲みくだすところを想像してみてほしい……。

目下のところ進行中で、数年のあいだに具体的な成果が出ると期待されている魅惑的な計画がある。北極から南極にいたるまで、地球の各地にアンテナを張りめぐらし、巨大ブラックホールの細部を文字通り「見る」ための計画である。おそらくわたしたちは、光に取り巻かれた黒い円盤のようなものを見るはずである。円盤のまわりの光は、この恐るべき穴の内部に落ちていく物質の光によって生み出される。図10－1は、ブラックホールをすぐそばから眺めたときの様子を、理論的に再現したイラストである。

一度ブラックホールの内部に入ったものは、二度と外に出られない。少なくとも、量子重力理論を無視するかぎりは。ブラックホールの表面は、「現在」という時間に似ている。そこでは、未来から現在へ引き返せないのと同じように、一方向に進むことしか許されない。ブラックホールにとって、外側は過去であり、内側は未来である。外から中に入ることはできるが、中から外に出ることはかなわない。ロケットに乗りこんで、ブラックホールの「地平線」と呼ばれる場所の近くに、しばらくのあいだ留まってみたとしよう（それには、ブラックホールの引力に耐えるために、すさまじい力でエンジンを回転させる必要がある）。ブラックホールの強力な重力の影響を受けて、ロケットのまわりでは時間の流れ方が遅くなる。地平線のそばで一時間ほど過ごしたあと、ブラックホールから離れていく。するとロケットの乗組員は、自分たちにとっての一時間が過ぎるあいだに、外側の世界では何世紀もの時間が流れていたことに気づくだろう。ブラックホールの地平線とロケットの距離が近くなればなるほど、外側の世界と比較して、時間の流れ方はゆっくりになる。したがって、過去へのタイムトラベルは困難だが、未来へのタイムトラベルは（理論的には）容易である。宇宙船に乗って、ブラックホールの近くまで行き、そこでしばらくの時間を過ごしてから、ブラックホールを後にするだけでよい。地平線に到達すれば、時間は止まる。地平線に極度に近づき、（自分たちにとっての）数分後にブラックホールから離れたなら、宇宙のほかの場所では数百万年の時間が流れていてもおかしくない。

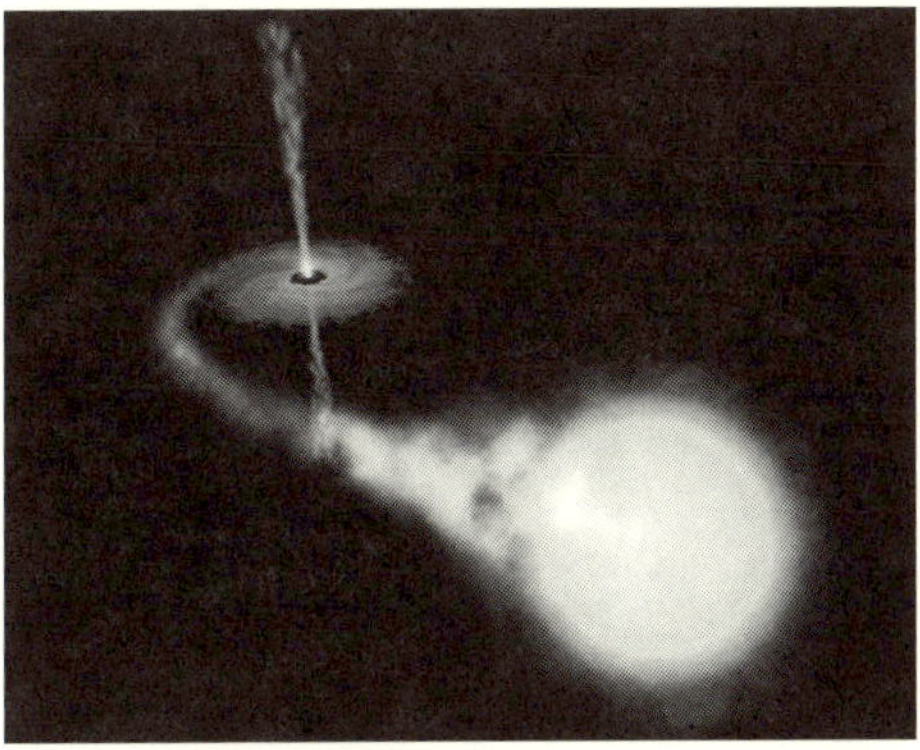

図10－1　連星系を形づくっている天体とブラックホールのイメージ。天体の構成物質は、部分的にはブラックホールに吸収され、部分的にはブラックホールの両極の方角へ（ブラックホールの力によって）放たれる。こうして、ブラックホールと対になっている天体は少しずつ小さくなっていく。

驚かずにいられないのは、それほど奇妙な物体の性質が、実際に観測されるより前に、アインシュタインの理論によって「予見」されていたということである。今日の天文学者は、宇宙に浮かぶこの物体を熱心に研究している。しかし、つい最近まで、ブラックホールは理論から導き出される奇妙な帰結にすぎず、多くの研究者はその存在を信じていなかった。わたしは今でも、学生時代に物理学の教授から聞いた言葉を覚えている。アインシュタインの方程式から導かれる帰結として、ブラックホールについて解説したあと、教授は学生たちにこう言ったのである。「このような物体が、現実に存在するとは考えられないけれどね」。理論物理学には、目で見る前に事物を発見するという驚嘆すべき力が備わっている。ブラックホールの存在が疑いようのないものになるにつれ、研究者たちはあらためてそのことを思い知った。

これまでに観測されているブラックホールは、アインシュタインの理論を使えば適切に記述できる。ふつう、ブラックホールを理解するのに量子力学は必要ない。ただし、ブラックホールに備わるさまざまな性質のなかには、量子力学を考慮に入れるよう要請してくる、二つの不可思議な側面がある。そしてループ量子重力理論は、いずれの側面についても説明を提示できる。

ループ量子重力理論によるブラックホール解釈の第一の例は、スティーヴン・ホーキングが発見した不可思議な事実と関係がある。一九七〇年代はじめ、ホーキングはブラックホールが「熱い」ことを（理論にもとづき）発見した。高温の物体と同じように、ブラックホールは熱を発している。そのようにして、ブラックホールはエネルギーを、つまりは質量を失い（エネルギーと質量は、本質的には同じものである）、少しずつ小さくなっていく。つまり、ブラックホールは「蒸発」する。この「ブラックホールの蒸発」こそ、ホーキングが成し遂げたもっとも重要な発見である。

物体の熱は、物体を構成している微視的な要素の運動によって生み出される。たとえば、アイロンが熱いのは、アイロンを構成している原子が、平衡状態の範囲内で激しく振動しているからである。熱い空気に含まれる分子は、冷たい空気に含まれる分子よりも素早く震えている。

それでは、ブラックホールを熱くしている「原子」とは何なのだろうか？　ホーキングはこの問題を、後進の物理学者たちの宿題として残した。そしてループ理論は、この問いにたいする有力な解答を用意している。振動によりブラックホールの熱を生み出している「原子」とは、ブラックホールの表面にある空間の量子（第6章で解説した「空間の粒」）である。

ループ理論を使えば、ホーキングによって予見されたブラックホールの奇妙な熱を解釈できる。この熱は、個々の空間の原子の微視的な「振動」の結果であると考えられる。空間の原子はなぜ振動しているのか？　それは、量子力学の世界には静止している事物は存在せず、そこでは「すべて」が震えているからである。いかなるものも、ひとつの場所に、完全かつ継続的に静止していることはできない。これが、量子力学の核心である。ブラックホールの熱は、ループ量子重力理論が描く、空間の原子の震えに相当する。重力場のこのような微視的な振動が、ブラックホールの地平線の正確な位置を決定する。したがって、ある意味では、ブラックホールの地平線は高温の物体のように振動している。

もうひとつ、ブラックホールの熱の正体を理解するための、より洗練された方法がある。地平線における量子的な振動は、ブラックホールの内側と外側の相関性を示唆している（相関性と温度のテーマについては、第12章で取り上げる）。量子力学を特徴づけている不確定性は、ブラックホールの地平線を「またぐ」形でも存在している。この不確定性が、ブラックホールの表面における振動の原因になっている可能性がある。第12章であらためて触れることだが、振動（ゆらぎ）とは「確率」を、つまり「統計」を、つまり

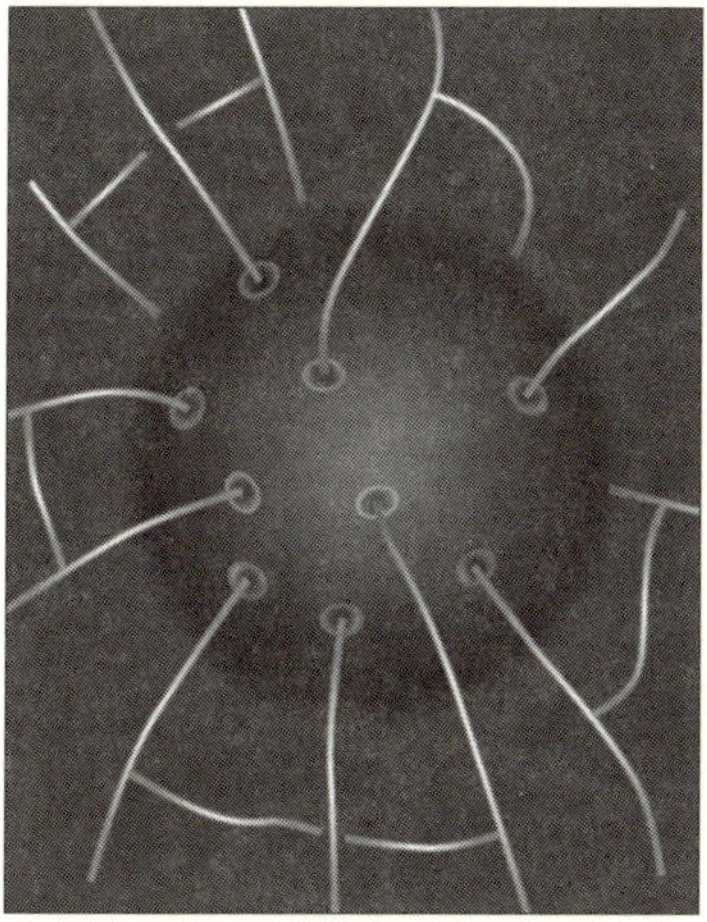

図10－2　ループが通過していくブラックホールの表面。ループとは、重力場の状態を規定するスピンの網を形づくる個々のリンクのことを指す。各ループが、ブラックホールの表面積を生み出す各量子に相当する。©John Baez

「温度」を意味している。ブラックホールは、量子の震えを熱という形で表現していると考えられる（図10－2）。

これらの着想と、ループ量子重力理論の基礎的な方程式から、ホーキングによって予見されたブラックホールの熱をめぐる公式が引き出せることを、きわめて優雅な手法によって示してみせた若手物理学者がいる。それは、エウジェニオ・ビアンキというイタリア人研究者であり、彼は今、アメリカ合衆国の大学で物理学を教えている（図10－3）。

ループ量子重力理論の、ブラックホールへの適用の第二の例は、より劇的な内容を含んでいる。ブラックホールのそばで崩壊した天体は、ブラックホールの内部に吸いこまれるため、外側からはその破片さえ見えなくなる。だが、ブラックホールの内部ではいったい何が起きているのか？　もし、わたしたちがブラックホールのなかに落ちていったら、わたしたちには何が見えるのか？

はじめのうちは、特別なことは何も起こらない。大した傷を負うこともなく、わたしたちはブラックホールの表面を通過する。ところがその後、ぐんぐん速度を増しながら、わたしたちはブラックホールの中心へ転落していく。それから先はどうなるのか？　一般相対性理論の予見によれば、ブラックホールの中心ではすべてのものが、限りなく圧縮され、限りなく小さな一点に押しつぶされる。だが繰り返すなら、これは量子重力理論を無視した場合の話である。

量子重力理論を考慮するなら、この予見は正しくない。一般相対性理論の予見は、量子の反発を無視している。量子の反発とは、前章で解説した、ビッグバンのときに宇宙を跳ね返した力である。量子重力理論を援用した場合、ブラックホールの中心に近づくにつれ、落下する事物は量子の反発力を受けて速度を落としていく。その際、落下する事物の密度は極限まで高まるものの、その数値はあくまで有限である。ブラックホールの重力に押しつぶされた事物が、無限に小さな一点と化すことはない。なぜなら、事物の寸法には下限が存在するからである。量子重力理論によれば、ブラックホールの中心では、事物を反発させる巨大な圧力が発生する。それは、崩壊する宇宙が反発して、膨張する宇宙へ移行するのとまったく同じ状況である。

ブラックホールの内側から観察するなら、崩壊する天体の「反発」はすさまじい速度で展開するだろう。しかし忘れてはならないのは、ブラックホールに近づけば近づくほど、外側の世界と比較して時間の流れが遅くなるという点である。外側から眺めれば、反発の過程が数十億年にわたり続く可能性もある。それだけの時間が経過してはじめて、わたしたちはブラックホールが爆発する現場を目撃できるだろう。要するに、ブラックホールとは、遠い未来への近道である。

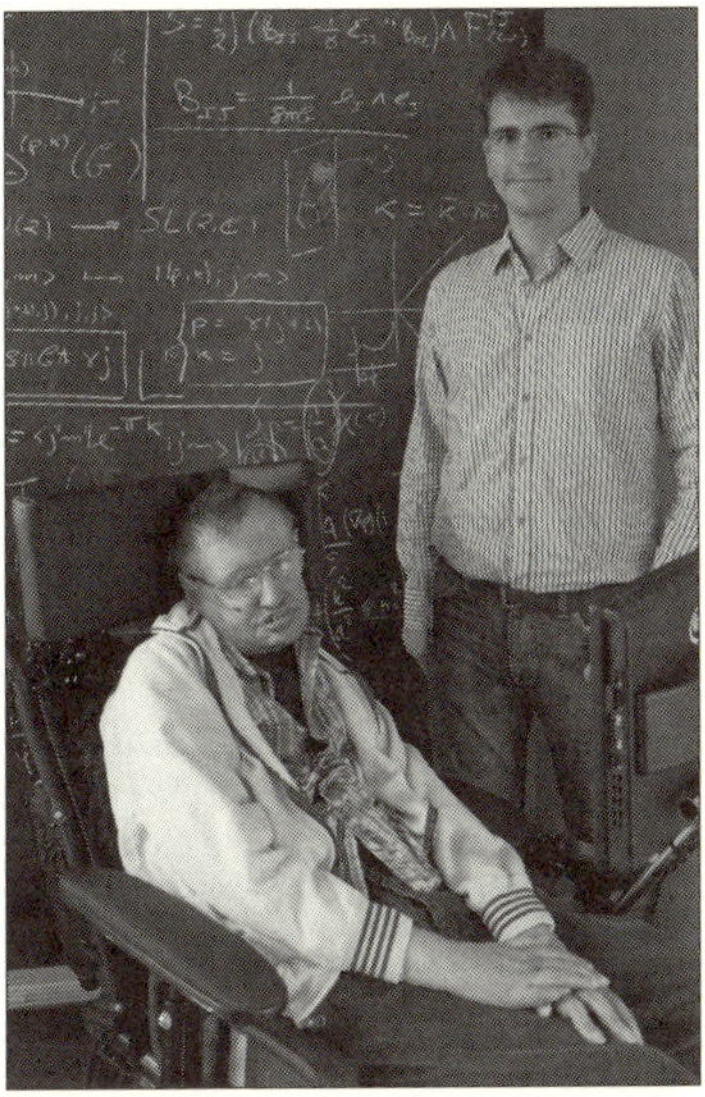

図10－3　スティーヴン・ホーキングとエウジェニオ・ビアンキ。黒板に書かれているのは、ブラックホールを記述するループ量子重力理論の主要な方程式。Eugenio Bianchi 提供

一般相対性理論によれば、ブラックホールは永続的な安定性を備えているはずだった。しかし量子重力理論は、ブラックホールが究極的には不安定な存在であることを示唆している。

ブラックホールの爆発が観察されれば、理論の正しさが劇的に裏づけられるだろう。初期の宇宙で形成されたきわめて古いブラックホールな

ら、すでに爆発していてもおかしくない。ごく最近の計算によると、ブラックホールが爆発した場合、電波望遠鏡の観測範囲に、爆発の事実を示す信号が送られてくるようである。かねてよりささやかれているのは、電波天文学者によって観測された「高速電波バースト」と呼ばれる奇妙な電波こそ、原初のブラックホールが爆発した際に発せられた信号なのではないかという説である。この仮説が証明されれば、それは間違いなくたいへんなニュースになる。なぜならわたしたちは、量子重力理論を裏づける事象から発せられた、直接的な信号を獲得したことになるのだから。今はただ、観測を待ちつづけるしかない……。

第11章　無限の終わり

一般相対性理論によって予見されるビッグバンの瞬間では、宇宙は「無限に」圧縮され、「無限に」小さな一点と化す。しかし、ループ量子重力理論を考慮に入れることで、この限りなく小さな点は姿を消す。その理由は、すでに述べてきたとおりである。世界には、無限に小さな点は存在しない。これが、ループ量子重力理論がもたらしたもっとも重要な知見である。空間の分割には下限がある。宇宙がプランク長のスケールよりも小さくなることはない。なぜなら、「プランク・スケール」より小さいものはこの世に存在しないからである。

量子力学を無視するなら、このような下限の存在も無視することになる。無限という量を想定していたために、一般相対性理論は「特異点」と呼ばれる厄介な状況に直面した。ループ量子重力理論は、無限に限界を設けることで、一般相対性理論の特異点を解消させた。

前章で見たとおり、ブラックホールの中心についても、同じ筋書きが展開した。ひとたび量子重力理論を考慮に入れるなり、一般相対性理論が予見する「特異点」は消失する。

まったく別の文脈で、量子重力理論が無限に限界を設定した事例がある。それは、電磁力をはじめとする「力」にかかわっている。ディラックによって創始され、五〇年代にファインマンやその同僚たちが完成させた場の量子論は、これらの力を適切に描写することを可能にした。ただしこの理論は、数学的に見て不合理としか言いようのない問題を抱えていた。場の量子論を使って物理的な過程を計算すると、多くの場合、何の意味も持たない「無限」という解が得られてしまうのである。こうした解のことを、専門用語では「発散」と呼ぶ。有限な解が得られるように、技術的な工夫を導入することで、この種の無限は姿を消した。場の量子論はうまく機能するようになり、計算から求められる値と実験による計測値は一致するようになった。しかし、場の量子論はどういうわけで、適切な数値にたどり着く前に、無限という不合理な解を通過しなければならなかったのか?

晩年のディラックは、理論にたびたび顔を出す無限という要素に不満を抱いていた。事物の働きを完全に理解するという自身の目的は、結局のところ達成されなかったと感じていた。ディラックは明晰な概念を好む人物だった（もっとも、彼にとって明晰な概念が、ほかの人びとにとっても明晰であったことは少ないが……）。「無限」はけっして、明晰な要素とはいえなかった。

ところが、場の量子論に登場する無限は、この理論の基礎を成すある前提に由来するものだった。その前提とは、空間の際限のない分割性である。かつてファインマンが教えてくれたように、ある過程が生じる確率を計算するには、この過程がたどることのできるあらゆる道筋を足し合わせればよい。しかし、この「道筋」は無限に存在する。なぜなら、計算の対象となっている過程は、連続的な空間に存在する無限個の点のすべてをたどることができるからである。このために、多くの場合、無限という計算結果が導き出される。

量子重力理論を考慮に入れれば、このような無限もまた姿を消す。理由は明快である。空間を無限に

物理量	基礎定数	理論	発見
速度	c	特殊相対性理論	最大の速度が存在する
情報（作用）	h	量子力学	最小の情報が存在する
長さ	L_P	量子重力理論	最小の長さが存在する

表11－1　物理学の基礎理論から導き出された根本的な限界値。

分割することはできず、無限に小さな点は存在しない。したがって、足し合わせるべき「道筋」が無限に存在することもない。粒的であり離散的である空間の構造が、場の量子論を苦しめている無限を除去し、この理論が抱えている難題を解決する。

これは目覚ましい成果である。一方では、量子力学を考慮に入れることで、アインシュタインの重力理論にもとづく無限の問題が解消され、他方では、重力を考慮に入れることで、場の量子論から生じる無限の問題（つまり「発散」をめぐる問題）が解消された。一見したところ矛盾しているように見えた二つの理論が、じつのところは、それぞれが抱えている問題の解決策になっていたのである！このことは、理論の信頼性を大いに補強している。

無限に限界を設定することは、現代物理学に繰り返し登場するテーマである。特殊相対性理論の内容を一言に圧縮するなら、「あらゆる物理的な系が共有する最大速度（つまり光速）の発見」ということになる。同じように、量子力学は、「あらゆる物理的な系が共有する情報の最小単位の発見」と要約できる（情報は次章のテーマである）。最小の長さはプランク長L_Pであり、最大の速さは光速cであり、情報の最小単位はプランク定数hによって規定される。すべてをまとめると、表11－1のようになる。

長さや、速度や、情報（作用）は、最大値（または最小値）をもっている。これらの値によって、自然を計測するための統一的な計量法が定められる。「時速

○○キロ」や「秒速○○メートル」といった形に替わり、わたしたちは事物の速度を、光速の分数の形式で計測できる。つまり、光速を「1」と定義するなら、「v＝½」の物体は、光速の半分の速度で動いていることになる。同様に、「L_P＝1」と定義すれば、わたしたちは事物の長さを、プランク長の倍数として表わせるようになる。そして最後に、「$\hbar$＝1」と定義すれば、わたしたちは情報（作用）を、プランク定数の倍数として計測できる。このようにすれば、ほかのあらゆる量を計測するときの基礎になる、自然の統一的な計量法が得られるだろう。たとえば時間の最小単位は、最大の速度である光速cが、最小の長さであるプランク長L_Pを進むのに要する時間として定義できる。このように、光速や、プランク長や、プランク定数を基準にして導き出される単位は「自然単位」と呼ばれ、量子重力理論の研究で広く使用されている。

三つの定数をもとに自然を描写することは、たんなる形式上の変化に留まらない深遠な意味をもっている。これら三つの定数が特定されることによって、それまで自然界に存在すると思われていたさまざまな「無限」に、限界が設定されたからである。無限であるように見えるものは、実際には、わたしたちがまだ理解していなかった（または数えられていなかった）ものでしかないことを、これらの定数は繰り返し示してきた。わたしが思うに、これは普遍的な真実である。「無限」とは、つまるところ、未知の事物にわたしたちが与えた名前にすぎない。自然について多くを学べば学ぶほど、自然はわたしたちに、本当に無限なものなど存在しないと語りかけてくるようである。

もうひとつ、人間の思索をつねに惑乱させてきた「無限」がある。それは、宇宙空間の無限の広がりである。しかし、第3章で解説したとおり、アインシュタインの理論のおかげで、「果てはないが有限な宇宙」について考えるための方法が明らかになった。現在の計測によれば、宇宙の全長は千億光年を越えるとのことである。これが、わたしたちの住まう宇宙に存在する最大の長さである。これは、プランク長のおよそ10^{60}倍に相当する。10^{60}とは、一のあとに〇が六〇個つづく数値である。プランクのスケールと宇宙のスケールのあいだには、数字にして六〇桁もの莫大な開きがある。たいへんな違いである。それでも、プランク長と宇宙の大きさを比較するのに、「無限」をもち出す必要はない。クオークも、陽子も、原子も、さまざまな構造をもつ化学物質も、山も、星も、太陽のような天体が千億個も集まってできる銀河も、銀河の一群も……いまだにわたしたちはその一側面しか理解できていない、目もくらむほどに複雑な宇宙全体が、この大きさのなかに収まっている。宇宙は巨大であり、しかし同時に、有限である。

宇宙のスケールは、一般相対性理論の方程式に登場する宇宙定数λに反映されている。したがって、この世界を記述するための基礎となる理論には、宇宙のスケールとプランク長の比率を示すきわめて大きな数値が含まれている。この数字が、錯綜した宇宙の全体像へとわたしたちを誘っていく。とはいえ、現在のわたしたちが宇宙について目撃し、理解している事柄は、無限には結びついていない。宇宙は巨大な海であり、有限な海である。

聖書を構成する書物のなかでも、もっとも古い歴史をもつ一冊に、『シラの書』がある。その序盤には、じつに力強い言葉が置かれている。

浜辺の砂、雨の滴、永遠に続く日々、誰がこれらを数えつくしえようか。天の高さ、地の広さ、地下の海、知恵の深さ、だれがこれらを探りえようか。[……]知恵ある方はただひとり、いと畏《かしこ》き方、玉座に座っておられる主《しゅ》である。

……浜辺の砂粒を数えることは、誰にもできない。

ところが、この文章が記されてから時を経ないうちに、もうひとつの偉大な文章が記されることになる。その出だしに備わる魅力は、今もなお輝きを失っていない。

わが王ヒエロンよ、この世には、浜辺の砂粒は数えられないと考える者がいます。

これが、古代世界における最大の科学者アルキメデスの手になる、『砂粒を数えるもの』の冒頭である。アルキメデスは、浜辺の砂粒を数えようとした……。

砂粒の数は有限であり、その値を求めることは可能であるとアルキメデスは考えていた。とはいえ、古代の計数方法では、極端に桁の多い数は容易には扱えなかった。そこでアルキメデスは、『砂粒を数えるもの』のなかで、指数によく似た計数方法を編み出している。彼はその方法を使って、きわめて大きな数を自在に操ってみせた。口許に笑みを浮かべながら、浜辺の砂粒の数はおろか、宇宙を満たすための砂粒の数まで数え上げ、世にその効力を知らしめたのである。

『砂粒を数えるもの』が展開する知的遊戯は、軽快であると同時に深遠でもある。アルキメデスはある意味で、啓蒙主義の先駆者だった。人間の思索をもってしては、どうやっても到達できない神秘があるという考えに、彼は反旗を翻《ひるがえ》したからである。アルキメデスはなにも、宇宙の寸法や浜辺の砂粒の数を、「正確に」知ることができると主張したわけではない。アルキメデスが擁護しようとしたのは、自身の知の完全性ではなかった。むしろ彼は、自身が行った計測の概算的で暫定的な価値に重きを置いていた。著作のなかでアルキメデスは、宇宙の寸法を計測するためのさまざまな手段を検討しており、そのうちのいずれかを絶対視することはなかった。重要なのは、自らの知の完全性をひけらかすことではない。アルキメデスが示そうとしたのは、知の歩みにたいする自覚である。巨大な神秘を前にして、膝を屈してはいけない。昨日の無知は今日になれば啓発されるかもしれず、今日の無知は明日になれば啓発されるかもしれないのだから。

「知ろう」という思いを放棄することに、アルキメデスは全力で反発した。彼の仕事は、「世界は知ることができる」という信念の表明であり、そして同時に、自らの無知に甘んじ、自分には理解できないものを無限と呼び、自分以外の誰かに知を委託する人びとにたいする、決然たる異議申し立てでもある。

『砂粒を数えるもの』が著されてから、すでに何世紀もの時が流れた。『シラの書』は聖書の一部として、地球上の数えきれないほどの家に置かれている。一方で、アルキメデスの文章を読む人はごくわずかである。アルキメデスは、ローマ人がシュラクサイ（現在のシラクーザ）に攻めこんだ際に殺害されたが、そのときの詳しい状況はいまだ明らかにされていない。シュラクサイは、ローマの版図《はんと》になることを最後まで拒みつづけた、マグナ・グラエキア（大ギリシア）の誇り高き一角だった。ローマはやがて帝国となり、国教の基礎となる書物の一群に『シラの書』を加えた。それからの千年間、聖書はつねに読まれつづけ、『砂粒を数えるもの』は闇に沈んだ。そのあいだ、アルキメデスの計算を理解できる人間はひとりとして現われなかった。

シラクーザの近くには、イタリアでもっとも美しい場所がある。眼下には地中海が広がり、頭上にはエトナ山がそびえている、タオルミーナ劇場である。アルキメデスの時代、この劇場では、ソフォクレスやエウリピデスの悲劇が上演されていた。この地を占領したローマ人は、劇場で剣闘士を戦わせ、彼らが殺し合うのを見て愉しんでいた。

『砂粒を数えるもの』の知的遊戯は、大胆な数学的技法の構築としても、古代における最高の知性のひとりが披露する名人芸としても読むことができる。だが、この著作がもつ意味はそれだけにとどまらない。アルキメデスの遊戯は、自らの無知を自覚しつつも、それを理由に知の源泉を誰かに明け渡すことは良しとしない理性による、凛《りん》とした叫びである。それはまた、無限の名を借りた蒙昧《もうまい》主義を退ける、小さく、控え目で、このうえなく知性的な声明である。

量子重力理論は、『砂粒を数えるもの』の、数ある後継者のうちのひとつである。わたしたちは、宇宙を形づくる空間の粒を数えつづけている。果てがないが、しかし有限な宇宙を見つめながら……。

本当に無限なものがあるとしたら、それはわたしたちの無知だけである。

第12章　情報——熱、時間、関係の網

　わたしたちの旅も、そろそろ終わりが近づいている。第4部では、量子重力理論の具体的な応用範囲について解説してきた。ビッグバンの前後で宇宙に何が起きたのかを描写し、ブラックホールの熱の正体を検討し、無限という概念の退場について論じた。

　最後に、理論の内容そのものに立ち返り、今後の展望について語っておきたい。本章で取り上げるのは、「情報」という言葉である。それは、今日の研究者に興奮と困惑をもたらしながら、理論物理学のまわりを浮遊している亡霊である。

　本章は、第4部のこれまでの章とは性格が異なっている。今までわたしは、充分な試験は済んでいないものの、明確に定義された概念や理論について語ってきた。しかし本章では、いまだ錯綜をきわめ、研究者による整理が待たれている概念について語っていく。親愛なる読者よ、あなたにとってここまでの旅は、険しく起伏に富んだものに思えただろうか？　それなら、この先はさらにしっかり、座席にしがみついておいてほしい。なにしろ、わたしたちはこれから、広大な虚空へ身を投げ出していくのだから。もし、本章の内容が難解に感じられたとしても、それはあなたの頭が混乱しているせいではない。

本音をいえば、混乱しているのは、わたしの頭の方なのである。

物理学が新たな一歩を踏み出すには、「情報」という概念が根本的な役割を果たすのではないかと、多くの科学者が考えている。量子力学の基礎や、熱をめぐる科学である熱力学の基礎について語るとき、「情報」という概念が参照される。そのほかの領域でも、ときにたいへん曖昧な形で、情報について言及されることがある。わたし自身、情報という概念から、なにか重要な知見を引き出せるような気がしている。ここではその理由を説明し、量子重力理論と情報のあいだにどんな関係があるのかを示していきたい。

そもそも、情報とは何なのか？「情報」という言葉は、新聞や、テレビや、日常の会話のなかで、普段からさまざまな意味で使われている。これが、この言葉を科学的に使用する際の混乱を招いている一因である。一九四八年、数学者であり工学者でもあったアメリカ人のクロード・シャノンが、「情報」という用語の科学的な意味を定義した。シャノンが考えた情報の概念はじつにシンプルである。彼によれば、情報とは、「起こりうる選択肢の数を計測したもの」である。たとえば、わたしがサイコロを投げたとすると、目の出方は六通りある。転がったサイコロが、ある特定の面を上にして静止したなら、わたしは「$N=6$」の情報を得たことになる。なぜならこの場合、「起こりうる選択肢」の数は六であるから。わたしがあなたの誕生日を言い当てようとするなら、三六五通りの答えから正解を選ぶ必要がある。あなたがわたしに誕生日を教えてくれれば、わたしは「$N=365$」の情報を得たことになる。万事がこの調子である。

情報を明示するには、「選択肢の数N」よりも、「2を底とする対数N」の方が便利である。この対数をSと呼ぶ。したがって、シャノンが定義した情報は、$S=\log_2 N$と表現できる。このNは、先に説明した「起こりうる選択肢の数」を示している。この方式を採用するなら、情報の最小単位は$S=1$となり、これは$N=2$に相当する（なぜなら、$1=\log_2 2$であるから）。$N=2$とは、起こりうる選択肢が二通りしかない状況を指す。このような、二つだけの選択肢から成る情報をもとにした計量単位を「ビット」と呼ぶ。ルーレットで、黒ではなく赤の目が出ると分かっているなら、わたしは1ビットの情報をもっている。もし、「赤」かつ「偶数」の目が出ると分かっているなら、わたしは2ビットの情報をもっている。もし、「赤」かつ「偶数」かつ「18以下」の目が出ると分かっているなら、わたしは3ビットの情報をもっている。2ビットの情報は、四通りの「起こりうる選択肢」に相当する（赤の偶数、赤の奇数、黒の偶数、黒の奇数）。同様に、3ビット（$S=3$）の情報は八通り、4ビットの情報は一六通り、5ビットの情報は三二通りの選択肢を表わしている。[1]

ここで考えてもらいたいのは、情報の「在りか」についてである。たとえば、あなたが一個のビー玉をもっているとする。ビー玉の色は白と黒のどちらかであるが、あなたはまだ、自分のもっているビー玉がどちらの色なのか知らない。同じくわたしも、黒と白のどちらかであるビー玉をもっており、自分のビー玉の色を知らないものと仮定する。わたしの側には二通りの可能性があり、あなたの側にも二通りの可能性がある。したがって、可能性の総数は「$2\times2=4$」となる（白―白、白―黒、黒―白、黒―黒）。それぞれのビー玉の色が相手にかかわりなく決まるのであれば、四通りの可能性のすべてが実現しうる。しかし、ここでは特別な状況を想定してみよう。あなたとわたしは、何らかの物理的な理由から、二個のビー玉は同じ色であると確信している（たとえばこんな状況である。二個のビー玉はある人物からの恒例のプレゼントであり、この人はどんなときでも、同一色のビー玉をわたしたちに用意してきた経緯がある。または、わたしたちは二人とも、同一色のビー玉しか入っていない同じ箱から、それぞれのビー玉を引き抜いたのだと考えてもよい）。このような場合、わたしの側に二通り（白、黒）、あなたの側に二通り（白、黒）の選択肢がありながら、実際に起こりうる選択肢も二通り「のみ」である（白—白、黒—黒）。したがって、選択肢の総数（2）は、わたしの側の選択肢（2）とあなたの側の選択肢（2）を掛け合わせた値（4）よりも小さくなる。ここでは、ある特殊な事態が生じている。あなたは、自分のビー玉を見るだけで、「わたしの」ビー玉の色を特定できる。物理学者はこのような状況を指して、二個のビー玉の色が「相関している」と表現する。「わたしの」ビー玉の色に関する情報は、「あなたの」ビー玉のなかにも存在している。言い換えるなら、わたしのビー玉は、あなたのビー玉に関する「情報」を所有している。

じつを言うと、通信手段を使ってコミュニケーションを取るとき、つねにこれと同じことが起こっている。たとえば、わたしがあなたに電話をかけたとする。わたしの耳元で聞こえる着信音が、あなたの側で響いている着信音と無関係でないことを、わたしはよく知っている。二ヶ所で鳴り響く着信音は、ビー玉の色と同じように、たがいに結びついている。ここで電話を例に挙げたのは、理由のないことではない。というのも、情報理論の創始者であるシャノンは、電話会社に勤めていたから。シャノンは、電話線の「運ぶ力」を正確に測定する方法を探していた。では、電話線が「運ぶ」ものとは、いったい何なのだろうか？　電話線が運んでいるのは、情報である。起こりうる選択肢を弁別する能力を、電話線は運んでいる。だからこそ、シャノンは情報を定義する必要に駆られていた。

今日の研究者たちは、情報という概念が、世界を理解するうえで有益であり、必須であるとさえ考えている。それはいったいなぜなのか？　理由を説き明かすことは容易ではない。あえて一言で説明するなら、それは情報が、「互いに交信する複数の物理的な系の可能性」を測定できるからである。

最後にもう一度、デモクリトスの原子に立ち返ってみよう。読者には、果てしない原子の海からなる世界を想像してみてほしい。世界を構成しているのは、跳ねたり、引きつけ合ったり、付着し合ったりしている原子だけである。だが、デモクリトスが思い描くこの世界には、何かが欠けていないだろうか？

プラトンとアリストテレスは、そこには重要なものが欠けていると主張した。二人の考えでは、そこに欠けているのは、事物の「形」（哲学の用語では「形相」）だった。形相とは、事物を成り立たせている実体に「加えられるもの」である。プラトンによればこの「形」は、イデア界という絶対的な世界のなかに、それ自体として存在している。馬のイデアは、あらゆる現実の馬に先立って存在している。プラトンにとって、現実の世界に生きる馬は、馬のイデアがぼんやりと反映された存在にすぎない。個々の馬がいかなる原子から構成されているかという問題は、ほとんど（またはまったく）意味をもたない。重要なのは、「馬性」とでも表現すべき、抽象的な形（形相）だけである。アリストテレスはもう少し現実的だった。とはいえ、彼にとってもやはり、形相は実体に還元されるものではなかった。材料である石に何かが加えられているからこそ、像は像として存在する。この「加えられるもの」が、アリストテレスの考える「形」だった。デモクリトスが思い描く原子の世界には、「形」が欠けている。これが、デモクリトスの強力な唯物論にたいする、古代から続く批判である。今日においてもなお、唯物論にたいしては同様の批判が繰り返されている。

しかし、デモクリトスは本当に、すべては原子に還元されると考えていたのだろうか？　現代の知見と照らし合わせて、彼の思索をより注意深く検討してみよう。原子と原子が組み合わさるときは、原子の形や、全体構造における原子の配置に加え、「原子の組み合わさる仕方」が重要になるとデモクリトスは言っていた。そこで彼が例に出したのがアルファベットである。アルファベットはおよそ二〇個しかない。しかし、デモクリトスが言うように、「アルファベットをさまざまな形に組み合わせると、喜劇や悲劇、滑稽譚や叙事詩を生み出すことができる」。

この言葉を見るかぎり、デモクリトスはけっして、すべてが原子だけに還元されるとは考えていなかった。ある原子が別の原子にたいして「配置」される仕方にも、彼は関心を払っている。けれども、原子しか存在しない世界において、原子の配置の仕方がいかなる意味をもつのだろうか？　原子はアルファベットでもあると言うなら、いったい誰が、このアルファベットから書かれた文章を読むのだろうか？

今回も、簡明に答えるのは難しい。重要なのは、ある原子の一群が配置される仕方は、別の原子の一群が配置される仕方と「相関している」という点である。したがって、先に説明した厳密で技術的な意味合いにおいて、原子の総体は、ほかの原子の総体に関する「情報」をもっている。

物理学的な見地に立てば、これはつねに、あらゆる場所で起こっていることである。わたしたちの瞳に達する光は、その光を発した物体に関する情報をもっている。海の色は、海の上に広がっている空の色に関する情報をもっている。一個の細胞は、その細胞を攻撃したウィルスの情報をもっている。新しい生命は、両親や、自身が属す種と相関しているために、それらの情報をもっている。そして、親愛なる読者よ、あなたはこの文章を読んでいるあいだ、わたしがこの文章を書いているあいだに考えていたことについて情報を受け取っている。つまり、この文章を書くあいだにわたしの脳内で起きていた事柄について、あなたは情報をもっている。あなたの脳を構成する原子の内部で、今まさに起きている事柄は、わたしの脳を構成する原子の内部でかつて起きていた事柄と、けっして無関係ではないのである。

したがって、世界を単に、衝突する原子たちが形づくる網としてのみ捉えてはいけない。それは同時に、原子の総体のあいだに認められる相関性の網であり、物理的な系によってやり取りされる情報の網でもある。

わたしがここに書いたことは、観念論や唯心論とは何の関係もない。わたしはただ、「起こりうる選択肢」は計量可能であるというシャノンの着想を応用したにすぎない。アルプスの岩や、蜂の羽音や、海の波と同じように、「情報」もまた世界の一部を形づくっている。

宇宙には、相互にやり取りされる情報の網の目が広がっている。そのことを理解するなり、研究者たちはごく自然に、世界を記述するために情報を活用しようと考えるようになった。手始めに、十九世紀末から実態が明らかになりはじめた、世界に備わるある側面に着目してみよう。その側面とは、熱である。熱とはいったい何なのか？　事物が熱いということは、いったい何を意味しているのか？　熱い紅茶が入ったティーカップを放っておいたら、カップの紅茶はかならず冷める。紅茶がはじめより熱くなることはけっしてない。それはいったいなぜなのか？

熱の正体を最初に洞察したのは、統計力学の創始者であるオーストリア人科学者ルートヴィヒ・ボルツマン[2]である。熱とは、分子による微視的かつ偶発的な運動である。紅茶が熱ければ熱いほど、紅茶を構成している分子は速く動いていることになる。では、紅茶はなぜ冷めるのか？　ボルツマンが示した仮説は、大胆にして精妙だった。紅茶が冷めるのは、「熱い紅茶と冷たい空気」に一致する分子の並び方の総数が、「冷たい紅茶と少しだけ温められた空気」に一致する分子の並び方の総数より多いからである。シャノンによる情報の概念を援用するなら、ボルツマンの仮説は次のように翻訳できる。紅茶が冷めるのは、「冷たい紅茶と少しだけ温められた空気」に含まれる情報が、「熱い紅茶と冷たい空気」に含まれる情報より少ないからである。紅茶がひとりでに温まることがないのは、情報がひとりでに増大することがけっしてないからである。

もう少し詳しく説明しよう。紅茶を形づくる分子はきわめて小さく、しかも膨大な数にのぼるため、わたしたちは分子の運動を正確に把握することができない。つまり、分子の運動をめぐる情報には、欠けている部分がある。けれども、「欠けている情報」の量を計算することは可能である（ボルツマンは実際にその情報を計算した。熱い紅茶を構成する分子が、どれだけの数の状態を取れるかを算出したのである）。紅茶が冷めるのは、紅茶のもっていたエネルギーの一部が周りの空気に移動したからである。この場合、紅茶の分子の動き方は先ほどまでより遅くなり、空気の分子の動き方は先ほどまでより速くなる。ここで情報の量を計算すれば、その値が減っていることが判明するはずである（反対に、「欠けている情報」は増えているはずである）。もし、これと反対のことが起きたらどうなるだろう？　つまり、自分よりも冷たい空気から紅茶が熱を吸収して温まったら、情報の量はどう変化するのだろうか？　このようなことが実際に起これば、情報は増大するはずである（ここで、情報の定義について思い出しておこう。情報とは、「起こりうる選択肢の数」でしかない。今回の例では、与えられた温度における、紅茶の分子と空気の分子の動き方の数である）。だが現実には、情報は空から降ってくるわけではない。分からないものは分からないのである。情報がひとりでに増えることはない。したがって、自分よりも冷たい空気と接触している紅茶が、ひとりでに温まることもない。わたしたちは、「情報はひとりでに増えない」という観察をもとに、熱がどのように振る舞うかを予見できる。

ボルツマンの主張は、当時の研究者のあいだでは、あまり真剣に受けとめられなかった。彼は五十六歳のとき、北イタリアのトリエステからほど近いドゥイーノで自殺した。現在では、物理学の世界に生まれた天才のひとりと見なされている。ボルツマンの墓には、彼の手になる次の公式が刻まれている。

$$S = k \log W$$

この公式では、欠けている情報が、「起こりうる選択肢の数」の対数で表現されている。つまり、ボルツマンの公式を支えているのは、シャノンが定義した情報の概念である。ボルツマンは、この公式から算出される情報の量が、熱力学で用いられるエントロピーと正確に一致することに気づいていた。エントロピーとは「欠けている情報」であり、それはつまり、マイナスの符号がついた情報である。エントロピーの総量は増大することしかない。なぜなら、情報の総量は減少することしかないからである。[3]

今日の多くの物理学者は、熱をめぐる科学の根幹に、情報という概念が光を当てるかもしれないと考えている。情報をめぐっては、じつに大胆でありながら、ますます多くの理論物理学者から支持を得ている仮説がある。それは、情報の概念を参照することで、いまだ謎に包まれている量子力学の諸側面(わたしが第5章で解説した内容)を理解できるのではないかという仮説である。

読者には、次の点を思い起こしてもらいたい。「情報は有限である」という事実こそ、量子力学の核心を成す考え方のひとつだった。ある物理的な系を計測することで求められる起こりうる結果の総数は、古典力学によれば無限になる。だが実際には、量子力学が教えてくれたように、起こりうる結果の総数は有限である。量子力学は、情報がその本質からして有限であることを発見した。[4]

わたしたちは量子力学の全体像を、情報という観点から次のように読み解くことができる。ある物理的な系があらわになるのは、ほかの物理的な系と相互作用を起こしたときだけである。したがって、ある物理的な系を記述するには、相互作用の片割れである別の物理的な系との比較が必須になる。ある物理的な系の状態の描写とはつねに、その系が、別の物理的な系についてもっている「情報」の描写である。言い換えるなら、系の状態の描写とは、ある系と別の系のあいだに認められる相関性の描写である。このように、「ある物理的な系がもっている別の系の情報」として量子力学を解釈するなら、量子力学をおおっている神秘の霧はだいぶ薄まってくる。

つまるところ、物理的な系の描写とは、「その系が過去に経験してきたあらゆる相互作用の要約」にほかならない。それはまた、「未来における相互作用がどんな効果をもちうるか」を予測できるようにするために、過去の相互作用を整理する作業でもある。

このような考えにもとづくなら、次に掲げる二つの単純な公理さえあれば、量子力学を形づくる全体の枠組みを引き出せてしまう[5]。

公理1　あらゆる物理的な系において、有意な情報の量は有限である。

公理2　ある物理的な系からは、つねに新しい情報を得ることが可能である。

公理1にある「有意な情報」とは、どんな情報を指しているのか？　それは、過去にわたしたちがある系と相互作用を起こした結果として、わたしたちがその系について所有することになった情報である。その情報は、未来にわたしたちが同じ系と相互作用を起こしたとき、わたしたちがいかなる影響を被るか予見することを可能にする。公理1は、量子力学の「粒性」を特徴づけている。これは、実現する可能性がある選択肢の総数は有限であるという公理である。公理2は、量子力学の「不確定性」を特徴づけている。量子の世界では、つねに予見不可能な事態が発生するため、わたしたちはそこから新たな情報を引き出すことができる。公理1が示すように、有意な情報の総量には限りがある。したがって、ある系に関する新しい情報を得たのであれば、その帰結として、それに先立つ情報の一部は「有意でない

（つまりは無意味な）」情報に変化するはずである。無意味になった情報はもはや、未来の予見に何の影響も与えない。つまり、量子力学の世界においては、ある系と相互作用を与え合うとき、わたしたちは何かを得るばかりでなく、同時に、その系に関する情報の一部を「消去」してもいる。[6]

量子力学の数学的な全体構造の大枠は、この二つの単純な公理から導き出せる。情報は、量子力学を表現するのに驚くほど適した概念である。

量子的な現実を理解するうえで、情報の概念がきわめて重要な役割を果たすことを最初に洞察したのは、量子重力理論の父ジョン・ホイーラーだった。ホイーラーは、この着想を一文に圧縮して、「イット・フロム・ビット」というスローガンを考案した。この文を翻訳するのは、なかなかに骨の折れる仕事である。文字通りに訳すなら、「ビットに由来するそれ」という意味になる。「ビット」は情報の最小単位であり、「はい」と「いいえ」の二つだけから構成される選択肢である。「イット」は「それ」に相当するが、ここでは「あらゆるもの」を含意している。したがって、このスローガンを分かりやすく言い換えるなら、次のようになる。「すべては情報である」。

ループ量子重力理論の分野で、情報はふたたび顔を出す。第7章で解説したように、あらゆる表面の面積は、その表面を横切っているループのスピンによって定義される。スピンは離散的な量であり、個々のスピンが面積を形成する。一定の面積をもつ表面は、スピンを割り振られた空間の量子が、さまざまな仕方で結びつくことで形成される。この「さまざまな仕方」の総数を、Nで表現することにしよう。表面の面積は分かっているのに、その面積を構成している量子の並び方については正確に分かっていないとき、わたしはその表面に関する「欠けている情報」をもっているといえる。これはまさしく、第10章で言及した、ブラックホールの熱を計算する方法のひとつである。一定の面積をもつ表面の内部に閉じこめられた、ブラックホールの空間の量子を配列させる仕方は、全部でN通り存在する。同じ議論が、カップに入った熱い紅茶にも当てはまる。紅茶を構成する分子が運動する仕方は、全部でN通り存在する。このNの値を根拠にして、わたしたちは紅茶の温度を（またはブラックホールの温度を）導き出すことができる。これはつまり、「欠けている情報」の量（つまりエントロピーの量）を、ブラックホールに関連づけられることを意味している。

このようにしてブラックホールに関連づけられる情報の量は、ブラックホールの表面積Aに直接に由来している。ブラックホールが大きければ大きいほど、欠けている情報の量も大きくなる。

ブラックホールのなかに入っていった情報を、外側から取り出すことはけっしてできない。ただし、ここで注意しなければならないのは、ブラックホールのなかに入っていく情報はつねに、エネルギーを帯びているという点である。エネルギーを吸収すると、ブラックホールは大きくなり、その表面積は増大する。外側から眺めれば、ブラックホールに吸いこまれた情報は、ブラックホールの面積に関連づけられるエントロピーと変わりなく見えるだろう。これと似たようなことを最初に考えついたのが、イスラエルの物理学者ヤコブ・ベッケンシュタインである。

しかし、状況はなおも錯綜したままである。なぜなら、前章でも見てきたとおり、ブラックホールは熱を帯びた放射線を発しながらだんだんと小さくなり、おそらく最後には消えてしまうからである。プランクスケールの空間と等しい大きさになったブラックホールは、微視的な海となって溶解する。では、ブラックホールに吸いこまれていった情報は、最終的にはどこに行き着くのか？　理論物理学者たちはこの問題をめぐって、今なお議論を闘わせている。だが、明快な考えをもっている研究者はひとりもいない。

ベッケンシュタインは、ブラックホールが熱に関連する性質をもっていることにいち早く気づいた物理学者である。彼は、ブラックホールの表面積と情報の関係について、次のような仮説を立てた。まず、面積Aの表面から成るある領域を、物理的な系として設定する。ベッケンシュタインが提唱した原則によれば、この系がもつ「欠けている情報」の総量は、面積Aのブラックホールがもっている「欠けている情報」の総量をけっして超えない。今日、一部の物理学者はベッケンシュタインの説を普遍的な法則と推定し、それを「ホログラフィー原理」と呼んでいる。「ホログラフィー」という名称は、平面に三次元の図像を含むことのできるホログラムに由来している。ホログラフィー原理によれば、ある領域から取り出せる情報はすべて、その領域の末端の面積によって限定される。三次元の図像がホログラムの平面に押しこまれているのと同じように、ある領域に含まれている情報のすべてが、その領域の末端に配置されているかのように考えるわけである。

実際は、多くの研究者がホログラフィー原理について語っているにもかかわらず、今はまだ、この原理を本当に理解しているといえる人間はひとりもいない。ここで、読者に思い起こしてほしいことがある。量子重力理論において、わたしたちが記述すべき対象はつねに「過程」だった。そして、過程とは時空間から成り立つ領域にほかならない。量子重力理論は、過程の「内部」で何が起きているのかを正確に描写しようとはせず、つねに過程の「末端」で発生する事象の確率を計算する。わたしたちを取り巻く自然は、領域と領域のあいだや、系と系のあいだの末端をとおしてのみ記述されることを望んでおり、「内部」で起きている事柄を完全に記述されることは拒んでいるかのように見える。

現代物理学は、系と系のあいだの関係や、ある系がもっている別の系の情報について語っている。系がもつ情報は、ある過程と別の過程のあいだの「末端」でやり取りされる。このような状況では、系との相関性が末端をまたぐ形でつねに存在している。つまり、事物はつねに、「統計的な」状況下にある。わたしの考えでは、こうした議論はすべて、次のような仮説に収斂していく。この世界の全体像を理解するには、一般相対性理論と量子力学に加えて、「熱の理論」を考慮する必要がある。熱の理論とは、統計力学であり、熱力学であり、あるいはまた、情報理論でもある。しかし、一般相対性理論の熱力学（つまり空間の量子の統計力学）は、なおも発達の初期段階にある。今はまだ、なにもかもが錯綜しており、解明すべき問題は山積みになっている。

このような現状を踏まえたうえで、本書で取り上げる最後の物理的概念に話を移そう。その概念の可能性も、限界も、わたしは承知しているつもりである。その概念は、「熱の時間」と呼ばれている。

熱の時間

「熱の時間」という概念が提起する問題は単純である。わたしは第7章で、物理学を記述するのに時間の概念を用いる必要はないことを解説した。むしろ、根源的な次元では、時間の存在を完全に忘れ去った方が都合がいい。物理学の根底では、時間は何の役割も果たしていない。この点を理解すれば、量子重力理論の方程式を記述することが容易になる。

宇宙を記述する基礎的な方程式では、わたしたちが慣れ親しんでいる日常的な概念の多くが意味をもたなくなる。代表的な例が、「高い」と「低い」、「熱い」と「冷たい」のような概念である。したがって、物理学の理論のなかで日常の概念が失効したとしても、なんら不思議なことはない。しかし、この事実を受け入れるなり、別の問題が頭をもたげてくる。基礎的な方程式において「時間」が姿を消すというなら、わたしたちが日ごろ経験している「時間」とは、いったい何なのか？

たとえば、「高い」や「低い」という概念は、物理学の方程式には登場しない。とはいえ、絶対的な高さや絶対的な低さが存在しない世界のなかで、わたしたちが日ごろ経験している「高い」や「低い」という感覚にどのような意味があるのか、わたしたちはよく知っている。「低い」とは単純に、重力によってわたしたちを引きつけている大きな質量（たとえば地球）に近いということであり、「高い」はその反対である。「熱い」と「冷たい」にたいしても、似たような議論が当てはまる。微視的な視点に立てば、「熱い」事物も「冷たい」事物も存在しない。しかし、微視的な構成要素を大量にかき集め、その総体を概算的に記述するなら、「熱い」という概念が姿を現わす。熱い物体は、構成要素の速度の平均値が高いために熱いのである。したがって、適切な状況を設定すれば、わたしたちは「高い」や「熱い」の意味するところを理解できる。近くにある大きな質量の存在が「高い・低い」を生み出し、数多の分子の平均速度が「熱い・冷たい」を生み出している。

それならば、「時間」についても同じことがいえるのではないだろうか？　たとえ、根源的な次元において時間の概念が何の役割も果たしていないとしても、わたしたちが生きる日常においては、時間は（「高い」や「熱い」と同じように）明らかに何らかの意味をもっている。世界の基礎的な描写に時間が含まれていないのなら、「時間の経過」は何を意味しているのだろうか？　先に触れた「熱の時間」が、この問いに答えを提供してくれる。

答えはいたってシンプルである。時間の起源は、温度の起源と同質である。時間は、多くの微視的な変数の平均値に由来している。どういうことか、もう少し詳しく見ていこう。

時間と温度の関係について、はっきりと理解した人間はまだひとりもいない。しかし、両者のあいだに深いつながりがあることは、古くから多くの科学者によって指摘されてきた。よくよく考えてみれば、わたしたちが時間の経過に結びつけている事象はすべて、温度とかかわりをもっている。

ここからは、具体例を挙げながら考えてみたい。時間に備わるもっとも重要な特徴は「不可逆性」である。つまり、時間は前に進むばかりで、けっして後戻りすることがない。「力学的な」事象、つまり、熱にかかわりをもたない事象は、つねに可逆的である。こうした事象を撮影し、フィルムを逆に回したとしても、まったく不自然には感じないだろう。たとえば、振り子が揺れているところや、石が空高くに放り投げられ、やがて地面に落ちてくるところを撮影したとする。このフィルムを逆に回せば、完全に合理的に揺れる振り子や、完全に合理的に上昇し、落下する石が映し出されるだろう。「いや、それはおかしい！」注意深い読者は、きっと叫んだはずである。石は地面に達した段階で静止する。したがって、フィルムを逆に回したら、石がひとりでに地面から跳ねあがるところが映し出されてしまう。しかし、現実にはそんなことは起こりえない。

筋の通った指摘である。だが、それなら、石が地面に到達したとき、直前まで石がもっていたエネルギー（高校の物理で習う、落下する物体の運動エネルギー）はどこに消えたのか？　石のエネルギーは、石が落ちた地面を「温める」のに使われたのである！　石が地面に触れた瞬間、エネルギーはかすかな熱に変換される。熱が生まれた瞬間に、不可逆的な事象が発生する。この事象は、本来のフィルムと逆回しのフィルムを区別するための目印であり、過去と未来を区別するための目印である。要するに、過去と未来は、熱によって区別される。

これは普遍的な事実である。ロウソクが燃えると煙になるが、煙がロウソクになることはない。そして、ロウソクは燃えながら、熱を生み出している。熱い紅茶は、冷める一方であり、はじめより熱くなることはない。そして、紅茶は冷めながら、あたりに熱を発散している。わたしたちは生き、そして老いる。そのあいだずっと、わたしたちは熱量（カロリー）を消費している。自転車のタイヤは次第に古びて、摩耗していく。そして、タイヤは道を走りながら、熱を生み出している。スケールを拡大して、太陽系について考えてみよう。太陽系の惑星たちは、自らのメカニズムにしたがって、つねに変わらず公転を続けているように見える。太陽系は熱を生み出しておらず、惑星が逆方向に回転を始めたとしても、わたしたちは少しも奇異に感じないだろう。しかし、惑星の運動を子細に観察すれば、事態は別の様相を呈してくる。太陽は現在も、自らの水素を消費している。いつの日か、水素を燃やしつくしたとき、太陽は消滅する。太陽もまた年をとり、熱量を生み出している。しかし、それだけではない。月は地球のまわりを、つねに同じ軌道で公転しているように見える。ところが、現実には、月は少しずつ地球から遠ざかっている。月は潮汐《ちょうせき》を引き起こし、潮汐に伴う摩擦によって、海水の温度がごくわずかに上昇する。この熱が原因となり、月の軌道は少しずつ変化していく……時間の経過を裏づける事象が発生すると、かならず熱が生み出される。そして熱は、さまざまな変数の平均値から導き出される。

ここからが、「熱の時間」という概念の出番である。熱の時間は、わたしが前段落に記した考察を転覆させ、発想の転換を促す。わたしたちは、「なぜ時間が熱の消費を生み出すのか」ではなく、「なぜ熱の消費が時間を生み出すのか」をこそ問わなければならない。

ボルツマンの傑出した知性が教えてくれたように、熱の概念は、「わたしたちが相互作用を与え合っている相手とは、さまざまな変数の平均値にほかならない」という事実に由来している。「熱の時間」は、これとまったく同じ議論を、時間にも当てはめようとする発想である。わたしたちはこの世界で、さまざまな事物と相互作用を与え合っている。しかし、突き詰めて考えるなら、「さまざまな事物」とは、「さまざまな変数の平均値」のことである。熱と同じく、時間の概念もまた、この事実に由来している。[7]

系を「完全に」記述するかぎり、その系のどんな変数も時間を表わすことはない。ところが、さまざまな変数の平均値によって系を記述しようとするや否や、その平均値が時間を表わしているように見えてくる。それは、熱の発散とともに流れゆく時間であり、要するに、わたしたちが日常的に経験している時間である。

したがって、時間は世界を構成する基礎的な要素ではないが、それでも、時間はこの宇宙に遍在している。世界は巨大であり、わたしたちはその世界のなかに存在する小さな系である。系としてのわたしたちは、微視的な変数とだけ相互作用を与え合っている。おびただしい数の小さく微視的な変数の「平均値」が、わたしたちの相互作用の片割れである。日常の生活のなかで、個々の素粒子や個々の空間の量子を目にする機会はない。わたしたちが見ているのは、岩や、夕陽や、友人の微笑みである。基礎的な構成要素が何億個、何兆個と集まって、わたしたちの目に映るこうした事物を形づくっている。わたしたちはつねに、平均値と相関関係を築いている。そして、平均値はどんなときも、平均値として振舞いつづける。つまり、それは熱を発散し、その必然的な帰結として、時間を生み出す。

こうした発想を理解するのが難しいのは、時間のない世界について考えたり、時間が概算的な仕方で形成されていると想像したりすることが難しいからである。現実は時間のなかにだけ存在するという考えに、わたしたちは逃れようもなくとらわれている。わたしたちは、時間のなかで生きている存在である。時間はわたしたちの住みかであり、わたしたちの糧《かて》でもある。わたしたちは、微視的な変数の平均値から生み出される、時間という性質の所産である。しかし、直観的に理解することがいかに困難であろうとも、進むべき道を誤ってはいけない。多くの場合、世界をよりよく理解するには、直観に反する方向へ進むことが求められる。そうでなければ、物事を理解するのはより簡単なはずである。
時間とは、事物の微視的な物理学を無視することで生じる現象である。時間とは、わたしたちがもっていない情報である。時間とは、わたしたちの無知である。

現実と情報

なぜ、情報の概念がこんなにも重要な役割を果たすのだろうか？　この問いに答えるためには、まず、「ある系についてわたしたちが知っていること」と、「その系の絶対的な状態」をはっきり区別しなければならない。「わたしたちが知っていること」はつねに、「系とわたしたちの関係性」にかかわっている。あらゆる知は、関係を示している。したがって、知は主体と客体の双方に依存している。物理的な系はつねに、明示的にであれ暗示的にであれ、ほかの物理的な系を参照している。古典力学の担い手たちは、この単純な真実を考慮しなくとも物理学は成立すると考えていた。そして、少なくとも理論上は、観察者に依存しない世界の見方を提供することに成功した。だが物理学が発展するにつれ、関係という観点を無視することはますます難しくなってきた。

ここで、注意を促しておきたい点がある。紅茶の温度について「情報をもっている」とか、個々の分子の速度について「情報をもっていない」とか言うとき、わたしはけっして、精神や心の働きにかかわる曖昧かつ抽象的な話をしているのではない。わたしはただ、物理法則が、わたしたちと温度のあいだに相関関係が成り立つよう仕向けていると言っているだけである（たとえば、紅茶の温度について情報をもつには、温度計を見なければならない。こうして、観察するわたしたちと観察される温度のあいだに「関係」が生じる）。個々の分子の速度について、わたしたちは情報をもっていない。それならば、個々の分子の速度とわたしたちのあいだには、相関関係が成り立っていないのである。つまり、わたしがここに書いたことは、ビー玉を例にとって説明したことの繰り返しである。あなたの手のなかの白いビー玉は、わたしの手のなかのビー玉の色について「情報をもっている」。これは物理的な事実であって、精神の働きとは別物である。ビー玉は思考しない。それでも、ビー玉は情報をもつことができる。コンピューターに挿しこむUSBのスティックメモリも、自ら考えることはしないが情報をもっている（スティックに記されているギガバイトの数字は、そこにどれだけの情報を収容できるかを表わしている）。こうした情報、つまり、ある系の状態と別の系の状態の相関性は、この宇宙に遍在している。

わたしが思うに、「関係」や「情報」を抜きにしては、現実を深く理解することはできない。現実とは関係の網であり、言い換えるなら、相互にやり取りされる情報の網である。この網が、わたしたちの生きる世界を織り成している。じつをいえば、本書はこれまで、つねにこの網について語ってきたのである。

わたしたちは、身のまわりに広がるあらゆる現実を、対象に切り分けている。しかし、現実は対象からできているわけではない。現実とは連続的な流れであり、つねに可変的な流れである。この可変性のただなかにあって、どうにか現実について語れるようにするために、わたしたちは境界を設定する。海の波を思い浮かべてみてほしい。ひとつの波がどこで終わり、どこから始まるか、答えられる人がいるだろうか？　それでも、波は現実に存在している。山を思い浮かべてみてほしい。ひとつの山はどこから始まるのか？　どこで終わるのか？　どれだけ地下を掘り進めば、山の終わりに行き当たるのか？　こうした質問には意味がない。なぜなら、波も山も、それ自体として成立している対象ではないからである。波や山は、世界をより容易に語れるようにするために、わたしたちが考え出した世界の分割の仕方である。波や山の境界は、恣意的かつ慣習的に、わたしたちの都合によって決定される。境界を立てることで、わたしたちは情報を整理する。波や山は、わたしたちが所有している情報の一形態である。

境界をめぐる議論は、生命体を含め、あらゆる対象に当てはまる。半分だけ切りこみの入った爪は、まだわたしの爪なのか、もうわたしの爪ではないのか。猫の体からソファーに落ちた一本の毛は、まだ猫の一部なのか、それともそうでないのか。子供が生命を獲得するのは、正確にはどの時点においてなのか。ある男性とある女性が、はじめて赤ん坊のことを考えた瞬間に、その子供は生きはじめるのか。それとも、子供のなかで、はじめて自己のイメージが形成されたときなのか。それとも、子供がはじめて呼吸をしたときなのか。子供が自分の名前を認識したときなのか。何らかの社会的な儀礼を通過したときなのか。これらはすべて、恣意的に決定される。この複雑な世界のなかで、思索し、自らの立ち位置を知るために、わたしたちは世界を分割する。

「物理的な系」という、物理学の多くの議論に登場する抽象的な概念もまた、現実を切り分けて理想化したものにすぎない。物理的な系とは、現実に関する流動的な情報を整理するための手段である。

生命体は、外部の世界とつねに相互作用を与え合いながら、自身の元々の姿に留まるよう絶え間なく形成を繰り返す特殊な系である。そのなかでも、元々の姿に留まる形成をもっとも効果的に実行した系だけが存続していく。したがって、今なお存続している生命体には、その系を存続させるにいたった特性を見出すことができる。だからこそ、生命体という系は解釈可能であり、わたしたちは実際に、指向性や方向性という観点から生命体を解釈している。

系としての生命体は、方向性をもって展開していく。これこそ、ダーウィンが成し遂げた偉大な発見である。自然環境から与えられた方向性にしたがって、系は複雑で効果的な形態を選択していく。生命体にとって、ある環境のなかで存続していくためのもっとも効果的な方法は、外部の世界（より正確には、外部の世界に関する情報）と適切な相関関係を築くことである。情報を収集し、蓄積し、伝達し、改良する能力に長けた生命体ほど、存続していける可能性が高い。ＤＮＡも、免疫系も、感覚器官も、神経系も、脳も、言語も、書物も、アレクサンドリア図書館も、コンピューターも、ウィキペディアも、情報の運用効果（つまり、相関性の運用効果）を最大化するための手段である。

アリストテレスが大理石の塊のうちに見てとった石像は、現実に存在している。それは、単なる大理石の塊を超える何かであり、同時に、単なる石像としては片づけられない何かである。アリストテレスの脳と大理石の相互作用のうちに、この「何か」の居場所がある。この「何か」は、大理石がもっている情報に関連しており、この情報はアリストテレスにとって何らかの意味をもっている。それは、アリストテレスと、大理石と、（石像のモデルとなる）円盤投げの選手と、（石像を彫る）彫刻家フェイディアスのすべてに関連する、きわめて錯綜した「何か」である。この「何か」は、石像を形づくる原子の相関的な配置のなかにある。この「何か」は、アリストテレスの脳内に宿るおびただしい数の事物が織りなす相関関係のうちにある。あなたの手のなかの白いビー玉が、わたしの手のなかのビー玉の色を教えてくれたのと同じように、この「何か」を取り巻く要素が、円盤投げの選手について何らかの情報を与えてくれる。わたしたちは、最善の運用（存続するための最善の運用）を実現するために選別されてきた構造である。では、わたしたちは何を運用するのか？　それはもちろん、情報である。

手短にすぎる概観だったかもしれない。だが、世界を理解しようとする現今の試みにおいて、情報の概念が中心的な役割を果たしていることは伝わったのではないだろうか。情報通信システムの構造、遺伝情報にかかわる塩基、熱力学、量子力学、そして量子重力理論……あらゆる分野で、世界を理解するための手段として、情報の概念が存在感を増しつつある。おそらく世界は、原子が形づくる無定形な総体ではない。世界は、原子の組み合わせによって形づくられるさまざまな構造の相関関係にもとづく、鏡遊びのようなものなのだろう。

かつてデモクリトスが言ったとおりである。わたしたちは、「どんな原子が存在するか」だけではなく、「いかなる配列で原子が並ぶか」という点も注視しなければならない。原子はアルファベットによく似ている。原子とは、読むことも、映すことも、自分自身について考えることもできる、素晴らしく豊かなアルファベットである。わたしたちは原子そのものというより、原子の配置を生み出す秩序である。ほかの原子や、わたしたち自身の姿が、この秩序のなかに映し出されている。

デモクリトスは、ある奇妙な表現によって「人間」を定義している。いわく、「人間とは、わたしたちの誰もが知っているもののことである」[8]。意味のない、空っぽの定義のように聞こえるだろうか？実際、そうした理由で、この定義は批判にさらされてきた。だが本当はこの言葉は、無意味でも空っぽでもない。デモクリトスの研究者として、比類ない功績を後世に残したソロモン・ルリアによれば、デモクリトスはけっして平板な事実を口にしているわけではない。ひとりの人間の性質は、本人の物理的形状によってではなく、その人物が身を置いている、個人的、親族的、社会的な相互作用の網によって決定される。わたしたちを作り、わたしたちを守っているのは、これらの相互作用である。「人間」であるかぎり、わたしたちは、「ほかの誰かがわたしたちについて知っていること」であり、「わたしたち自身について、わたしたちが知っていること」であり、「ほかの誰かがわたしたちについて知っていることについて、わたしたちが知っていること」である。わたしたちは、相互にやり取りされる情報から成り立つ、このうえなく豊かな網のなかの、複雑に入り組んだ結び目である。

ここに書いたすべては、理論と呼べるようなものではない。本章で紹介した考え方はあくまで、進むべき方向を見定めるための「兆候」である。この兆候を指針として歩んでいけば、わたしたちは世界をより良く理解できる。少なくとも、わたしはそう考えている。理解すべき事柄は、まだ膨大に残っている。それについてはこの次の、最終章で語ることにしよう。

第13章　神秘——不確かだが最良の答え

真理は奥底にある——デモクリトス[1]

わたしはこの書物をとおして、今日までにわたしたちが学んできた事柄にもとづいて、事物の本質についてのわたしなりの見方を語ってきた。第1章では、基礎物理学の鍵となるいくつかの概念の発展経過を、駆け足でたどりなおした。第2章では、二十世紀の物理学による偉大な発見について解説した。そして、第3章と第4章では、量子重力理論の研究から生じつつある世界像を素描した。

「この本に書いたことはすべて正しい」——わたしは、確信をもってそういえるだろうか？　答えはもちろん、「いいえ」である。

科学史の最初期における、もっとも美しい叙述のひとつが、プラトンの『パイドン』に記されている。この本のなかで、ソクラテス（の口を借りたプラトン）は地球の形態を説明している。大地は球体であり、この球体に刻まれた巨大な谷のなかに人間が暮らしている。自分はそう「思う」と、ソクラテスは言っている。少々の間違いはあるものの、充分に正しい見方である。それから、ソクラテスはこう付け加える。「確信はもてないがね」。

書物の残りの部分を満たしている、魂の不死をめぐる戯言《ざれごと》よりも、この一連のくだりのほうがはるかに価値がある。この一節は、地球が球体であることを明確に指摘した、現存する最古の文章である。だが、この言葉の真価は、もっと別のところにある。プラトンは、自らが属す時代の知の限界を認識していた。だからこそ、『パイドン』の記述には、今なお色褪せることのない価値がある。「確信はもてないがね」。ソクラテスは、そう言ったのである。

自らの無知にたいする確固たる自覚こそ、科学的思考の核心である。知の限界への自覚があるから、わたしたちは今日までに、かくも多くのことを学んでこられた。大地は球体であるという考えを語るときのソクラテスと同じように、わたしたちは確信をもてないままに、自らの知を疑いつづける。人間はそのようにして、知の境界に位置する事柄を探求してきた。

わたしたちが知っていることや、知っていると信じていることは、正確さを欠いていたり、間違っていたりする可能性がある。知の限界の自覚とは、こうした可能性の自覚でもある。自分たちの見解に疑いをもてる人間だけが、その見解から自由になり、より多くを学ぶことができる。思考の内奥まで根を張っている見解さえ、ときには間違っていたり、あまりにも単純だったり、いくぶん見当はずれだったりする。なにかをより深く学ぶには、勇気をもってこの事実を受け入れなければならない。わたしたちの見解は、プラトンの洞窟の壁面に映し出された影なのだから。

科学とは謙虚な営みである。科学に取り組む人間は、自らの直観に盲従しない。まわりの全員が言っていることに盲従しない。父母の世代や、祖父母の世代が積み上げてきた知に盲従しない。「自分はすでに事物の本質を知っている」とか、「事物の本質はすでに本に書かれている」とか、「事物の本質は部族の年長者に守られている」とか考えているかぎり、わたしたちはなにも学べない。西欧の歴史を振り返るなら、自分たちが信じる対象に人びとが疑いを抱かなかった数世紀、人間はほんのわずかなことしか学ばなかった。先人の知を盲目的に信じていたなら、アインシュタインも、ニュートンも、コペルニクスも、従来の見解を再検討しようとはせず、人類の知に何の貢献も果たさずに終わっていただろう。誰ひとり疑いの声を上げなければ、わたしたちはいつまでも、ファラオを崇め、大地は巨大な亀の甲羅に支えられていると考えていただろう。かつてアインシュタインがニュートン力学を修正したときのように、きわめて有効な知でさえも、じつは単純にすぎたと判明することがある。

時おり、こんなふうに言って科学を非難する人たちがいる。「科学というやつは傲慢で、自分はすべてを説明できる、あらゆる質問に答えられると過信している」。科学に携わる人間からすれば、奇妙としかいいようのない非難である。地上のあらゆる研究室の、あらゆる研究者が知っているとおり、事実はその反対なのだから。科学とは、自らの限界に日常的に衝突する営みである。知らないことやうまくいかないことが絶え間なく積み重なって、つねに科学者の頭を悩ませている。それなのに、いったいどうして、「すべてを説明できる」などといえるだろうか！　来年はＣＥＲＮでどんな粒子が観測されるか、次世代の望遠鏡はわたしたちにどんな景色を見せてくれるか、世界をより適切に描写するのはどんな方程式か、わたしたちにはまだ答えられない。それどころか、事実を正しく記述しているはずの方程式が解けないこともあるし、場合によっては、その方程式がなにを意味しているのかさえ分からないこともある。自分たちが研究している美しい理論は正しいのか、ビッグバンの先には何があるのか、わたしたちには答えられない。雷雨や、細菌や、瞳や、身体の細胞や、わたしたち自身の思考がどのように機能しているのか、わたしたちには答えられない。科学者とは、知識の限界を含め、自身が抱える数えきれないほどの限界と向き合いながら、知の境界で生きようとする人間である。

なにひとつ確信がもてないなら、科学が語る言葉をどうやって信用したらいいのだろう？　答えは単純である。科学が信用に値するのは、科学が「確実な答え」を教えてくれるからではなく、「現時点における最良の答え」を教えてくれるからである。わたしたちは科学をとおして、差し当たっての最適解を手に入れる。科学という鏡には、さまざまな問題と向き合うための最良の方法が映し出されている。科学はつねに、知に再検討を加え、知を更新していこうとする。こうした性格があるからこそ、わたしたちは科学を信じ、科学が「目下のところ利用可能な最良の解」を示していると判断できる。もし、それよりさらに優れた解が見つかれば、その新しい解が科学になる。より良い解を発見したアインシュタインが、ニュートンの誤りを明らかにしたときも、科学に備わる「考えうる最良の解を提供する能力」に疑義が呈されたわけではない。むしろ、アインシュタインの仕事によって、この能力はさらに強化されたのである。

したがって、科学が提示する解答は、決定的であるから信用に値するのではない。わたしたちがそれを信用するのは、その時点で利用できる最良の解だからである。科学の解はつねに更新の対象であり、わたしたちはいまだそれを決定的と見なしていない。だからこそ、わたしたちは科学の答えを、「現時点での最良の解」と表現する。科学に確固たる信頼を与えているのは、わたしたちの無知の自覚である。

わたしたちに必要なのは、確実性ではなく、信頼性である。目を閉じて、どんなものでも信じることを受け入れるなら、確実性を手に入れた気分になるかもしれない。だが真の確実性は、今までも、これからも、わたしたちにはけっして手の届かないところにある。科学のもたらす解答は、ほかのなによりも信頼の置ける解答である。なぜなら科学は、確実な解答ではなく、もっとも信頼の置ける解答を追求する営みだから。

先人の知に根を張りながらも、科学は変化を求めて成長していく。わたしが語ってきた物語は、二千年以上前の知に根を張っている。本書で触れてきたすべての思索は、わたしの物語を形づくる貴重な宝石である。しかし、この物語に登場する科学者たちは、より良く機能する思索を見つけるなり、それまでの思索をためらいなく打ち捨てる人たちだった。科学的思考には、批判的かつ反抗的な性質が備わっている。あらゆる「ア・プリオリ」な概念に、あらゆる恭順に、あらゆる不可侵の真理に、科学的思考は反旗を翻す。確実性は、知の探究の糧にはならない。知の探究を養うのは、確実性の根本的な欠如である。

だから科学は、「自分は真理を知っている」という人間を信用しない。そのために、科学と宗教はたびたび激しく対立する。科学が、「自分は最終的な解を知っている」と主張するからではない。まさしくその反対である。「自分は究極の解を知っている、自分は真理への特権的な接近方法を知っている」と主張する人びとにとって、科学的な精神は目障りなものでしかない。

知に本質的に備わっている不確かさを受け入れるなら、無知に浸かって生きることを受け入れなければならない。それはつまり、神秘のなかに、謎のなかに生きることである。自分たちには答えられない(おそらく、今のところは答えられない、または、もしかしたら永久に答えられない)問いとともに生きることである。

不確かさのなかで生きることは難しい。自身の限界の自覚から生じる不確かさを受け入れるくらいなら、たとえ明白に根拠を欠いていたとしても、確かさの方を選ぼうと考える人たちもいる。正しいのか、それとも間違っているのかという点には目をつぶり、自らに誠実であろうとする勇気を押さえつけ、部族の年長者が信じている話なら何でも信じようとする人たちがいる。本当は知りたいと思っているのに、なにも知らずに生きていこうとする人たちがいる。

無知は恐怖を招き寄せる。わたしたちは怖いから、自分たちを安心させてくれる話を、不安を鎮《しず》めてくれる話を語ろうとする。星々の向こうには甘美な楽園があり、優しい父が腕を広げてわたしたちを迎えてくれる。本当かどうかは、どうでもいい。この話を信じることに決めてしまえば、わたしたちは安心できる。だがそのとき、学ぶ意欲は失われる。

世の中には、「自分は最終的な解を知っている」と吹聴《ふいちょう》する人間が少なからず存在する。むしろこの世は、真理を知っていると自負する人間であふれている。わたしはそれを父祖たちから学んだ、わたしはそれを偉大な書物から学んだ、わたしはそれを神から直接に教示された、わたしはそれを精神の深奥に見出した……真理の保管所を自称する個人や組織はつねに存在する。こうした手合いは、人びとを不安にさせるあらゆる質問にたいして、我先にと慰めに満ちた解答を与えようとする。「恐れることはありません。彼岸には、あなたたちを大切に思っている方がいます」。真理の保管所はいくつもあって、それぞれが、よそとは異なる自分たちの真理を管理している。しかし、真理の保管所を自称する人びとは、そのことには気がつかないふりをしている。いつの世にも、白い服を身にまとい、次のように語りかけてくる予言者がいる。「聞きなさい。わたしはけっして間違えないから」。

おとぎ話を信じたいなら、それはそれで構わない。自らの知性に従って、自分が信じたいことを信じ、自分がしたいことをすればよい。アウグスティヌスは『告白』のなかで、少しばかり冗談めかして、ある問答を紹介している。それはこんなやりとりである。ある人がこう尋ねた。「世界を創造する以前、いったい神はなにをしていたのか」。問われた人は、こう答えた。「奥底にある神秘を詮索《せんさく》しようとする人びとのために、地獄を準備しておられた」[2]。本章の冒頭で引いたとおり、まさしくこの「奥底」こそ、デモクリトスがわたしたちに、真理を探しにいくよう指し示していた場所である。

わたしとしては、自分たちの無知と向き合い、それを受け入れ、より遠くを見ようと励み、自分に理解できるかぎりのことを理解したいと思う。自らの無知を受け入れることは、迷信や偏見という鎖からの解放につながる。しかし、そうした効用への期待だけから、無知を受け入れたいと言っているわけではない。わたしが無知を受け入れるのは、まずもって、それがもっとも正しく、もっとも美しく、そしてとりわけ、もっとも誠実な道に思えるからである。

より遠くを見ようとすることや、より遠くへ行こうとすることは、誰かを愛したり、空を眺めたりすることと同じように、生に意味を与える輝かしい営みだとわたしは思う。学びたい、見つけたい、丘の向こうを見たい、リンゴの味を知りたい……その好奇心が、わたしたちを人間にしている。ダンテの描くオデュッセウスが、仲間たちに思い起こさせたように、わたしたちは「獣のように生きるために造られてはいない、徳と知を極めるために造られたのだ」。

父祖たちが語ってきたどんな物語よりも、世界は深遠な驚きに満ちている。わたしたちは、その驚きを見にいきたいと思っている。不確かさを受け入れることで、わたしたちは神秘の感覚を失うのではなく、神秘の感覚に満たされていく。わたしたちは、世界の美と神秘に浸かっている。量子重力理論が明らかにした世界は、新しく、奇妙で、いまだ神秘に満ちた世界である。だがそれは、単純かつ明晰な美しさに包まれた、一貫性のある世界でもある。

それは、空間のなかに存在するわけでも、時間のなかで展開するわけでもない世界である。それは、相互作用の渦中にある量子場からのみ形づくられる世界である。それは、量子の湧出が、相互作用の密

図13－1　量子重力理論が描く世界の直観的なイメージ。

な網をとおして、空間や、時間や、粒子や、波や、光を生み出す世界である（図13－1）。

　それは続く
　続く、優しく冷ややかな、明晰で不可知な、
　生と死の湧出のあとも、ずっと

そして、詩人はこう締めくくる。

　このやぐらから、瞳はたくさんのことを捉えている[3]

この湧出には、最小のスケールがある。そのスケールを下回る領域には、なにものも存在しない。だから、どこまでも限りなく小さなものは、この世界に存在しない。無限はこの世界に存在しない。空間の量子は、時空間の泡に紛れる。相互にやり取りされる情報から、事物の構造が生まれる。領域と領域をつなぐ相関性が、情報を織りなしている。こうした世界の総体を、わたしたちは方程式で記述できる。そして、お

そらくこの方程式には、まだ修正すべき点がある。

解明し、探求すべき神秘が、この広大な世界を満たしている。本書の若い読者の誰かが、世界を探索し、照らし、まだ見ぬ神秘を発見するための旅に出てくれたなら……わたしは、そう夢見ずにはいられない。丘の先には、まだ誰も足を踏み入れたことのない、さらに広大な世界が広がっている。

訳者あとがき

あなたは「超ひも理論」をご存じだろうか。

本書『すごい物理学講義』の第9章で手短に触れられているとおり、「超ひも理論（超弦理論）」とは、一般相対性理論と量子力学の統合を目的にした、「量子重力理論」の最有力候補である。日本で出版されている量子重力理論の一般向け解説書のほとんどは、この超ひも理論をテーマにしている。

しかし、超ひも理論はけっして、世界の物理学者たちが模索している「唯一の」道ではない。量子重力理論の候補として、超ひも理論と並んで本命視されているのが、本書の著者カルロ・ロヴェッリが専門とする「ループ量子重力理論」である。ロヴェッリは「ループ量子重力」の名付け親であるとともに、この分野の第一人者でもある。学問の世界でも出版の世界でも超ひも理論が圧倒的に優勢な日本において、本書はループ量子重力理論について日本語で読むことのできる、たいへん貴重な一冊と言えるだろう。

本書のオリジナル（原題は『現実は目に映る姿とは異なる』（*La realtà non è come ci appare*））は二〇一四年にイタリアで刊行され、同年に「メルク・セローノ文学賞」と「ガリレオ文学賞」を受賞している。これらは科学の魅力を広く一般に伝えることを目的にした賞で、文学と科学の世界を結びつける優れた著作に与えられる。すでに本書を通読された方ならご承知のとおり、ロヴェッリは物理について語りながら、たびたび文学（または広く芸術作品）に言及している。なかでも、アインシュタインの「三次元球面」がダンテ『神曲』の描く宇宙像に一致しているという議論（第3章）は、イタリアの読者の興味を強烈に惹きつけたに違いない。

本書の刊行から一年もたたないうちに、ロヴェッリは『七つの短い物理学講義』という小さな書物（七八ページ）を世に出している。これは、本書『すごい物理学講義』の内容をさらに平易かつコンパクトにまとめたもので、イタリア本国をはじめとして欧米各国でベストセラーとなった。日本でも『世の中ががらりと変わって見える物理の本』という邦題で、すでに河出書房新社から翻訳が刊行されている。これら二冊の一般向け物理学書の成功により、一躍「時の人」となったロヴェッリは、新聞・雑誌をはじめとする各種メディアでさかんに取り上げられるようになる。現在では彼のことを、「新たなホーキング」などと呼ぶ向きもあるようである。二〇一六年四月には、日本のイタリア文化会館（東京）で、イタリアの放送局Raiが制作したロヴェッリへのインタビュー番組が上映されている。

本書の大きな特徴のひとつは、量子重力理論という最先端の物理学理論の解説に、古代の哲学者デモクリトスがたびたび登場する点にある。普段からこの種の科学書に慣れ親しんでいる読者であっても、現代物理とデモクリトスの取り合わせには新鮮な印象を抱いたのではないだろうか。日本の類書で、デモクリトスの原子論がここまで子細に参照されるケースはまれである。そして、その背景にはそれなりの理由がある。

冒頭に書いたとおり、日本で出版されている量子重力理論の解説書の大半は「超ひも理論」にかんするものである。では、「超ひも理論」と「ループ量子重力理論」のあいだにはどんな違いがあるのだろう？「ひも」と「ループ（輪）」という名前だけを見れば、二つの理論は何やら似た者同士にも思えるかもしれない。しかし実際には、両者の性格は大きく異なる。とくに重要な違いとして、「超ひも理論」が描く世界が「連続的」であるのに対し、「ループ理論」が描く世界は「離散的（粒状）」であるという点が挙げられる。したがって、すべては「粒」からできているとするデモクリトスの議論は、世界を「連続的」なものとして捉えている「ひも論者」にとって、そこまで重要な意味は持たないのである。一方で、物質も空間も、時間さえもが「粒」であると考える「ループ論者」からすれば、デモクリトスの思想は現代物理学の核心まで到達していると解釈できる。

ロヴェッリは、アインシュタインの光量子仮説や量子力学、そして量子重力理論について解説しながら、要所要所で古代の原子論に言及している。本書の読者は、ロヴェッリの巧みな筆さばきを追っていくうちに、古代人の直観が「事物の本質」をどれほど深く見通していたか、まざまざと思い知ることになる。

とはいえ、本書はけっして、ループ量子重力理論について分かりやすく解説しただけの書物ではない。ロヴェッリは、古代から現代にいたるまでの物理学の歩みをたどる過程で、自分の科学の捉え方をたびたび表明している。彼によれば科学とは、「少しずつ広がっていく視点から世界を読む営為」であり、「〈技術〉を提示するより前に、まずもって〈見方〉を提示する営み」でもある。ロヴェッリの言葉は、「なぜ科学を学ぶのか」という問いかけに対する誠実にして明快な回答になっている。科学はわたしたちに、世界という書物の読み方を教えてくれる。わたしたちは科学をとおして、「自分の目に映る世界だけが世界ではない」ことを知る。科学的探究の起源には、より遠くへ行ってみたい、より遠くを見てみたいという好奇心がある。そして、そうした願いは、「生に意味を与える輝かしい営み」だとロヴェッリは主張する。

このように、本書は現代物理学の概説書という枠を超え、人間と、科学と、世界のかかわりについて多くを考えさせてくれる書物である。イタリアや欧米各国で広範な読者に受け入れられたのも、本書がもつこうした性格に起因するところが大きいと思われる。

第13章「神秘」では、科学の歩みにおける「無知の自覚」の大切さが説かれている。知の限界をわきまえ、不確かさを受け入れることが、科学的探究の原動力になる。訳者はロヴェッリの言葉を読んで、ポーランドの詩人シンボルスカのノーベル文学賞記念講演の内容を連想した。そこには、こんな一節がある。

だからこそ、「わたしは知らない」という、この小さな言葉をわたしはそれほど大事なものだと考えています。それは小さなものですが、強力な翼をもっています。そして、わたしたちの生を拡張し、わたしたち自身の内なる空間の大きさにまで広げてくれるだけでなく、さらにはこのはかない地球を浮かべた、わたしたちの外の空間にまで広げてくれるのです。もしもアイザック・ニュートンが自分に対して「わたしは知らない」と言わなかったら、たとえ庭のりんごが目の前で雹のようにばらばらと落ちたとしても、彼はせいぜい身をかがめてりんごを拾い、おいしく食べるだけだったでしょう。［中略］詩人もまた、もしも本物の詩人であればの話ですが、絶えず自分に対して「わたしは知らない」と繰り返していかなければなりません。（ヴィスワヴァ・シンボルスカ『終わりと始まり』沼野充義訳・解説、未知谷、一九九七年）

ダンテについて言及した第3章でロヴェッリは、偉大な科学と偉大な詩が「類似の世界観」をもっていることを指摘している。シンボルスカとロヴェッリの言葉の類似もまた、その好例ではないだろうか。科学者であれ詩人であれ、知の探究に従事する人間はつねに、「わたしは知らない」ということに自覚的でなければならない。本書を翻訳する幸福に恵まれた者として、訳者もまた、本書の末尾に記されたロヴェッリの願いを共有している。この本を読んだ若い読者が、「わたしは知らない」という言葉を道《みち》標《しるべ》にして、まだ見ぬ丘の先を目指す冒険に出てくれたなら……長く険しい道のりを進むなかで、あなたはきっと、息を呑むほど美しい景色に出会うはずである。

最後に、本訳書の刊行にあたってお世話になった方々へ、感謝の言葉を記しておく。まず、ロヴェッリの『世の中がらりと変わって見える物理の本』を翻訳された関口英子さん。関口さんのご紹介のおかげで、ロヴェッリという魅力的な書き手を知ることができました。河出書房新社の挾木敏男さんには、原稿がわたしの手を離れる瞬間まで、さまざまな形で助けていただきました。また、訳文を正確なものにするうえで、河出書房新社の校正者の皆さまには大いに助けられました。専門的な見地から拙文を注意深く検討し、多くの有益な助言をくださった青木邦哉さん、監訳を統括された竹内薫さんにも、心から感謝いたします。皆さま、ほんとうにありがとうございました。

二〇一七年三月　吉祥寺にて

訳者識

この書籍のなかで、科学的思考が生まれた経緯や、その本質についても考察している。科学的思考を特徴づけているものはなにか、科学的思考と宗教的思考を分かつものはなにか、科学的思考がもつ力と限界はどのようなものなのか。こうした主題を本書は取り上げている。

Smolin, L., *Vita del cosmo*. Tr. it. Einaudi, Torino, 1998.（リー・スモーリン『宇宙は自ら進化した――ダーウィンから量子重力理論へ』野本陽代訳、日本放送出版協会、2000年）一般読者向けの優れた著作。本書のなかでスモーリンは、物理学と宇宙論についての自身の考え方を披露している。

Smolin, L., *Three Roads to Quantum Gravity*. Basic Books, New York, 2002.（リー・スモーリン『量子宇宙への3つの道』林一訳、草思社、2002年）相対論的量子力学と、その未解決の問題について論じた著作。

van Fraassen, B., "Rovelli's world". In *Foundations of Physics*, 40, 2010, pp.390-417. 現役の偉大な分析哲学者が、関係解釈にもとづく量子力学について論じている。

論を、平易かつ詳細に再構築した素晴らしい著作。

Laudisa, F., Rovelli, C., "Relational quantum mechanics". In *The Stanford Encyclopedia of Philosophy*, http://plato.stanford.edu/archives/win2003/entries/rovelli/. 百科事典のスタイルに則り、量子力学の関係解釈について簡潔に紹介している。

Lucrezio, *La natura delle cose*. Tr. it. Rizzoli, Milano, 1994.（ルクレーティウス『物の本質について』樋口勝彦訳、岩波書店、1961年）古代の原子論の着想と精神を伝えてくれる主要なテキスト。

Martini, S., *Democrito: filosofo della natura o filosofo dell'uomo?* Armando, Roma, 2002. 自然科学者と人文科学者という、デモクリトスがもつ2つの側面に光を当てた中高生向けの著作。

Newton, I., *Il sistema del mondo*. Tr. it. Boringhieri, Torino, 1969（原書 *De mundi systemate : liber Isaaci Newtoni. Opus diu integris suis partibus desideratum. In usum juventutis academicæ*, impensis J. Tonson, J. Osborn & T. Longman, T. Ward & E. Wicksteed, & F. Gyles, 1731）. 一般にはあまり知られていないニュートンの著作。大部の主著（『プリンキピア』）と比較すると、かなり平易な仕方で万有引力の法則を説明している。

Odifreddi, P., *Come stanno le cose. Il mio Lucrezio, la mia Venere*. Rizzoli, Milano, 2013. 詳細な注釈が付された、ルクレティウスの優れたイタリア語訳。ルクレティウスの詩がもつ科学的で現代的な側面を強調している。学校で読むのに最適の書籍である。アルフィエーリによる解釈（本欄冒頭参照）と正反対である点が興味深い。

Platone, *Fedone o sull'anima*. Tr. it. Feltrinelli, Milano, 2007.（プラトン『パイドン——魂の不死について』岩田靖夫訳、岩波書店、1998年）地球が球体であることを明白に指摘した、現存する最古の文書。

Rovelli, C., "Relational quantum mechanics". In *International Journal of Theoretical Physics*, 35, 1637, 1996, http://arxiv.org/ abs/quant-ph/9609002. 量子力学の関係解釈を最初に提唱した論文。

Rovelli, C., *Che cos'è il tempo? Che cos'è lo spazio?* Di Renzo, Roma 2000. わたしのそれまでの人生や科学者としてのキャリアをめぐる、長いインタビューを書籍化したもの。本書『すごい物理学講義』で詳しく論じた着想がどのようにして生まれたか、手短に解説している。

Rovelli, C., *Quantum Gravity*. Cambridge University Press, Cambridge (UK), 2004. 量子重力理論を学ぶための専門的な教科書。物理学についての基本知識がない読者には、けっして勧められない。

Rovelli, C., "Quantum gravity", in Butterfield, J., Earman, J. (a cura di), *Handbook of the Philosophy of Science, Philosophy of Physics*. Elsevier/North-Holland, Amsterdam 2007, pp.1287-1330. 哲学者たちに向けて書かれた長めの論文。量子重力理論の現状、未解決の諸問題などへのさまざまなアプローチについて詳しく論じている。

Rovelli, C., *Che cos'è la scienza. La rivoluzione di Anassimandro*. Mondadori, Milano, 2012. アナクシマンドロスの思想の再構成を試みた著作。アナクシマンドロスはある意味で、歴史上初めての科学者であり、しかも同時に、あらゆる時代を通じてもっとも傑出した科学者の一人でもあった。後代における科学的思考の発展にアナクシマンドロスの思想がどれほど巨大な影響を与えたかについて、この著作は論じている。さらにわたしは

italiane: Q. Cataudella, *I frammenti dei presocratici*. Cedam, Padova, 1958; G. Giannantoni, *I presocratici: testimonianze e frammenti*. Laterza, Bari, 1969; G. Reale, *I presocratici*. Bompiani, Milano, 2006. 古代ギリシアの最初期（ソクラテス以前）の思想家たちによる断片や証言を集めた著作。

Dorato, M., *Rovelli's Relational Quantum Mechanics, Monism and Quantum Becoming*. Philosophy of Science Archives, 2013, http:// philsci-archive.pitt.edu/9964/. 量子力学の関係解釈をめぐるイタリア人哲学者による議論。

Dorato, M., *Che cos'è il tempo? Einstein, Gödel e l'esperienza comune*. Carocci, Roma, 2013. 特殊相対性理論に焦点を当てながら、アインシュタインによる時間の概念の修正について詳細かつ正確に論じている。

Fano, V., *I paradossi di Zenone*, Carocci, Roma 2012. ゼノンのパラドクスが提起する問題の現代性を浮き彫りにした好著。

Farmelo, G., *L'uomo più strano del mondo. Vita segreta di Paul Dirac, il genio dei quanti*. Tr. it. Raffaello Cortina, Milano, 2013.（グレアム・ファーメロ『量子の海、ディラックの深淵——天才物理学者の華々しき業績と寡黙なる生涯』吉田三知世訳、早川書房、2010年）アインシュタイン以後に生まれたもっとも偉大な物理学者の、詳細でありながらも読みやすい評伝。周囲に困惑を引き起こさずにいなかったディラックの性格が、細かに描写されている。

Feynman, R., *La fisica di Feynman*. Tr. it. Zanichelli, Bologna, 1990.（ファインマン、レイトン、サンズ『ファインマン物理学（I－V）』坪井忠二他訳、岩波書店、1986－2002年）アメリカのもっとも偉大な物理学者の講義をもとにした物理学の教科書。卓抜で、独創的で、生き生きとしていて、このうえなく知的なシリーズである。本当に科学に興味のある物理学科の学生なら、必ずこの本を手元に置き、しっかりとその内容を理解しなければならない。

Folsing, A., *Albert Einstein: A Biography*. Penguin, New York, 1998. 豊富な資料をもとに書かれたアインシュタインの伝記の決定版。

Gorelik, G., *Frenkel, V., Matvei Petrovich Bronstein and Soviet Theoretical Physics in the Thirties*. Birkhauser Verlag, Boston, 1994. 量子重力理論研究の端緒を開き、やがてスターリン政権下で若くして処刑されたロシアの物理学者ブロンスタインをめぐる歴史的研究。

Greenblatt, S., *The Swerve: How the World Became Modern*. W. W. Norton, New York, 2011.（スティーヴン・グリーンブラット『一四一七年、その一冊がすべてを変えた』河野純治訳、柏書房、2012年）ルクレティウスの詩の発見が、近代世界の誕生にいかなる影響を与えたかについて論じた著作。

Heisenberg, W., *Fisica e filosofia*. Tr. it. il Saggiatore, Milano, 1961.（ヴェルナー・ハイゼンベルク『現代物理学の思想』河野伊三郎、富山小太郎訳、みすず書房、2008年）量子力学の真の創始者による、科学哲学の諸問題をめぐる考察。

Kumar, M., *Quantum. Da Einstein a Bohr, la teoria dei quanti, una nuova idea della realtà*. Tr. it. Mondadori, Milano, 2011.（マンジット・クマール『量子革命——アインシュタインとボーア、偉大なる頭脳の激突』青木薫訳、新潮社、2017年）量子力学の誕生過程、とりわけ、新たな理論の意味をめぐりボーアとアインシュタインが取り交わした長い議

参考文献

Alfieri, V. E., *Lucrezio*. Le Monnier, Firenze, 1929. ルクレティウスの作品と生涯をロマン主義的に読み解いた著作。ルクレティウスの人格の再構成は、魅力的ではあるものの、信頼性には乏しいと思われる。ともあれ、詩人の作品に込められた感情は見事に描写されている。Odifreddi の読み（本欄で後に触れる）とほとんど正反対である点が興味深い。

Andolfo, M. (a cura di), *Atomisti antichi. Testimonianze e frammenti*. Rusconi, Milano, 1999. 古代の原子論について、今日のわたしたちにはどのような資料が残されているのかを知ることができる、ほぼ完全な選集。序論において、原子論と修辞技法（隠喩）のあいだに重要な関係があったことが強調されている。

Aristotele, *La generazione e la corruzione*. Tr. it. Bompiani, Milano, 2013.（アリストテレス『生成と消滅について』池田康男訳、京都大学学術出版会、2012 年）アリストテレスの著作のうち、デモクリトスの思想についてもっとも多くの情報を含んでいる作品。

Bitbol, M., *Physical Relations or Functional Relations? A Non-metaphysical Construal of Rovelli's Relational Quantum Mechanics*. Philosophy of Science Archives, 2007, http://philsci-archive.pitt.edu/3506/. 関係解釈にもとづく量子力学を、カント哲学の観点から論評している。

Baggott, J., *The Quantum Story: A History in 40 Moments*. Oxford University Press, New York, 2011. 今日までの量子力学の主要な発展経過を、詳細かつ明快に再構築した著作。

Bojowald, M., *Prima del big bang. Storia completa dell'universo*. Tr. it. Bompiani, Milano, 2011.（マーチン・ボジョワルド『繰り返される宇宙――ループ量子重力理論が明かす新しい宇宙像』前田秀基訳、白揚社、2016 年）宇宙の誕生へのループ量子重力理論の適用について解説した、一般読者向けの著作。著者は、この適用に最初に挑戦した科学者のうちの一人である。ビッグバンの前に発生したと推定される「宇宙の反発」を描写している。

Calaprice, A., *Dear Professor Einstein. Albert Einstein's Letters to and from Children*. Prometheus Books, New York, 2002.（アリス・カラプリス編『おしえて、アインシュタイン博士』杉元賢治訳、大月書店、2002 年）アインシュタインと子供たちが取り交わした手紙を集めた、心温まる書簡集。

Democrito, *Raccolta dei frammenti*. Interpretazione e commentario di S. Luria. Tr. it. Bompiani, Milano, 2007. デモクリトスにまつわる断片や証言の完全な選集。この翻訳には、ジョヴァンニ・レアーレによるじつに奇妙な序論が寄せられている。レアーレは、デモクリトスの思想に認められる唯物論的な性格を隠蔽しようと躍起になり、ついには、唯物論を思わせる断片がこれほど多く集められたのはソ連の検閲に原因があるとまで言い出すのである！

Diels, H., Kranz, W. (a cura di), *Die Fragmente der Vorsokratiker*. Weidmann, Berlin 1903. Traduzioni

4. 位相空間の有限な一領域に相当する系を指す。
5. ここに挙げた2つの公理をめぐる詳細な議論については、次の資料を参照。C. Rovelli, “*Relational quantum mechanics*”, cit.
6. この現象は、波動関数の「崩壊」という（不適切な）名称で呼ばれている。
7. ボルツマン統計の一状態は、ハミルトニアンの指数によって与えられる位相空間の関数によって記述される。ハミルトニアンは、時間の流れをもたらす変化を司っている演算子である。時間が定義されない系においては、ハミルトニアンは存在しない。しかし統計的な状態を相手にするなら、その統計の対数を取るだけで、ハミルトニアンが定義される。ひとたびハミルトニアンが定義されれば、同時に時間の概念も定義される。
8. Cicerone, *Academica priora*, cit., II, 23, 73.

第13章

1. Diogene Laerzio, *Vite e dottrine dei più celebri filosofi*, tr. it. Bompiani, Milano, 2005.（ディオゲネス・ラエルティオス『ギリシア哲学者列伝（上・中・下）』加来彰俊訳、岩波書店、1984−1994年）
2. Agostino d'Ippona, *Confessiones*, XI, 12.（アウグスティヌス『告白（I・II・III）』山田晶訳、中央公論新社、2014年）
3. M. Luzi, *Dalla torre*, in *Dal fondo delle campagne*, Einaudi, Torino, 1965, p.214.

パリーニとエレナ・マリアーロの名が挙げられるが、イタリアの大学では研究ポストを得ることが不可能であるという理由で、この二人は理論研究から身を引かざるをえなくなった。

5. 1行目はループ理論のヒルベルト空間を、2行目は演算子の代数を、3行目は（図7-4のような）各頂点の遷移の振幅を定義している。
6.「あらゆる素粒子は、エネルギーとも質量とも呼べるであろう、何らかの普遍的な実体に還元されると思われる。いかなる粒子も、特権的な地位を与えられたり、他より根源的な存在と見なされたりすることはない。こうした視点は、アナクシマンドロスの教えに一致する。現代物理に照らして考えれば、アナクシマンドロスの視点は正しい。わたしはそう確信している」（W. Heisenberg, *Fisica e filosofia*, tr. it. il Saggiatore, Milano, 1961.（ヴェルナー・ハイゼンベルク『現代物理学の思想』河野伊三郎、富山小太郎訳、みすず書房、2008年）
7. W. Shakespeare, *A Midsummer Night's Dream*, V, 1.（シェイクスピア『夏の夜の夢・間違いの喜劇』松岡和子訳、筑摩書房、1997年）

第8章

1. この声明はヴァチカンのホームページに掲載されている。http://w2.vatican.va/content/pius-xii/it/speeches/1951/documents/hf_p-xii_spe_19511122_di-serena.html.
2. 以下を参照。S. Singh, *Big Bang*, HarperCollins, London, 2010, p.362.
3. 量子宇宙論の領域に「スピンフォーム」の概念を適用しようとする着想は、イタリア人研究者フランチェスカ・ヴィドット（Francesca Vidotto）の博士論文に多くを負っている。彼女は今、オランダで研究に取り組んでいる。

第9章

1. これは干渉計と呼ばれ、2つのアームの間に生じるわずかな空間の伸び縮みを、レーザーの干渉の原理を使って測定する。

第12章

1. 肝心なのは次の点である。情報とは、「わたしが知っていること」ではなく、「起こりうる別の可能性の数」を計測したものである。ルーレットで3の目が出たという情報をわたしが得たなら、それはN=37と表現される。というのも、ルーレットには37個の数字（0から36）が記されているからだ。ただし、「赤の番号のうちの3の目が出た」という情報なら、それはN=18と表現される（赤の目は全部で18個しかないため）。では、カラマーゾフの兄弟のうち、誰が父親を殺したのかをわたしが知っている場合、わたしはどれだけの情報をもっているのか？　答えは、カラマーゾフの兄弟の人数に左右される。
2. ボルツマンは情報の概念を用いていないが、彼の仕事はこのように解釈できる。
3. エントロピーは、位相空間の体積の対数に比例する。比例定数の k はボルツマン定数と呼ばれている。ボルツマン定数は、情報の計測単位である「ビット」を、エントロピーの計測単位である「ジュール毎ケルヴィン」に変換する。

3. 以下を参照。M. Bronstejn, “Quantentheorie schwacher Gravitationsfelder”, in *Physikalische Zeitschrift der Sowjetunion*, 9, 1936, pp.140-157; “Kvantovanie gravitatsionnykh voln”, in *Pi'sma v Zhurnal Eksperimental'noi i Teoreticheskoi Fiziki*, 6, 1936, pp.195-236.
4. 以下を参照。F. Gorelik, V. Frenkel, *Matvei Petrovich Bronstein and Soviet Theoretical Physics in the Thirties*, Birkhauser Verlag, Boston, 1994.「ブロンスタイン（Bronštejn）」は、トロツキーの本当の姓でもあった。
5. 次のURLにアクセスすれば、この比喩を本人の声で聴くことができる。http://www.webofstories.com/play/9542?o=MS.
6. 次のサイトで、このときの経緯について語ったド・ウィットの談話を読むことができる。http://www.aip.org/history/ohilist/23199.html.
7. ド・ウィットは、一般相対性理論のハミルトン＝ヤコービ方程式の導関数を微分演算子に置き換えた。これはまさしく、シュレーディンガーが自身の方程式を導くために、初期の仕事で行った作業と同じである。シュレーディンガーは、素粒子のハミルトン＝ヤコービ方程式の導関数を微分演算子に置き換えたのである。
8. ループ量子重力理論のほかにもっとも広く知られている候補は、超ひも理論（超弦理論）である。

第6章

1. したがって、重力の量子的状態は $|j_l, v_n\rangle$ として表わされる。ここでは、nが節を、lがグラフのリンクを意味している。
2. 想像してみてほしい。プラトンやアリストテレスの思想を知るのに、ほかの著述家の引用に頼らざるをえないとしたら？　原典の明晰さや複雑さに触れることができないとしたら？　このような事態が現実となれば、2人の書いた文章は、無意味な戯言の寄せ集めとなるに違いない。
3. フォック空間における光子の状態の量子数は、位置のフーリエ変換によって導かれる運動量である。
4. 粒状の空間の幾何学と共役関係にある演算子は、重力接続、つまり一般相対性理論の「ウィルソン・ループ」のホロノミーである。
5. 量子の幾何学をめぐる研究に目覚ましい発展をもたらし、この分野にたいする理解を徹底的に深めたのは、イタリア人のシモーネ・スペツィアーレ（Simone Speziale）である。彼は現在、マルセイユで研究に取り組んでいる。

第7章

1. Lucrezio, *De rerum natura*, cit., I, 462-463.（ルクレーティウス『物の本質について』前掲書）
2. この「重力」とは、正確には重力ポテンシャルのことである。
3. ましてや、このときガリレオは興奮していたのだから……。
4. スピンフォームの概念を利用して、粒子の重力衝突をめぐる最初の重要な計算を完成させたのは、若いイタリア人科学者たちだった。そのうちの一人であるエマヌエーレ・アレシは、現在はポーランドで研究に取り組んでいる。ほかに、クラウディオ・

呼ばれているもの）との相互作用によって質量が間接的な形式を取るのであれば、粒子は対称性と質量の双方をもつことができると気づいた。あらゆる場は「場の量子」をもつのだから、必然的にそれぞれの場に対応する「ヒッグス粒子」が存在することになる。そして、この粒子は2013年に発見された。

11. 位相空間の限定された領域には、古典的な意味において、たがいに区別可能な状態が「無限個」含まれている。しかしこうした領域はつねに、直交性のある「有限個」の量子的状態に相当する。自由度の数値分だけ累乗されたプランク定数で領域の面積を割れば、その個数が求められる。これはいかなる状況下でも成立する事実である。
12. Lucrezio, *De rerum natura*, cit., II, 218.（ルクレーティウス『物の本質について』前掲書）
13. あるいは、「ファインマンの経路積分」と呼ぶこともある。AからBへ到達する確率は、経路の古典的作用に虚数単位を掛け、それをプランク定数で割った指数関数の、あらゆる経路についての積分の絶対値を2乗した値である。
14. 非常に優れたオンライン百科事典 *The Stanford Encyclopedia of Philosophy* の "Relational quantum mechanics" の項に、量子力学の関係解釈をめぐる詳細な議論が掲載されている（http://plato.stanford.edu/entries/qm-relational/）。以下の資料を併せて参照。C. Rovelli, "*Relational quantum mechanics*", in International Journal of Theoretical Physics, 35, 1637, 1996, http://arxiv.org/abs/ quant-ph/9609002.
15. この脳内実験では、箱の右側面に設えられた小窓が、ほんの一瞬だけ開く仕組みになっている。小窓が開いた瞬間に、1個の光子が箱の外に飛び出していく。箱の重さを測ることで、外に出ていった光子のエネルギーを推定できる。時間とエネルギーの双方を特定することは不可能であると予見する量子力学は、この実験によって窮地に立たされる。少なくとも、アインシュタインはそう考えていた。アインシュタインの批判にたいする正しい返答を、ボーアは最後まで見つけられなかった。しかし今日では、この批判にたいしては、次のように答えればよいことが分かっている。「飛び去った光子の位置と箱の重さは、光子が遠くへ離れたあとでも、たがいに結びついたまま（「相関性」を保ったまま）である」。
16. B. van Fraassen, "Rovelli's world", in *Foundations of Physics*, 40, 2010, pp.390-417; M. Bitbol, *Physical Relations or Functional Relations? A Non-metaphysical Construal of Rovelli's Relational Quantum Mechanics*, Philosophy of Science Archives, 2007, http://philsci-archive.pitt.edu/3506/; M. Dorato, *Rovelli's Relational Quantum Mechanics, Monism and Quantum Becoming*, Philosophy of Science Archives, 2013, http://philsci-archive.pitt. edu/9964/, e *Che cos'è il tempo? Einstein, Gödel e l'esperienza comune*, Carocci, Roma, 2013.

第5章

1. 場の計測可能性について論じた有名な論文。Niels Bohr e Léon Rosenfeld, "Det Kongelige Danske Videnskabernes Selskabs", in *Mathematiks-fysike Meddelelser*, 12, 1933.
2. プランク定数 h に引かれた横線は、ただ単に、プランク定数が 2π で割られていることを意味している。率直にいって、あまり意味のないばかげた慣習である。式に 2π と書きこむよりも、h に横線を引いた方が「エレガント」であると、理論物理学者たちは信じているのである。

——天才物理学者の華々しき業績と寡黙なる生涯』吉田三知世訳、早川書房、2010年）

4. ヒルベルト空間を指す。

5. これらは、問題となっている物理的変量に結びつく演算子の固有値である。したがって、ここで鍵となる方程式は固有方程式である。

6. 電子の雲（電子を見つけられる可能性がある点の集まり）は、「波動関数」と呼ばれる数学的手法によって記述される。オーストリアの物理学者エルヴィン・シュレーディンガーは、この波動関数が時間のなかでどのように展開するかを示す方程式を導き出した。シュレーディンガーは、「波動」が量子力学の奇妙な性格を説明してくれるものと期待していた。海の波から電磁気の波にいたるまで、波動はわたしたちが充分に理解している対象だからである。今日においてもなお、現実をシュレーディンガーの波動として捉えることで、量子力学を理解しようとする科学者がいる。しかしハイゼンベルクとディラックは、それが間違った道であることにすぐに気づいた。シュレーディンガーの波を何らかの現実的な対象と見なすことは、量子論の理解を助けるどころか、より一層の混乱を招く要因になる。一般に、シュレーディンガーの波動は物理的な空間のなかには存在しない。可能性として考えられる、系のあらゆる配置から形成される抽象的な空間が、シュレーディンガーの波動の居場所である。このために、波動関数を直観的に理解することは困難をきわめる。

 シュレーディンガーの波動は、現実の世界を適切に表現したイメージとはいえない。そのもっとも大きな理由として、次の事実が挙げられる。一個の電子がほかの電子と衝突するとき、この衝突はつねに空間の一点においてのみ発生する。電子はけっして、空間のなかで波のように拡散していくのではない。電子を波として捉えるなら、空間のただ一点で電子と電子が衝突するたび、この波がどうやって瞬時に凝縮されるのかを説明しなければいけなくなる。シュレーディンガーの波動は、現実を表現するための有用な手段ではない。それは、電子が次にどこに現われるかを、最大限の正確さをもって予見するための補助的な計算手段である。現実の電子は波ではない。電子とは、衝突によって断続的に現われる存在である。若き日のハイゼンベルクが、考えにふけりながら夜のコペンハーゲンをうろついていたときに、光の輪に姿を見せた男性のように。

7. この方程式は「ディラック方程式」と呼ばれている。

8. これは、量子力学と特殊相対性理論から導き出される一般的な事実である。

9. いわゆる「暗黒物質（ダークマター）」は、標準模型では説明できない現象と見なされている。天体物理学者たちは、暗黒物質が宇宙空間に及ぼしている影響を観測した結果、この物質は標準模型によって記述される物質の類型に当てはまらないと判断した。宇宙にはまだ、未知の事物が数多く存在する。

10. 一部のメディアは、ヒッグス粒子が「質量の起源の説明」になると伝えている。こうした報道を真に受ける必要はない。ヒッグス粒子は質量の起源について、いっさいなにも「説明」していない。実情はこうである。標準模型は、いくつかの「対称性」を基礎にして構築されている。そして、これらの対称性から導かれるのは、質量をもたない粒子だけだと考えられていた。しかしヒッグスは、場（今日ではヒッグス場とアダム・リースの3名は2011年にノーベル賞を受賞した。

8. A. Calaprice, *Dear Professor Einstein. Albert Einstein's Letters to and from Children*, Prometheus Books, New York, 2002, p.140.（アリス・カラプリス編『おしえて、アインシュタイン博士』杉元賢治訳、大月書店、2002年）
9. ヒルベルトの勤務先だったゲッティンゲン大学は、当時の幾何学研究の一大中心地だった。
10. この手紙は次の文献に収録されている。A. Fölsing, *Einstein: A Biography*, Penguin, London, 1998, p.337.
11. F. P. De Ceglia (a cura di), *Scienziati di Puglia: secoli V a.C.-XXI*, Parte 3, Adda, Bari, 2007, p.18.
12. わたしたちに馴染みのある球体は、方程式$x^2+y^2+z^2=1$によって与えられるR^3の点の総体である。一方の3次元球面は、方程式$x^2+y^2+z^2+u^2=1$によって与えられるR^4の点の総体である。
13. こうした指摘にたいしては、次のような反論が予想される。「ダンテが語っていたのは円についてであって、球体についてではない」。だが、この反論は的を射ていない。ブルネット・ラティーニの著作にはこう書かれている。「卵の殻のような円」。ブルネットの教え子だったダンテにとっても、「円」という言葉は、「（球体を含め）円形を描くすべてのもの」を指していたと考えられる。
14. たとえば、赤道上の2点（この2点の距離は、北極から赤道までの距離に等しいとする）と北極を結べば、3辺の長さが等しく、3つの角がすべて直角の三角形を描くことができる。これは、平面上では描けない図形である。
15. A. Calaprice, *Dear Professor Einstein*, cit., p.208.（アリス・カラプリス編『おしえて、アインシュタイン博士』、前掲書）

第4章

1. A. Einstein, "Uber einen die Erzeugung und Verwandlung des Lichtes betreffenden heuristischen Gesichtspunkt", in *Annalen der Physik*, 17, pp.132-148.
2. 程度の差はあれ、自閉症の症状を抱えている科学者はかなり多い（もちろん、素晴らしく優秀で非常に社交的な科学者もいる）。自閉症のなかには、アスペルガー症候群のように、日常生活に（過度な）支障はきたさない軽度の障害もある。自閉症と科学的能力の結びつきについては、心理学者たちによって研究が進められている（たとえば以下の文献を参照。Baron-Cohen et al., "The autism-spectrum quotient (AQ): Evidence for Asperger syndrome/high-functioning autism, males and females, scientists and mathematicians", in *The Journal of Autism and Developmental Disorders*, 31,1, 2001, pp.5-17）。科学研究（とくに理論系）には多大な集中力と、自らの思考に熱中する能力が必要とされる。これは、自閉症の症状をもつ人びとに広く認められる素質である。同時に、こうした性格が他者への共感や社会性の涵養を阻む一因となっている。多くの場合、自閉症に由来する奇癖を矯正することは当人の能力を剝奪し、才能の発現を妨げる結果につながる。
3. 次に挙げるディラックの優れた伝記は、この人物の難しい性格を詳しく描写している。G. Farmelo, *L'uomo più strano del mondo. Vita segreta di Paul Dirac, il genio dei quanti*, tr. it. Raffaello Cortina, Milano, 2013.（グレアム・ファーメロ『量子の海、ディラックの深淵

の長さだった。今日では、一行の半分もあれば同じ方程式を記述できる（$dF=0, d^*F=J.$）。方程式が書き換えられた経緯については後述する。

10. 空間の各地点における場をベクトル（矢印）として視覚化するなら、各地点における矢印は、ファラデー力線の接線と同一の方向を指している。矢印の長さは、各地点におけるファラデー力線の密度に比例する。

第3章

1. 観察者からある一定の距離を置いた地点で起こる事象の総体。
2. 明敏な読者は次のように考えるかもしれない。「火星にいるロヴェッリにとっての15分がちょうど半分だけ過ぎた時点こそ、地球にいる自分が返事をした瞬間に一致するのではないだろうか」。大学で物理学を学んだ読者ならご存知のとおり、これこそ同時性を定義するための「アインシュタインの慣習」と呼ばれる考え方である。とはいえ、同時性のこうした定義は、わたしがどのように運動するかに左右される。つまりこの考え方は、2つの事象の同時性を直接に定義しているのではなく、特定の物体の運動をめぐる「相対的な」同時性しか定義していないのである。図3-3においては、aとbのちょうど中間、およびcとdのちょうど中間に点が打たれている。わたしは、a→bまたはc→dという経路を通って、観察者にとっての過去から未来へと移動する。先述の同時性の定義によるなら、観察者である読者から見て、2つの点はどちらも「同時」であると言える。ところが実際には2つの点は、異なる時点（時間）を表わしている。2つの点は読者にとって同時であるが、それはあくまで異なる2つの運動を念頭に置いた場合の「相対的な」同時性である。「相対性」という名称はここに由来している。
3. Simplicio, *Aristotelis Physica*, 28, 15.
4. 飛行機もボールも、屈曲した空間の測地線（曲面・平面上の2点を結んだ最短距離）を進んでいく。ボールの場合、軌道のおおよその形状は次の距離関数によって求められる（$ds^2=(1-2\Phi(x))dt^2-dx^2$)）。$\Phi(x)$はニュートン・ポテンシャルを表わしている。重力場は実質的には、時間の拡張にのみ影響を与える（相対性理論について学んだことがある読者は、符号の反転に着目するかもしれない。特殊相対性理論の領域においてつねに認められるとおり、物理的な軌道とは、自己の時間を「最大化する」軌道のことにほかならない）。
5. 連星系PSR B1913+16の観測結果によれば、この系を構成している2つの天体は、たがいの重力に引かれて回転しながら周囲に重力波を発散している。この観測により、ラッセル・ハルスとジョセフ・テイラーはノーベル賞を受賞した。
6. Plutarco, *Adversus Colotem*, 4, 1108sgg.（プルタルコス『モラリア14』戸塚七郎訳、京都大学学術出版会、1997年）。ここで「物理」と訳した「φύσιν」という言葉は、「何らかの事物の本質」を意味することもある。
7. この項は「宇宙項」と呼ばれている。というのも、きわめて大きなスケール（まさしく「宇宙的な」スケール）においてのみ効力をもつ項だからである。定数Λは「宇宙定数」と呼ばれ、その値は1990年代の終わりになってようやく計測された。この業績によって、天体物理学者のソール・パールムッター、ブライアン・P・シュミット、

23. 以下を参照。R. Kargon, *Atomism in England from Hariot to Newton*, Oxford University Press, Oxford, 1966.

24. W. Shakespeare, *Romeo and Juliet*, I, 4.（シェイクスピア『ロミオとジュリエット』松岡和子訳、筑摩書房、1996年）

25. Lucrezio, *De rerum natura*, cit., II, 112.（ルクレーティウス『物の本質について』前掲書）

26. ピエルジョルジョ・オディフレッディが、学校の児童向けの注釈が付されたルクレティウスの優れた翻訳を発表している（P. Odifreddi, *Come stanno le cose. Il mio Lucrezio, la mia Venere*, Rizzoli, Milano, 2013）。ルクレティウスの素晴らしい文章がもっと広く知られるようになるためにも、イタリアの学校にはぜひこの本を教科書として採用してもらいたい。詩人の生と作品について、オディフレッディの解釈とは正反対の読みを提供しているのが、V. E. アルフィエーリによる伝記である（V. E. Alfieri, *Lucrezio*, Le Monnier, Firenze, 1929）。アルフィエーリの著作は、ルクレティウスの作品の胸を揺さぶるような詩情に光を当て、この詩人の性格のうちにきわめて高貴でありながら悲痛でもあるイメージを読み取っている。

27. H. Diels, W. Kranz (a cura di), *Die Fragmente der Vorsokratiker*, Weidmann, Berlin, 1903, 68b 247.

第2章

1. アリストテレスの物理学に向けられた悪評は、ガリレオが引き起こした論争に起源をもつ。ガリレオにとってアリストテレスを批判することは、科学を前進させるためにどうしても必要な作業だった。ガリレオは控え目な態度を保ちつつも、アイロニーの刃でもって辛辣な批判を展開している。

2. Giamblico di Calcide, *Summa pitagorica*, tr. it. Bompiani, Milano, 2006.（イアンブリコス『ピタゴラス的生き方』水地宗明訳、京都大学学術出版会、2011年）

3. 公転周期の2乗は軌道の長半径の3乗に比例する。太陽系の惑星にこの法則が当てはまることをケプラーが発見し、木星の衛星にも同じ法則が当てはまることをホイヘンスが発見した。ニュートンは直観によって、同法則が仮説上の月と地球にも当てはまると推論した。比例定数は公転している天体によって決まる。したがって月の軌道についてのデータがあれば、小さな月の公転周期を計算できる。

4. I. Newton, *Opticks* (1704), tr. it. *Scritti di ottica*, UTET, Torino, 1978.（ニュートン『光学』島尾永康訳、岩波書店、1983年）

5. モーターから生じるのは化学的エネルギーであり、それは要するに電磁気のエネルギーである。

6. I. Newton, *Letters to Bentley*, Kessinger (mt), 2010. Citato in H. S. Thayer, *Newton's Philosophy of Nature*, Hafner, New York, 1953, p.54.

7. 同書。

8. M. Faraday, *Experimental Researches in Electricity*, Bernard Quaritch, London, 1839-1855, 3 voll., pp.436-437.（ファラデー『電気実験（上・下）』矢島祐利、稲沼瑞穂訳、内田老鶴圃新社、1980年）

9. マクスウェルが自身の論文のなかで発表した方程式は、丸一ページを埋めつくすほど

$\sum_{n=1}^{\infty} 2^{-n}$として表現され、この級数は1に収束する。無限級数の和の考え方は、ゼノンの時代にはまだ知られていなかった。しかしアルキメデスはこの計算方法を理解し、面積を計算する際に級数の考え方を利用している。同じくニュートンも級数を利用したが、この手法が数学的に完全な明晰さを獲得するには、19世紀のボルツァーノとヴァイヤーシュトラスの仕事を待たなければならなかった。ともあれ、すでにアリストテレスは、ゼノンのパラドクスにたいする解答として、級数の方向性を提示している。アリストテレスは、進行中の無限（無限回の分割の途中過程）と可能性としての無限を区別している。これは、「分割できる回数には限りがないこと」と、「すでに何かを無限回にわたり分割している可能性があること」を区別するための重要な考え方である。

14. Ovidio, *Amores*, I, 15, 23-24.（『ローマ恋愛詩人集』中山恒夫編訳、国文社、1985年）
15. ディオゲネス・ラエルティオスによって伝えられているデモクリトスの著作タイトルは次のとおり。『大宇宙系』、『小宇宙系』、『宇宙学』、『天体について』、『自然について』、『人間の本性について』、『知性について』、『感覚について』、『魂について』、『味覚について』、『色彩について』、『原子のさまざまな軌道について』、『地勢の変化について』、『天体現象の諸原因』、『大気現象の諸原因』、『火、および火にまつわる現象の諸原因』、『音響現象の諸原因』、『種、植物、果実をもたらす諸原因』、『動物を生み出す諸原因』、『天空の描写』、『地理学』、『極の描写』、『幾何学について』、『幾何学的な現実』、『円と球体の接線について』、『数』、『無理数で表現される線分および立体について』、『投影』、『天文学』、『天文便覧』、『光線について』、『反射像について』、『リズムと和声について』、『詩について』、『歌曲の美しさについて』、『調和音と不協和音について』、『ホメロスについて』、『表現および言語の正確さについて』、『言葉について』、『名称について』、『徳と力について』、『知性を特徴づける素質について』、『医学について』、『農業について』、『絵画について』、『戦術論』、『大洋の航海』、『歴史について』、『カルデア人の思想』、『フリュギア人の思想』、『バビロンの聖典について』、『メロエの聖典について』、『病から生じる熱および咳について』、『アポリアについて』、『法律論集』、『ピタゴラス』、『議論の規範について』、『証拠』、『倫理をめぐる覚書』、『幸福』。これらすべてが散逸した……。
16. Lucrezio, *De rerum natura*, V, 76.（ルクレーティウス『物の本質について』樋口勝彦訳、岩波書店、1961年）
17. 同書、II, 991。
18. 同書、I, 6。
19. 同書、II, 16。
20. Guido Cavalcanti, *Rime*, Ledizioni, Milano, 2012.
21. ルクレティウスの文書が発見される過程、およびルクレティウスの文書がヨーロッパ文明に与えた衝撃については、次の文献を参照。S. Greenblatt, *The Swerve: How the World Became Modern*, W. W. Norton, New York, 2011.（スティーヴン・グリーンブラット『一四一七年、その一冊がすべてを変えた』河野純治訳、柏書房、2012年）
22. 以下を参照。M. Camerota, “Galileo, Lucrezio e l'atomismo”, in F. Citti, M. Beretta (a cura di), *Lucrezio, la natura e la scienza*, Leo S. Olschki, Firenze, 2008, pp.141-175.

原注

第1章

1. ミレトス人、とりわけアナクシマンドロスの科学的思考については、以下を参照。C. Rovelli, *Che cos'è la scienza. La rivoluzione di Anassimandro*, Mondadori, Milano, 2012.
2. 6世紀の思想家シンプリキオスの証言によれば、レウキッポスはミレトス出身だったとされているが、確かな証拠は存在しない（以下を参照。M. Andolfo, *Atomisti antichi. Testimonianze e frammenti*, Rusconi, Milano, 1999, p.103）。レウキッポスはエレアの生まれだとする古代の著述家もいる。ミレトスやエレアへの言及は、彼の思索の文化的背景について考えるうえで多くを示唆している。レウキッポスの思想に認められる、エレアのゼノンからの影響については、後述の議論を参照。
3. Seneca, *Naturales quaestiones*, VII, 3, 2d.（セネカ『自然論集（セネカ哲学全集3－4）』土屋睦廣他訳、岩波書店、2005－2006年）
4. Cicerone, *Academica priora*, II, 23, 73.
5. Sesto Empirico, *Adversus mathematicos*, VII, 135.（セクストス・エンペイリコス『学者たちへの論駁（1－3）』金山弥平、金山万里子訳、京都大学学術出版会、2004－2010年）
6. 以下を参照。Aristotele, *De generatione et corruptione*, A1, 315b 6.（アリストテレス『生成と消滅について』池田康男訳、京都大学学術出版会、2012年）
7. 古代の著述家による、原子論をめぐる断片的な記述や証言は、以下の文献にまとめられている。M. Andolfo, *Atomisti antichi*, 前掲書。デモクリトスをめぐる断片や証言は、ソロモン・ルリアの手になる傑出した選集にすべて収録（Democrito, *Raccolta dei frammenti*, tr. it. Bompiani, Milano, 2007）。
8. デモクリトスの思想の人文主義的な一面に光を当てた短いが興味深い資料として、以下の文献がある。S. Martini, *Democrito: filosofo della natura o filosofo dell'uomo?*, Armando, Roma, 2002.
9. Platone, *Fedone*, XLVI.（プラトン『パイドン――魂の不死について』岩田靖夫訳、岩波書店、1998年）
10. R. Feynman, *La fisica di Feynman*, tr. it. Zanichelli, Bologna, 1990, Libro I, capitolo 1.（ファインマン、レイトン、サンズ『力学（ファインマン物理学Ⅰ）』坪井忠二訳、岩波書店、1986年）
11. 以下を参照。Aristotele, *De generatione et corruptione*, A2, 316a.（アリストテレス『生成と消滅について』前掲書）
12. 現代の物理学や数学にとってゼノンのパラドクスがどのような意味をもつのかについて論じた優れた著作として、次の文献がある。V. Fano, *I paradossi di Zenone*, Carocci, Roma, 2012.
13. 専門用語を使って説明するなら、これは収束する無限級数である。ロープの例は

【監訳者】 竹内薫（たけうち・かおる）
東京生まれ。東京大学理学部物理学科、マギル大学大学院博士課程修了（Ph.D.）。長年、サイエンス作家として科学の面白さを伝え続ける。NHK「サイエンスZERO」の司会などテレビでもお馴染み。カルロ・ロヴェッリ『世の中ががらりと変わって見える物理の本』の監訳も務めた。

【訳者】 栗原俊秀（くりはら・としひで）
翻訳家。1983年生まれ。京都大学総合人間学部、同大学院人間・環境学研究科修士課程を経て、イタリアに留学。カラブリア大学文学部専門課程近代文献学コース卒業。訳書に、ジョルジョ・アガンベン『裸性』（平凡社、共訳）、アマーラ・ラクース『ヴィットーリオ広場のエレベーターをめぐる文明の衝突』、カルミネ・アバーテ『帰郷の祭り』、ジョン・ファンテ『満ちみてる生』（以上、未知谷）など。2016年、カルミネ・アバーテ『偉大なる時のモザイク』（未知谷）で第2回須賀敦子翻訳賞を受賞。

すごい物《ぶつ》理《り》学《がく》講《こう》義《ぎ》

2017年5月30日　初版発行
2020年2月10日　4刷発行

著　者　カルロ・ロヴェッリ
監　訳　竹内薫
監訳協力　青《あお》木《き》邦《くに》哉《ちか》
訳　者　栗原俊秀
装幀者　岩瀬聡
発行者　小野寺優
発行所　株式会社 河出書房新社
〒151-0051 東京都渋谷区千駄ヶ谷2-32-2
電話（03）3404-1201［営業］（03）3404-8611［編集］
http://www.kawade.co.jp/
印刷所　中央精版印刷株式会社
製本所　小泉製本株式会社
Printed in Japan
ISBN978-4-309-25362-6